实施绿色照明
保护生态环境

周光召

中国科学技术协会名誉主席
中国科学院院士

周光召

编好照明工程年鉴

贡献照明工程事业

王锦燧

中国照明工程年鉴 2017

组　　编：中国照明学会
主　　编：王锦燧
执行主编：高　飞
副 主 编：邴树奎　徐　华

机械工业出版社

本年鉴是延续《中国照明工程年鉴2015》的内容基础上编辑出版的。内容包括综述篇，政策、法规、标准篇，照明工程篇，地区照明建设发展篇，国际资料篇，照明工程企事业篇和附录。其中汇集了近两年最新的照明工程相关的重要文献和典型照明工程案例，并对半导体照明技术的发展加以重点论述。

本年鉴可供相关政府职能机构、市政建设部门、各类相关建筑企事业单位和检测认证机构，以及相关高等院校、研究院所和照明工程技术人员参考。

图书在版编目（CIP）数据

中国照明工程年鉴. 2017/中国照明学会组编. —2版. —北京：机械工业出版社，2018.3
ISBN 978-7-111-59392-8

Ⅰ.①中… Ⅱ.①中… Ⅲ.①照明设计 – 中国 – 2017 – 年鉴
Ⅳ.①TU113.6 – 54

中国版本图书馆 CIP 数据核字（2018）第 047857 号

机械工业出版社（北京市百万庄大街 22 号 邮政编码 100037）
策划编辑：付承桂 责任编辑：付承桂 朱 林 间洪庆 任 鑫 翟天睿
责任校对：张 薇 刘 岚 封面设计：马精明
责任印制：常天培
北京市雅迪彩色印刷有限公司印刷
2018 年 4 月第 2 版第 1 次印刷
210mm×285mm · 19.5 印张 · 2 插页 · 758 千字

标准书号：ISBN 978-7-111-59392-8
定价：398 元

凡购本书，如有缺页、倒页、脱页，由本社发行部调换
电话服务 网络服务
服务咨询热线：010-88361066 机 工 官 网：www.cmpbook.com
读者购书热线：010-68326294 机 工 官 博：weibo.com/cmp1952
010-88379203 金 书 网：www.golden-book.com
封面无防伪标均为盗版 教育服务网：www.cmpedu.com

中国照明学会简介

中国照明学会（China Illuminating Engineering Society，CIES）成立于 1987 年 6 月 1 日，是中国科学技术协会所属全国性一级学会。学会于成立当年，即以中国国家照明委员会（China National Commission on Illumination）的名义加入国际照明委员会（CIE），是在国际照明委员会中代表中国的唯一组织。

中国照明学会拥有一批国内照明领域的专家、学者，主要从事照明技术的科研、教学、设计、生产、开发以及推广应用工作。学会的宗旨是：组织和团结广大照明科技工作者及会员，积极开展学术交流活动；关心和维护照明科技工作者及会员的合法权益，为繁荣和发展我国照明事业，加速实现我国社会主义现代化建设做出贡献。主要任务是：在照明领域开展学术交流、技术咨询、技术培训，编辑出版照明科学技术书刊、普及照明科技知识，促进国内外照明领域的学术交流活动和加强科技工作者之间的联系，并通过科技项目评估论证和举办照明科技博览会，积极为企事业服务。

经国家科技奖励工作办公室正式批准，学会从 2006 年开始进行"中照照明奖"的评选工作。中照照明奖现设：①中照照明科技创新奖；②中照照明工程设计奖；③中照照明教育与学术贡献奖；④中照城市照明建设奖。该奖项旨在奖励国内外照明领域中，在科学研究、技术创新、科技及设计成果推广应用、实现高新技术产业化、照明工程和照明教育方面做出杰出贡献的个人和组织。

经原国家劳动和社会保障部批准，学会从 2008 年开始进行照明设计师、照明行业特有工种从业人员职业资格认证和职业培训的工作，对经过培训、考试合格的人员颁发国家认可的职业资格证书。

学会现有普通会员 4000 多名，高级会员 560 多名，团体会员 850 多个，设立"中国照明网"网站，以加强信息交流。《照明工程学报》《中国照明工程年鉴》为其主办的刊物，面向全国发行。

学会设有 10 个工作委员会和 16 个专业委员会，即组织工作委员会，学术工作委员会，国际交流工作委员会，编辑工作委员会，科普工作委员会，咨询工作委员会，教育培训工作委员会，照明设计师工作委员会，专家工作委员会，标准化工作委员会；以及视觉和颜色专业委员会，计量测试专业委员会，室内照明专业委员会，交通运输照明和光信号专业委员会，室外照明专业委员会，光生物和光化学专业委员会，电光源专业委员会，灯具专业委员会，舞台、电影、电视照明专业委员会，图像技术专业委员会，装饰照明专业委员会，新能源照明专业委员会，农业照明专业委员会，智能控制专业委员会，半导体照明技术与应用专业委员会，照明系统建设运营专业委员会。

学会成立之后，经过 30 年的艰苦奋斗和探索，坚持民主办会的原则，调整和健全了组织机构，完善了规章制度，建立了精干、高效、团结的常设办事机构，充分发挥学会集体领导和学会群体的作用，按照自主活动、自我发展、自我约束的改革思路，牢牢抓住机遇，在竞争中求生存、求发展，积极开展学会业务范围内的各项活动，使学会工作步入良性循环的轨道。由于多年来对我国照明科技事业做出了卓有成就的贡献，学会曾经被中国科协授予"先进学会"及第六届中国科协先进学会"会员工作奖"荣誉称号。2014 年中国照明学会被中华人民共和国民政部评为全国学术类社团 4A 级社会组织。

编 委 会

鸣谢：

BPI 照明设计有限公司

豪尔赛科技集团股份有限公司

北京清控人居光电研究院有限公司

陕西天和照明设备工程有限公司

西安明源声光电艺术应用工程有限公司

江西美的贵雅照明有限公司

南京朗辉光电科技有限公司

序　言

当前，我国经济发展进入新常态，已由高速增长阶段转向高质量发展阶段。党的十九大报告中明确指出，创新是引领发展的第一动力，是建设现代化经济体系的战略支撑。作为我国经济发展中的重要组成部分，在创新驱动发展战略的支撑下，我国照明行业近年来仍保持平稳较快发展的态势。随着照明科技的进步、城市建设的推进和人民对美好生活需求的日益增长，我国照明工程设计与建设特别是城市照明建设欣欣向荣，取得了巨大的发展，照明工程设计的水平和质量进一步得到明显提升，节约能源、保护环境仍是照明工程建设的重点，健康照明、智慧照明、文旅照明成了照明工程建设的热点。这些都有力地推动着我国照明工程设计与建设的可持续发展。

开拓我国照明事业发展新局面，持续推进我国照明工程设计与建设的进步是中国照明学会的职责所在。2017 年，恰逢中国照明学会成立 30 周年，中国照明学会在过去编纂《中国照明工程年鉴》的基础上，组织编写的《中国照明工程年鉴 2017》又与照明科技工作者见面了。年鉴总结了我国近两年来在照明工程设计与建设方面的成就与经验，尤其是半导体照明的推广与智能照明技术的应用，使城市照明发生了日新月异的变化，通过照明科技工作者对光环境的设计和照明工程的实施，让城市的照明变得更加绚丽多彩，而且为今后我国照明工程设计与建设的可持续发展提供了宝贵的参考资料。

本年鉴主要内容包括综述篇，政策、法规、标准篇，照明工程篇，地区照明建设发展篇，国际资料篇，照明工程企事业篇和附录。这些内容将给照明科技工作者带来崭新的印象，并可作为政府管理部门、高等院校、建筑设计院所、科研机构、工程设计公司和照明企事业单位中从事照明规划、照明设计、照明工程施工、照明建设管理的有关人员的重要参考资料。

本年鉴编纂工作的圆满完成，得益于中国照明学会的重视和组织，得益于编委会有关成员的潜心谋划、亲力亲为，得益于有关照明工程设计公司、省市照明学会、照明企事业单位的大力支持。在本年鉴付梓之际，我们在此一并表示衷心的感谢。

《中国照明工程年鉴 2017》编委会

2017 年 12 月

编 辑 说 明

《中国照明工程年鉴 2017》即将出版了，从 2006 年中国照明学会编辑出版年鉴伊始，我们就一直秉持着一个目标，为大家提供中国优秀的照明工程案例，及时提供照明领域的最新法规和标准，提供中国照明领域学术和产业的最新发展动态，展示中国照明领域取得的成就。

2016～2017 年是中国照明领域发展的加速时期，随着半导体照明技术的提高，半导体照明的应用领域不断扩大，健康照明、智慧照明已经开始应用，城市景观照明在 2017 年迎来了高速增长期，照明科技与艺术更加紧密地结合，通过景观照明充分展示了我们国家改革开放取得的成果，也展示了中国照明领域取得的巨大进步。

相信《中国照明工程年鉴 2017》不仅能为读者带来资料的收集与查阅之便，更能为您带来照明科技与艺术发展结合的启示。

《中国照明工程年鉴 2017》执行主编

高飞

2017 年 12 月

目　　录

中国照明学会简介

序言

编辑说明

第一篇　综　述　篇

第二篇　政策、法规、标准篇

第三篇　照明工程篇

第四篇　地区照明建设发展篇

第五篇　国际资料篇

第六篇　照明工程企事业篇

第七篇　附　录

第一篇 综述篇

照明行业跨入 LED 照明时代

窦林平

（中国照明学会，北京 100022）

以改革开放为契机，中国的照明行业进入高速发展期，是一个新时代的开始。而以 2003 年中国推动 LED 照明发展为契机，经过 10 多年的努力，2016 年中国的照明行业跨入了新的时代——LED 照明时代。LED 照明的销售额及产量均成为照明行业的主流。

1. 2016 年照明行业基本概况

图 1 是 2011～2016 年国内照明行业销售总额及 LED 照明销售额的变化情况，图 2 是 2011～2016 年出口额的变化情况。

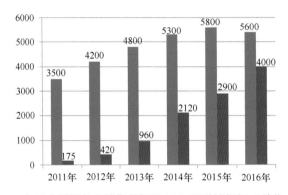

图 1　2011～2016 年国内照明行业销售总额及 LED 照明销售额（单位：亿元人民币）

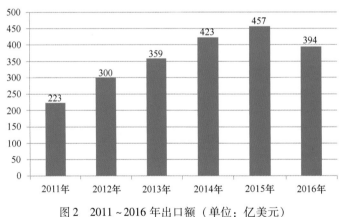

图 2　2011～2016 年出口额（单位：亿美元）

（1）销售总额方面

2016 年照明行业销售总额出现负增长。2011～2014 年持续保持稳定、快速、两位数的增长态势，与改革开放以来国内照明行业增长速率基本保持一致。2015 年增长首次进入个位数，2016 年出现负增长。照明行业出现负增长是改革开放以来的第一次，必须引起全体从业人员的警惕。

照明行业销售总额出现负增长，而 LED 照明销售额继续呈现高速增长态势。2011 年 LED 照明约占照明行业销售总额的 5%，销售额不足 200 亿元人民币，2016 年快速增长到 70% 以上，销售额超过 4000 亿元人民币。LED 照明已成为照明行业的绝对主流。

（2）出口方面

2016 年出口额出现较大幅度下跌，这是照明行业产品出口 20 多年不曾出现的现象。图 2 显示，2011～2014 年的产品出口额基本维持两位数的增长，2015 年进入个位数增长，2016 年出现下降，下降幅度达到 13.79%，折合人民币约 400

亿元。

国内照明行业总销售额由5800亿元人民币下降到5600亿元人民币，如剔除上述出口下降的数值，国内市场的销售额继续保持增长的态势。

分析出口下降的原因，主要是如下几个方面：

1）国际市场需求下降的滞后效应。受前几年全球经济下滑的影响，国际市场需求下降，但因照明工程是基础设施的最后环节，市场需求下降在2016年得到体现。

2）传统照明产品出口继续快速下降。白炽灯、紧凑型荧光灯、直管荧光灯、HID灯、枝形吊灯、台灯及落地灯等继续呈现较大幅度下降，带动出口下降。

3）半导体照明产品的价格持续走低。LED照明产品的价格在2016年继续走低，目前LED照明产品的出口数据反映在未列名电灯及照明装置中，2016年照明产品出口量增加12.78%，但出口额只增加0.36%，说明价格下降还是非常明显。

据海关最新公布的2017年上半年出口数据，照明行业出口额为194.69亿美元，比2016年的同期增长12.47%，再显强劲增长。

（3）国内产业方面

企业数量多、规模小的局面没有改观，20000余家照明企业分食不到6000亿元人民币的销售额，产业竞争激烈程度可想而知。

2010年前后由国家部委或地方投资建设了数十个LED照明产业园区，带动了内地部分地区照明产业的发展，但由于照明是一个配套性非常强的行业，多数园区的建设并不成功，没有形成有效产能。因此，照明行业的产业格局基本保持了之前的状态，即广东、浙江、江苏、上海等4省市企业数量占全行业企业90%以上的格局继续延续。2016年江西南昌、浙江义乌加大了半导体照明产业的招商力度，出台了具有相当吸引力的优惠政策，鸿利、华灿、木林森、兆驰等部分规模企业陆续入驻，未来能否形成新的产业基地有待观察。

（4）产品方面

通过十几年的实践应用，半导体照明装置许多技术问题得以发现，并在产品的研发中得到解决，如散热技术、防雷击、电涌、频闪、配光等，提高了半导体照明产品的可靠性、性能及寿命。半导体照明的产品规格丰富度提升，特别是符合半导体发光元器件特点的照明产品研发有了突破，如通过调电流可改变半导体芯片光通量的特性，设计道路照明、隧道灯等功能性产品时，视使用过程中光衰程度设定调电流的程序，可保证灯具提供使用过程中的额定光通量，实现长时间使用无光衰；同样，利用这种特性也可以实现同模组多规格，便于标准化生产，降低生产成本和材料成本，提高芯片的寿命。在配光方面，利用透镜技术可精确地进行小角度的设计，实现精准照明，这些技术传统照明是不可能做到的。伴随半导体芯片、封装及以半导体芯片为光源的灯具产品等产业链上各环节技术的提升和改善、价格的降低，半导体照明产品的应用在2012年开始加速，由早期的政府主导向市场行为转变，2016年半导体照明销售额占比已超过70%，各应用环境的半导体照明的渗透率快速提升。

（5）国际产业方面

中国率先在国际上开展了LED照明研发，推动了LED的应用，取得了在半导体照明产品的研发、设计、应用的国际领先地位。目前中国是世界上LED照明生产和应用的大国，半导体照明产品的设计和制造工艺达到国际水平，国际许多著名照明公司因LED照明的发展进入困难阶段。传统照明产品时代，国际许多大公司的产品在世界范围内占有垄断地位，如PHLIPS、OSRAM的陶瓷金卤灯及配套电器，是世界范围内灯具厂商的主要供应商；如ERCO、iGuzzini的筒、射灯具，在博物馆、专业店铺等细分专业领域得到广泛应用，其配光设计、加工工艺及应用设计等方面，国内企业的产品及应用设计无法与之相比，多年来在高端市场无法与其竞争。但半导体照明的发展给中国的照明企业提供了难得的发展机遇。中国在半导体照明产品研发的率先推动和应用，产品的开发及技术水平走在了世界前面，对国际老牌的照明企业产生了很大的竞争压力影响，PHILIPS照明的拆分上市寻求投资商加入，OSRAM拆分成立LEDVANCE被国内企业木林森收购，GE计划出售照明业务，包括在欧美等发达国家有百年历史的细分领域的一线专业品牌，都直面中国企业的挑战。伴随着半导体照明的制造及应用发展，很多国际的老牌公司出现经营困难，转型升级或与中国企业合作是其较佳的选项之一，国际照明产业的格局调整势在必行。

2. 2016年中国照明行业呈现的最新发展特点

（1）产业集中度明显提升，第一梯队正在形成

LED照明的发展吸引了大量的外来资本和企业进入照明行业，照明企业数量与之前8000多家相比翻了一番还多，达到了20000余家。企业的无序扩张，使得前几年照明市场竞争惨烈，许多企业为抢占市场份额不惜牺牲利润，或利用消费者对半导体照明产品的不了解，牺牲产品质量，将不合格的产品推向市场，造成了行业利润的不合理下滑和消费者对半导

体照明产品的不信任，形成负面影响，这种现象使品牌企业处于不利地位。2016年这种情况得以遏制和改善，虽然受出口下降影响行业总销售额出现下降，多数企业感受生意不好做，但产业集中度却在提高，利润提升，出现强者恒强、弱者愈弱的情况。2016年首次出现了三家以上的照明企业销售额超过50亿元人民币的可喜现象。

表1　是2016年销售额超过50亿元人民币的企业数据　　　（单位：亿元人民币）

企 业 名 称	销售额	同比变化	实现利润	同比变化
上海飞乐音响股份有限公司	71.78	41.53%	3.51	−6.6%
木林森股份有限公司	55.21	42.22%	4.74	85.27%
欧普照明股份有限公司	54.77	22.55%	5.07	16.17%

　　除上述三家超过50亿元人民币销售额的企业外，30亿~50亿元人民币之间的企业数量也明显增加，如佛山照明、浙江阳光、得邦电子、雷士照明、利亚德、立达信等都超过30亿元人民币销售额。国家发展和改革委员会联合12部委发布的《半导体照明产业"十三五"发展规划》中提出，到2020年培育一家百亿销售额的照明企业，1~2家国际品牌企业，也许这个目标能提前实现，甚至超额完成，如木林森、飞乐音响、利亚德都有希望实现百亿目标，而以中国为资本的多家国际品牌照明公司将会出现。

　　以上数据说明经过20多年的发展，国内照明产业第一梯队正在形成。这为中国的照明产业做大做强打下了坚实基础。

　　（2）上市公司数量增加，形成行业中坚力量

　　LED照明作为绿色环保新兴产业近年来受到国家产业政策的支持，同时也得到了资本市场的青睐。2010年前，国内照明行业的上市公司有佛山照明、雪莱特、浙江阳光、飞乐音响（亚明借壳）、华东电子等，寥寥几家的上市公司在行业内形成不了影响力。2010年后，资本市场的繁荣及半导体照明的发展，照明行业的上市公司数量明显增加，国星光电、雷曼光电、洲明科技、长方、珈伟、利亚德、万润科技、兆驰等等，这些原不属于照明行业的企业利用资本市场的资本优势介入照明或通过并购、参股等手段强势进入照明行业。虽然目前这些企业照明板块还没形成主业，但势头强劲。特别是2016年和2017年的上半年，在照明行业各细分领域具领头羊地位的照明企业相继上市，如欧普照明、三雄极光、得邦照明、华体科技、华荣科技、超频三、光蒲、太龙等，使得在主板上市（沪市或深市的中、小板和创业板）的照明企业已接近50家，加上三板上市的照明企业，上市企业的数量已超过150家。还有数十家照明企业正在进行股改，或进入辅导期，或已上报资料，后续还将有照明企业源源不断地上市。

　　伴随照明企业上市数量的不断增加，上市企业逐渐成为照明行业的中坚力量，这必将对产业提升集中度、规范发展起到积极的促进作用。

　　（3）资本市场作用显现，并购常态化

　　2016年，飞乐收购SYLVANIA，市场延伸到全球48个国家；木林森收购OSRAM拆分出的LEDVANCE，LEDVANCE日前宣称三年内做到全球照明第三；GE标价5亿美元出售照明板块，国内多家公司纷纷表态有意参与。同时，国内企业参股或与欧美细分领域专业品牌合作成为常态。国内企业并购国际知名公司的动作频频，充分说明了经过几十年的发展，中国的照明企业具备了走向世界的实力，特别是半导体照明的发展，在应用领域中国走在了世界的前列，更是为中国的照明企业走向世界提供了动力。

　　国内资本市场近年来的并购更是如火如荼，珈伟照明并购品上；万润科技并购日上、参股欧曼；飞乐并购申安；广晟收购国星、参股佛山照明；中节能收购晶能、晶和；川能投收购四川新立；利亚德并购深圳金达、上海中天、西安万科、成都普瑞、湖南君泽；奥拓收购千百辉；同方收购鹤山银雨；碧水源收购良业；洲明收购爱佳、柏年、清华康利等等，几年间的并购、收购不胜枚举。这些并购、收购或参股等可以说还只是刚刚开始，更多的上市公司为了拓展发展空间，扩大业务范围，采用资本手段介入各细分领域，强强合作，做大做强，这是最佳也是最有效的手段。

　　未来几年充分发挥资本市场的作用，通过资本手段并购，整合产业资源将是照明行业的主旋律。照明行业产业新格局正在形成中。

　　在产业整合过程中，不论是生产企业、工程公司，还是经销商、设计公司都应该充分挖掘自身公司的价值，在产业及市场的链条中寻找到自身企业的位置，要不寻找到有价值的公司收购，要不使自身具备价值被收购，或在细分专业领域有自身的核心竞争力得到发展。总之，定位及制定自身的发展战略是关键，否则将会在产业的整合过程中被淘汰出局。

　　（4）国家经济增长结构调整，城市景观照明地位确定

　　我国改革开放以来，经济获得了长足进步，人民生活水平得到很大的提高和改善，我国已成为了世界第二大经济体。创新驱动、产业升级转型是国家提出的最新战略，2017年的全国人民代表大会上，政府将发展旅游作为重点内容推进。半导体照明产业被定义为绿色环保的新兴产业，城市景观照明在旅游中起着举足轻重的作用，这两个特点正契合了国家经

济增长结构调整及大力发展旅游经济的政策。现阶段大力发展旅游经济的政策为我国照明行业的发展带来了难得的机遇。

传统照明时代因受技术的限制实施的是单体建筑的景观亮化，而进入 LED 照明时代，利用半导体照明易控、体积小、多彩等特点，通过控制系统可将数十上百幢建筑联动起来。根据建筑的特点，采用不同的照明手法，结合周边的环境，打造出美丽的夜景照明。特别是采用媒体建筑的表现手法，结合不同地区的人文、历史，应时应景地进行灯光演绎，给广大游客留下了深刻的印象。

旅游群体的消费主要在晚上，包括住宿、门票、餐饮及其他消费，要想让旅游者留下来，灯光是重要的手段。近年来，绵阳的一江一岸、南昌的一江两岸、武汉的两江四岸、宁波的三江六岸等城市景观项目，2016 年杭州 G20 峰会的灯光演绎，更是引爆了全国性的城市景观照明建设。延安的灯光表演、厦门金砖峰会、各地区的印象等，灯光都发挥着极其重要的作用。所有这些项目的实施，极大地带动了旅游，拉动了经济，同时使常住居民有了获得感，提高了幸福指数。打造城市景观照明的另一特点是投资少、见效快、全市的市民都能感受到，美化城市的同时也提高了城市的安全性，媒体建筑的灯光演绎还能起到宣传精神文明的作用。因此，近年来城市景观照明受到了各级政府的重视，城市景观照明已成为各城市经济发展的重要组成部分。

3. 照明行业的发展趋势

LED 照明具有绿色环保、节能高效等优势，是国家重点扶持的新兴产业。最近，国家发展和改革委员会联合 12 部委发布了《半导体照明产业"十三五"发展规划》，提出了要在"十三五"期间实现万亿产值的目标，将在公共机构、城市照明、工业领域、居民家庭等大力推动半导体照明的应用。这就为半导体照明产业的快速增长及应用提供了动力，半导体照明产业将迎来新一轮发展高潮，推动中国照明产业进一步转型升级，制造大国向制造强国转变指日可待。照明行业未来几年的发展主要关注以下几个方面。

（1）LED 照明产业向纵深发展，跨界融合成为亮点

LED 照明的第一阶段，替换阶段已全面展开。伴随半导体照明上游技术的发展、光源品质的提升、灯具产品关键技术的解决及相关应用经验的积累，半导体照明将进入第二阶段，即符合半导体发光特性的照明产品将被更多地开发出来，一体化的半导体照明产品将成为主流。利用半导体发光体小的特点，将照明产品与建筑材料相结合融为一体，成为建筑材料的一部分，实现见光不见灯的设计理念。特别是利用半导体芯片的易控特点，采用智能控制系统通过调明暗、调色温、调色彩，实现按需照明、智能照明，更进一步实现智慧照明。

照明灯具在各类环境中无处不在、均匀分布，是唯一在所有环境中带电的设备，这一特点在互联网、物联网技术的发展中将成为最佳载体。最近业界研发推出的多功能灯杆，除保证照明的基本功能外，将交通监控、安全监控、污染物监控、Wi-Fi、气象、医疗救助、广播、信息屏、充电装置、互动等集合在一起，许多功能是城市的管理职能，还有的功能与城市居民的生活息息相关。以城市中必备的设备——灯杆为载体，将城市中各管理智能集成在灯杆上，这为构建智慧城市提供了结点平台。多功能灯杆类似智能手机，只是将各类设备集成在一起，技术成熟，技术方面不存在障碍。目前这类产品推广不尽如人意，遇到了瓶颈，其主要原因受制于管理体系。我国城市的管理职能划分明确，如将各管理职能集合在一起，自然会出现管理职责不清的问题，同时还存在利益的再分配。目前住建部提出在城市管理体系中实行建、管、养分离的管理模式，结合发改委推动的 PPP，政府购买服务，城市中的公共设施交由第三方运营和维护，政府相关管理部门只负责管理。如改革到位，多功能灯杆将具有广阔的应用空间。在管理体系调整没有到位的现阶段，企业可选择在相对封闭的环境中推广，诸如开发区、产业园、小区、公园，或城市的小范围实验，通过使用对多功能灯杆进一步功能完善和提升，同时为未来在城市中大面积推广应用积累经验。

LED 照明色温、色彩的可调，波长的相对精准可控，使 LED 照明在医疗、健康、农业、养殖、环保、军事等领域有了巨大的发展空间。这需要照明行业的科研人员、生产企业的研发人员与相关领域的专家紧密合作，加强基础研究，共同推动 LED 照明在非视觉领域的应用。跨界融合，扩展照明行业的应用范围，增加产品的科技含量和附加值大有可为。但切记，在跨界融合的过程中，要以我为主，提升核心竞争力，否则将被别人融合，失去主导地位，不利于行业发展。

（2）LED 照明产品具备世界水平，但照明设计水平有待提高

中国 LED 照明的率先推动，为中国照明产业在现阶段争得了世界领先的有利地位，中国生产的半导体灯具无论是在标准、设计、技术、工艺、配光、结构、外观等方面都具备了与国际著名照明公司一较高下的实力，积累了大量的应用经验。中国照明产品出口在近几年国际经济下滑、需求不足、多数行业出口多年连续下降的情况下继续保持较高的出口态势，就得益于半导体照明的发展。虽然，2016 年出口为负增长，但 LED 照明的出口仍保持较高的增长速率，2017 年上半年照明产品出口再呈现强劲增长态势，充分说明中国生产的半导体照明产品被世界所需要。中国照明行业作为世界照明产品制造出口和应用的大国，照明人一直有一个梦想，就是要做世界照明的强国。半导体照明的发展，为我们成为世界照明的强国提供了机遇。但我们要想成为世界照明的强国，只将产品做到世界先进还不够，还需要加强环境照明的设计水平。一个好的产品因为在应用环节设计不佳、使用不当，同样达不到使用效果。要想创造一个世界级的照明公司，不但要将产

品做好，还要具备高水平的产品使用的设计水平，目前这方面国内非常欠缺。中国照明学会经过近 10 年来开展的照明设计师的培训，培养了 4000 多位专业照明设计师，虽然专业照明设计师有了基础队伍，照明设计水平有所提高，但与国际同行相比远远不够。未来设计师与生产企业的合作还需加强，只有这样，才能保证研发、生产与应用紧密结合，真正培育出世界级照明企业，创造出世界级的照明品牌。

（3）应用复杂化，服务体系建立正当时

LED 照明较之前的传统照明在应用方面技术含量提高，电源、芯片模组、散热结构、控光装置、控制程序、系统集成等任何一个部件出现问题，作为用户单位已经无法判断故障所在，维修更谈不上，必须由专业人士来解决，以前单纯的换灯泡已经被复杂的故障判断及专业的维修所替代。

以当前热火朝天的城市景观照明建设为例，传统照明时期，城市景观亮化以单体建筑为多，业主为建设主体，建设规模小同时维护由业主承担。进入 LED 照明时代，城市景观照明为区域、数十或上百幢建筑联动，政府成为建设主体，投资规模大，后续维护任务重，特别是许多项目具有表演性质，需要运营，而政府在城市景观照明的维护管理体系中不具备这样的队伍，这就为我们照明企业业务下沉提供了机会。

当前城市景观照明建设正处高峰期，特别是未来几年我们将迎来建国 70 周年大庆、建党 100 周年大庆，这将更加推动城市景观照明的建设。有高潮就有低谷，照明企业要有危机意识，未雨绸缪，制定建设高峰期后的战略。利用政府在城市景观照明的管理空白，主动承担运营、维护的管理，建立健全服务体系，这将是产业特别是工程公司未来发展的重要方向。建设高峰期之后，我们将面临大量的维护，国家发展和改革委员会推出的 PPP 模式，为我们未来承担城市景观照明的运营、维护提供了机遇。一个照明工程公司一旦成为一个城市的照明运营维护商，该城市就将成为其长期的服务对象，公司如能拥有几十个城市的服务对象，它将为企业带来稳定而可观的收入。这种体系的建立需要与生产企业紧密配合，运营维护的最大成本来自于产品质量，紧密配合的结果将推动中国照明行业整体质量的提升，降低无序竞争，从而促进中国照明产业的健康发展。

4. 结束语

2016 年，照明行业进入了新的时代——LED 照明时代。虽然我们因为率先启动，在照明应用领域暂时领先于世界，但是我们还是要看到中国照明行业的短板，研发投入少，培养机制不健全，相关科研人员、专业照明设计师短缺，这些问题不解决，暂时的领先还是会被别人超越。未来的照明产业需要加大研发的投入、需要加强专业人员的培养，需要加强市场的规范，只有这样我们才能将领先地位保持下去。当然，中国的照明行业经过 30 多年的发展，已具备了与国际大公司较量的实力，资本市场也是我们可以利用的重要手段，通过收购国际品牌使其变为中国的品牌，利用其原有的销售渠道，占领国际市场，最终使中国成为国际照明强国，实现照明工程的从业人员的梦想。所有照明的同业朋友们，我们一起来努力！

中国照明工程设计与建设发展回顾

高 飞

（中国照明学会，北京 100022）

2017 年是党的十九大召开、中国进入新时代的开局之年，中国照明学会成立 30 周年，是中国照明工程发展的巅峰之年。

中国改革开放 40 年来，中国经济发生了翻天覆地的变化，人民的生活水平大幅提高，中国照明工程设计与建设发展从小到大，从简单到繁荣，从疯狂到理智，从追求亮彩到品质的提高，从功能照明到健康照明的实现，取得了令人瞩目的成绩。灯光作为展现一个国家、城市的文化、历史，乃至精神面貌的作品，受到了政府、民众的重视，为人们带来满满的幸福感！中国照明工程取得的成绩充分展示了中国人民生活品质和精神面貌的深刻变化，展望未来，党在十九大为我们规划了两个一百年的奋斗目标，相信中国照明工程建设作为展示国家实力、经济发展、人民生活幸福指数的风向标，将发挥巨大的作用。

中国照明工程建设的发展得益于中国照明科技和产业的发展，从传统照明到半导体照明，中国照明产业与技术走出国门，走向世界，充分展示了中国照明科技的发展水平、半导体照明科技与技术的发展实力、照明工程设计的人才与技术的优势，为中国照明工程建设走向世界奠定了扎实的基础。随着中国照明产业与工程的壮大与发展，中国照明工程的设计水平得到了长足的发展。

一、中国照明产业发展概况

1. 照明电器行业的发展

据统计，2017 年中国照明电器全行业产值达 5800 亿元，全国照明电器生产企业超过 2 万家，中国作为照明电器产品的生产、出口和消费大国，产品远销 220 多个国家和地区，国内照明市场占到全球照明市场的 20% 以上。

近年来照明行业的总体特点是由传统照明向 LED 照明转型，通过十几年的高速发展，LED 照明产品正在逐步替代传统照明产品。由于 LED 照明产品性价比的快速提升，LED 照明产品的市场占有率也在逐年增长。LED 照明技术趋于成熟，与发达国家相比，中国企业具有成本优势；与其他发展中国家相比，中国具有产业链配套齐全的优势，因此中国在相当长的时期内将保持照明产品生产大国的地位。

2. 中国半导体照明应用的发展

近年来我国半导体照明应用快速发展，细分应用领域呈现不同特点，区域集聚特色趋于明显。通用照明、景观应用、显示等传统替代应用市场稳步增长，农业照明、汽车照明等新兴应用市场快速成长，智慧路灯、小间距显示、灯丝灯、UV-LED、IR-LED 等成为应用市场热点。

据有关数据显示，2017 年，中国半导体照明行业整体产值达到 6538 亿元，同比增长为 25.3%，增速较前两年显著回升。2016 年 LED 通用照明市场产值达 2551 亿元，同比增长为 31.5%，占整体应用市场的比重由 2015 年的 45%，提升到 2016 年的 47.6%。2016 年以来，中国景观照明爆发式增长，2016 年中国景观照明市场规模达到 558 亿元。

二、中国照明工程设计与建设发展概况

1. 中国照明工程设计与建设发展阶段

中国照明工程设计与建设大致分为如下几个阶段：

第一阶段：1949～1960 年，是中国照明工程设计与建设的起步和开创阶段。

照明设计与建筑工程同期设计和完成，主要由建筑设计院等设计部门完成。中国开始了在大型室内建筑进行采光和室内照明工程设计，其中包括公共建筑、居住建筑、工业建筑以及部分城市道路照明工程设计。道路照明主要采用白炽灯。

照明标准：20 世纪 50 年代，参照苏联的标准，我国发布了建筑设计规范。

公共建筑照明工程主要有人民大会堂室内照明工程、中国历史博物馆室内照明工程；道路照明工程主要有北京的长安街、上海的南京路、天津的和平路、广州的中山路等。

第二阶段：1961～1980 年，是照明工程设计与建设的重点发展阶段。

这个阶段照明工程设计主要由建筑设计院完成。道路照明开始使用高压汞灯和高压钠灯。

主要工程有：北京工人体育场、首都机场候机楼、天津火车站、毛主席纪念堂等室内照明设计。

第三阶段：1981～1999年，中国照明工程设计与建设的全面发展阶段。

此阶段照明工程的设计与建设在由建筑设计院设计主要完成的情况下，一些民营的工程公司开始承接照明工程的设计和施工。从20世纪80年代中期开始，上海率先在外滩和南京路启动夜景照明工程，随后在上海、北京等城市景观照明的带动下，我国各城市开始进行了"亮化工程""灯光工程""光彩工程"等城市夜景照明工程的设计实践。1992年中国启动开展绿色照明工程，这个阶段，国外知名照明产品开始进入中国，它们的进入为国内照明技术带来了新的理念，有力促进了国内照明产业的发展，提升了照明产品技术和质量水平。1987年中国照明学会成立，加强了与国际照明界的学术交流，1989年中国照明电器协会成立，照明电器从计划经济走向市场经济的管理。随着国家经济的发展，特别是1997年香港回归、1999年我国50周年大庆等政治、经济活动的需要，以广告标识为主的夜景照明异军突起，景观照明的发展进入了快速发展期。景观照明从分散建设阶段发展到集中建设阶段。此时，景观照明开始使用LED光源。以上海外滩为典型案例。

照明标准：1992年建设部编制了《民用建筑电气设计规范》（JGJ/T 16—1992）。

代表工程有：天安门广场照明，北京香山饭店、建国饭店，上海东方明珠电视塔，广州天河体育中心。

道路照明：此时期，道路照明工程迅速发展，1982年全国城市路灯有48万盏，到了1999年，全国城市路灯总数达到146万盏。

第四阶段：2000～2012年，LED照明产品应用的迅速推广期，室外景观照明迅速发展的时期。

此阶段是中国照明工程设计与建设的全面爆发期，是我国城市照明发展的黄金十年。随着中国绿色照明的推广，绿色照明设计的理念逐渐深入人心，在国家节能政策的要求下，节能照明产品的应用迅速推广。室内照明中的商业照明、公共机构照明、学校照明、酒店照明等广泛采用节能照明设计；室外及景观照明配合国家的政治活动，例如2008年的奥运会、2010年的世博会，照明工程作为展示一个国家的经济实力，人民幸福生活的指数，受到了各级政府的重视。景观照明遍及全国的各个角落，从大城市到小乡镇，作为发展城市旅游、带动地方经济的一个主要手段。这个时期文旅项目首次将引进照明，展示一个城市的文化和风俗，如2004年张艺谋的《印象·刘三姐》。景观照明设计开始细化，走向了更加广泛的应用领域，如城市照明规划、室内装饰照明、建筑物夜景照明、园林夜景照明、体育场馆照明、广场及路桥夜景照明。

这个阶段也是标准建立的高速发展时期，相关的标准相继出台：2004年，原国家经贸委经中国绿色照明工程项目办公室编制的《中国建筑照明节能标准》开始实施；2005年，北京市照明学会编制的《城市夜景照明技术规范》；2006年，建设部制定的《"十一五"城市绿色照明工程规划纲要》；2008年，《民用建筑电气设计规范》（JGJ 16—2008）出版，参考有关国际标准和国外先进标准，并在广泛征求意见的基础上，对《民用建筑电气设计规范》（JGJ/T 16—1992）进行了修订。这一时期，专用的标准也相继出台，例如2006年的《城市道路照明设计标准》（CJJ 45—2006），2007年的《体育场馆照明设计及检测标准》（JGJ 153—2007），2008年的《城市夜景照明设计规范》（JGJ/T 163—2008）。此外，2006年中国照明学会开展中照照明奖活动。同时，一些城市开始制定城市夜景照明规划，如2002年同济大学城市规划院编制的《桂林市夜景照明城市规划》，2002年肖辉、俞丽华编制的《福州市夜景照明规划》，2002年严勇红编制的《山城重庆夜景照明规划》等。

另外，景观照明的形式开始多样化，如城市灯光节等类似活动悄然兴起，最早的是由政府、学会联合主办的2011年广州国际灯光节，为照明领域在带动城市旅游、经济发展方面开创了示范作用。同时，各地的小型城市灯光节也有举办，如北京地坛灯光节。

这个阶段道路照明工程高速增长，国家统计局的数据显示，十年间中国路灯数量由2004年的1053.13万盏增长到2013年的2199.55万盏，年增长率达到8.53%。此时期，城市道路照明初步开始智能化的管理。道路、隧道照明工程成了中国照明工程设计与建设新的增长点。

这个时期涌现出一批有代表性的照明工程。室内照明有北京首都机场室内照明、春晚演播室照明。室外广场、景观照明有鸟巢夜景照明、水立方夜景照明、天安门夜景照明、上海世博中心照明工程。

第五阶段：2013～2015年，中国照明工程的调整期。

在中国经济进入调整阶段，经历了近十年高速发展的中国照明工程设计与建设也进入了一个相对稳定的发展时期。中国大城市的景观照明工程基本完成了一轮的照明建设，并开始向中小城市发展，室内照明建设如酒店、宾馆及公共场所更多地开始采用LED照明，道路照明更多地向单灯智能控制、集中控制发展。

照明工程的规划、设计与建设由单一概念推动的现象明显减少，越来越趋向于理性发展，在艺术、技术、经济和社会等价值取向间谋求兼顾平衡。行业管理水平、设计水平和建设水平不断进步，进一步提升了工程质量和效益。这个时期，一些大体量的照明工程项目出现，节能与控制光污染得到很大重视，注重绿色环保，照明设计更加注重挖掘城市特色，LED节能产品与智能控制系统相结合，成为建筑照明设计的趋势。

规范性的标准相继出台，主要有：2010年住房和城乡建设部出台的《城市照明管理规定》，《城市夜景照明设计规范》

（JGJ/T 163—2008），《博物馆照明设计规范》（GB/T 23863—2009），《建筑采光设计标准》（GB 50033—2013），《"十二五"城市绿色照明规划纲要》（2011），《半导体照明科技发展"十二五"专项规划》（2012），《建筑照明设计标准》（GB 50034—2013），《体育建筑电气设计规范》（JGJ 354—2014），《照明工程设计收费标准（试行）》（T/CIES 002—2009）。

代表性的室内工程主要有人民大会堂万人大礼堂室内照明工程；室外广场、景观照明工程主要有西安天人长安塔、南昌的一江两岸照明工程。

第六阶段，2016至今，中国照明工程设计与建设进入新一轮的增长期。

国家进入"十三五"后，城镇化进程加快，政府加大建设的投资，从大城市走到乡镇，智慧城市的建设，驱动创新的实施，带动照明工程项目如火如荼地发展。配合国家大的政治、经济活动，如2016年杭州G20峰会、2017年厦门金砖会议、2017年北京一带一路会议等，2019年是中国建国70周年，中国照明工程建设将进入新一轮的增长期。这个阶段的照明特点是，城市新一轮照明规划的启动，景观照明投资的加大，城市景观照明效果的提升，文旅照明的推广，城市灯光秀作为城市地标的认同，乡镇景观照明的发展，各地灯光节的举办都有力带动了中国照明工程进入了一个新时代。

这个时期标准的变化是国家对标准政策的转变，团体标准开始制定，并逐步涌现。这个阶段的照明工程主要由工程公司承包，此外，照明工程的运作模式也有了变化，EMC、PPP等模式开始被采用。

主要照明工程有：杭州G20峰会照明工程，厦门金砖会议照明工程。道路照明工程的变化是采用LED照明产品以及智能照明产品。

2. 中国照明工程建设人才概况

20世纪80年代前，中国照明工程的人才主要是由设计院的电气工程师担任，对接设置的专业是自动化专业人员。目前注册的电气工程师约3万人。20世纪80年代后，照明工程设计由建筑勘察设计部门、建筑装饰部门、室内设计部门为主要的设计人员。

中国照明工程设计的专业化起源于建国50周年大庆，1998年之前几乎没有专业的照明设计工作者，为庆祝建国50周年北京、天津、上海等地开始实施景观亮化工程，专业的照明设计师从无到有，特别是近十年来，随着照明工程以惊人的速度发展，专业照明设计师已成为照明工程设计的重要力量。1984年上海复旦大学开设了电光源专业，到90年代后一些职业技术院校也开设了电光源的专业，一些高等院校与本职业相关的专业，如建筑学专业、环境艺术专业等也开设了照明设计方面的课程，也为社会培养了一些专业的照明设计人员。近几年，艺术院校也开设了照明设计专业。照明设计师的整体水平相较于以前有了比较大的提升，出现了不少知名的专业照明设计品牌机构，国内较大的设计院也设立了专门的照明设计团队。而中国香港、台湾地区以及境外照明设计公司的加入，也促进了国内照明设计整体水平的发展。

2007年，中国轻工业联合会设立照明设计师职业工种，中国照明学会在中国轻工业联合会的授权和指导下，在全国开展照明设计师的培训和认定工作，使照明设计师在中国迅速形成一个专业群体。截至2017年，中国照明学会培训了初、中、高级照明设计师5000余人。

3. 中国照明工程建设设计企业资质情况

20世纪80年代前，照明工程的设计与建设主要由建筑设计院所、建筑装饰公司完成。20世纪80年代后，相继成立了民营的照明工程企业，这些企业也参与了照明工程的设计和施工。目前住建部设置了城市及道路照明工程专业承包一级资质和照明工程设计专项甲级资质，目前具备城市及道路照明工程专业承包一级资质的企业达到450家，而具备照明工程设计专项甲级资质的企业仅有51家，截至2018年1月22日，同时具备城市及道路照明工程专业承包一级和照明工程设计专项甲级资质的企业（"双甲"企业）为46家。

三、面临的问题与发展展望

当前，中国进入了"十三五"关键时期，2017年党的十九大召开，中国进入了新时代，照明进入了新的发展时期，可以说，中国照明工程设计与建设面临着最好的时期，中国经济的发展、LED照明技术的进步、中国城镇化的发展、人们对美好生活的追求和向往，都给了照明工程与建设巨大的历史机遇。我们需要重新定位和思考，我们相信中国照明工程设计和建设具有良好的发展前景。

面对当今世界的环境、精神文化等方面不断提高的需求，照明工程设计与建设作为一个与城市发展、与人们息息相关的领域，在促进城市绿色环境、提高城市现代化水平与舒适度等方面起着极其重要的作用，在国家政治、经济活动中扮演重要的角色，因此，规范行业发展、制定相关标准、寻求行业可持续发展模式、加快人才培养、探索照明工程融资以及后期维护等模式，将是今后中国照明工程领域要更多关注的。

2015～2017 年中国照明学术发展概况

郑炳松

（中国照明学会，北京 100022）

2015～2017 年是中国照明行业发展不平凡的三年。"十二五"收官、"十三五"开局、"科技三会"、党的十九大召开，《"十三五"国家科技创新规划》《"十三五"节能环保产业发展规划》等为我国照明行业的规划与发展提供了战略支撑[1-2]，第三代半导体材料、物联网技术、新一代人工智能等为我国照明行业的创新发展提供了技术保障[3-4]，智慧城市、文化旅游、植物工厂、媒体建筑、健康医疗等领域为我国照明行业发展开辟了广阔的市场空间[5-6]。

在这三年里，国家发展改革委联合教育部、科技部等 12 部委联合印发了《半导体照明产业"十三五"发展规划》[7]，住房和城乡建设部《"十三五"城市绿色照明规划纲要》编制完成，国家发展改革委、联合国开发计划署、全球环境基金联合发起的绿色照明领域国际合作项目"中国半导体照明促进项目"正式启动；在这三年里，杭州 G20 峰会、厦门金砖峰会和"一带一路"国际合作高峰论坛等重大活动期间，杭州、厦门、北京等城市的夜景照明吸引了全球的目光，对我国照明行业的影响巨大而深远，为我国照明行业提供了重大的发展机遇[8-10]；在这三年里，我国企业通过资本手段并购国际知名照明企业成功案例数起（如飞乐音响收购 SYLVANIA、木林森收购欧司朗 LEDVANCE 等），我国半导体照明产业整体产值首次突破 5000 亿元人民币[11-12]；在这三年里，我国具有自主知识产权的硅衬底 LED 照明关键技术已经领先世界，并在全球率先实现了硅衬底 LED 技术产业化，在 LED 照明创新应用技术方面已经走在世界前列，智慧照明、健康照明、农业照明、博物馆照明等创新应用相关成果显著[13-17]；在这三年里，围绕 LED 照明开展的学科内与跨学科领域的学术研究和学术交流活动非常火热，学术研究、发展与交流取得的成果十分丰硕[18-23]。基于 2015～2017 年若干具有影响力的照明学术会议的报告内容和交流成果，通过归纳和对比近三年中国和国际照明学术发展的主要特点，以下内容将大体呈现 2015～2017 年中国照明学术发展的概况。

一、2015～2017 年中国照明学术发展的特点

基于学术性、连续性、代表性和具影响力的特点，我们从 2015～2017 年数量众多的照明学术交流活动中选出在我国举办的且由我国相关机构或组织举办的照明学术会议，并列出了其对应的会议主题，如表 1 所示。

综合表 1 所列的学术会议的主要内容，我们可以发现 LED 照明、创新、标准、质量、智能、跨界等主题是近三年来我国照明界共同关注的焦点。为更进一步探讨这三年来我国照明学术发展的情况，我们将以中国照明学会、中国照明电器协会、国家半导体照明工程研发及产业联盟三家权威行业组织举办的具影响力的学术交流会议为对象（见表 2～表 5），从会议报告主题内容角度，提取我国照明学术发展的关键词。

表 1　具有代表性的照明学术会议及其主题

会 议 名 称	会 议 主 题
2015 年中国照明论坛——LED 照明产品设计、应用与创新论坛	设计、应用、创新、发展
2016 年中国照明论坛——半导体照明创新应用暨智慧照明发展论坛	设计、应用、创新、发展
2017 年中国照明论坛——半导体照明创新应用暨智慧照明发展论坛	设计、应用、创新、发展
海峡两岸第二十二届照明科技与营销研讨会	照明科技与营销
海峡两岸第二十三届照明科技与营销研讨会	照明科技与营销
海峡两岸第二十四届照明科技与营销研讨会	照明科技与营销
2015（第五届）中国 LED 照明论坛	促进 LED 照明产业健康发展
2016（第六届）中国 LED 照明论坛	提升品质、打造品牌、促进应用、服务市场
2017（第七届）中国 LED 照明论坛	以人为本、品质当先
第十二届中国国际半导体照明论坛	互联时代的"LED +"
第十三届中国国际半导体照明论坛	新经济 新动能 LED 产业的多维度发展机遇
第十四届中国国际半导体照明论坛	协同创新、融通发展

（续）

会 议 名 称	会 议 主 题
2015 四直辖市照明科技论坛	城市生活与照明
2016 四直辖市照明科技论坛	创新、跨界、匠心精神
2017 四直辖市照明科技论坛	创新、绿色、和谐、共享
第三届中国国际汽车照明论坛	照明创新：安全与时尚
第四届中国国际汽车照明论坛	标准、安全、智慧
第五届中国国际汽车照明论坛	互联与智能时代的车灯技术
2015 中国道路照明论坛	技术创新、质量为先
2016 中国道路照明论坛	标准、质量、应用、趋势
2017 中国道路照明论坛	智能、应用、标准、质量

表2　2015～2017 年中国照明论坛报告主要内容

2015 年	2016 年	2017 年
智慧城市，从智慧照明开始；LED 蓝光危害及司辰视觉影响；LED 照明频闪分析；LED 汽车照明发展现状；LED 智能照明技术在"智慧城市"中的应用；COB 器件技术最新发展及其在商业照明领域的应用；LED 灯具设计及工程应用解析；下一代 LED 照明；LED + 让照明世界更精彩；平台化——照明行业的下一个风口；互联网 + 照明灯饰渠道探索；互联网经济形势下的灯具市场变革；近场分布广度在 LED 研发中的应用；LED 光品质及其应用；高品质大功率电源的选用及失效问题解析；不同光环境下 LED 光源照明特性的研究；农业半导体照明技术研发与产业化现状分析……	中国照明产业机遇与挑战；智能互联下的 LED 照明质量；智慧城市从智慧照明开始；镇流式 LED 驱动电源及其控制技术的研究与应用；彩光 LED 的技术进展与创新应用；高压直流集中供电调光系统为道路照明带来新的方向；照明设计的价值输出——我们的努力；照明设计的实践与探讨；LED 灯具技术创新与工程应用解析；照明设计的情怀——以哈尔滨大剧院照明设计为例；绿色建筑评价指标的研究；LED 照明的本土化与全球化；照明产品频闪的国际标准进展及其测量方案；智慧照明标准体系框架探讨；智慧照明与智慧城市的深度融合；智慧城市与 LED 汽车照明……	城市公共管理物联网大数据平台助力城市精细化管理；智慧道路照明；PPP 的内涵与政策要点；智慧路灯产业发展的问题与趋势；作为科技与设计二者桥梁的室内光环境研究；人本照明设计的实践和思考——佛顶宫室内照明设计分享；智控电源系统在智慧城市中的应用；条型类灯具新技术新思维；景观照明 PPP 项目风险点管控；照明需求之我思我想；商业照明 COB 器件技术发展；基于窄带物联网的照明智能控制技术；智能互联后的照明发展与探讨；从智慧照明到智慧城市；我国绿色照明标准化发展；国内封装企业利用 CSP 技术开辟封装新蓝海……

注：中国照明论坛是由中国照明学会主办的。

表3　2015～2017 年海峡两岸照明科技与营销研讨会报告主要内容

2015 年	2016 年	2017 年
LED 蓝光的视觉危害和司辰视觉影响；CSP 开启 LED 芯片与封装一体化之旅；风光互补 LED 系统整合于智慧电网之经济效益评估研究；智能灯具及其标准的现状和研究；不同色温对警觉度影响；温室补光技术与装备需求分析；新型量子点发光二极管；不同电子注入材料对有机发光二极管之影响；寻找路灯电源的痛点与解决方案；LED 用于口腔内窥镜的研究；智慧家居之无线通信；光的私人订制……	农作物智能光照技术研发；光电技术在现代农业中的应用与展望；启动照明复兴的烛光 OLED；照明闪烁测量技术探讨与新型闪烁 ACLED 驱动电路之研究；LED 在工厂化水产养殖的研究与应用；动态照明以平均色温以及色温变动率对所诱发警觉性影响之研究；家禽智能特种 LED 照明研发与推广；基于最低色彩损伤的中国绘画照明白光 LED 光谱构成研究；验证 PLASA 标准整合 LED 光源舞台灯具光色复制实验……	中国绿色照明评价机制；高快速道路照明评估技术——机会与挑战；健康建筑标准与评价；LED 智能控制系统及产品系统可靠性；有机钙钛矿量子点发光特性之研究；新型 OLED 元件结构的特性探讨与研究；景观照明中的精准控光技术；LED 灯光蓝光伤害定量检测与安全规范研究；黑石·云上——智慧改变城市；改善有机钙钛矿发光二极管发光效率之方法；创新驱动、智慧未来……

注：海峡两岸照明科技与营销研讨会是由中国照明学会和台湾地区照明灯具输出业同业公会共同主办的。

表 4　2015～2017 年中国 LED 照明论坛报告主要内容

2015 年	2016 年	2017 年
光与健康：面向未来的开拓与创新；从替换型灯泡到智能照明；LED 灯具与传统类灯具在照明工程项目中的应用与设计问题思考；倒装芯片及其封装技术进展和应用；智能照明发展现状及趋势；智能照明和物联网设备的新挑战；从智慧照明到智能家居；LED 照明行业的互联网＋；LED 智能照明技术在智慧城市中的应用……	照明产品能源之星介绍；2020 年照明愿景；OLED 照明设计——理念、语言和执行；LED 照明业务发展探讨；以人为本的智慧照明；中国照明正走在国际化道路上；从智能照明到智能家居新常态下鸿雁产业升级之路；中国半导体照明的跨界与重构；智能照明国际标准动态及思考；多波段白光 LED 的光品质提升研究……	CIE 和 IES 测试标准的最新进展；照明电器行业可持续发展的驱动力；智慧城市与智能照明的认知与推进；人居健康型灯具设计；全球照明产业发展战略路线图；LED 照明的发展趋势以及美国智能照明的发展经验；照明新时代的价值思考；物联网下的照明；照明展现自然之光；超高光效 LED 器件应用解决方案介绍……

注：中国 LED 照明论坛是由中国照明电器协会主办的。

表 5　2015～2017 年中国国际半导体照明论坛报告主要内容

2015 年	2016 年	2017 年
互联时代的"LED＋"；材料与装备技术；芯片、器件、封装与模组技术；可靠性与热管理；驱动、智能与控制技术；照明设计与应用；超越照明及其创新应用；显示与 OLED 照明；智能交通及照明在智慧城市中的作用；健康与照明；智能家居与 LED 照明智能化；建筑空间设计与照明应用；次世代半导体照明用新材料＆新工程……	生物农业光照技术；照明设计与创新应用——城市公共空间的复兴；驱动、智能与控制技术；光品质与医疗健康照明；针对高速增长产业的沉积技术；材料与装备技术；芯片、封装与模组技术；第三代半导体与新一代移动通信技术；氮化镓及新型宽禁带半导体电力电子器件技术；第三代半导体与固态紫外器件技术……	拥抱第三代半导体新时代；颜色保真指数后的新颜色品质指标；产业变革浪潮中半导体企业的战略选择；窄带物联网，构建全连接世界；氮化物纳米线可控生长与器件应用展望；生物农业光照技术；光品质与健康医疗照明技术；智慧路灯，通往智慧城市的桥梁；石墨烯技术用于智慧照明及城市管理；智慧路灯构建智慧城市……

注：中国国际半导体照明论坛是由国家半导体照明工程研发及产业联盟牵头主办的。

通过表 2～表 5 展示的会议报告的主要内容，并综合对应的会议交流的学术成果，我们可以概括出近三年来我国照明学术发展呈现出如下几个特点：

1. 以 LED 照明为中心

2014 年诺贝尔物理学奖奖励的是一项对全人类带来巨大益处的发明——蓝光 LED，2015 年国家技术发明奖唯一的一等奖奖励的是 LED 照明技术第三条路线的发明——硅衬底高光效 GaN 基蓝色发光二极管。这让 LED 成为全社会关注的焦点，也促使照明行业更加聚焦 LED 照明。近年来的学术会议基本围绕 LED 照明展开，会议内容涵盖 LED 照明材料与芯片技术、封装技术、光学设计、散热技术、驱动与控制技术、计量与测试技术，LED 照明产品的标准、视觉应用、非视觉应用、渠道与市场，以及 LED 照明产业发展等方面，通过学术交流成果可以发现：我国 LED 照明产品关键技术（如芯片、封装、散热等）获得了长足发展，与国际水平差距不断缩小；LED 照明产品在城市景观照明、道路照明、商业照明中得到了大量的应用，应用技术基本成熟，如何提升照明设计水平成为 LED 照明产品应用关注的焦点；LED 照明产品的市场不断扩大，应用场景不断增多，LED 照明已发展成为照明行业的主流。这昭示着照明行业进入了 LED 照明的新时代。

2. 以创新为主旋律

创新是引领发展的第一动力，创新引领照明产业发展成为业界关注的焦点，也是近年来照明学术交流活动共同的话题。①技术创新方面，第三代半导体技术、CSP 封装技术、石墨烯技术、Micro LED、UV LED、量子点 LED、LED＋互联网、LED＋物联网、LED＋智能硬件、全光谱 LED 照明技术等都是学术交流的热点。②产业创新方面，LED 照明已成为照明领域节能减排的重要措施，政策的激励、资本的加盟、技术的驱动等因素促使 LED 照明带给照明产业一场革新，照明企业转型升级、照明产业结构调整，产业集中度明显提升，跨界融合不断深入，LED 照明市场不断扩大，新兴商业模式和业态不断涌现。PPP 模式、互联网＋照明、渠道探索、跨界融合、企业的战略选择、产业发展的机遇与挑战、LED 照明的本土化与全球化等话题在会议交流中都有涉及。③应用创新是驱动 LED 照明发展的一大动力，也是当前业界关注的热点。LED 体积小、易调控、光谱窄、颜色丰富等特点，不仅使得 LED 照明产品功能性照明应用的创新得以实现，还催生了其在农业、医疗、光通信等领域的创新应用。关于LED照明应用创新的会议报告不少，主要包括通用照明和超越照明两大方面的应用创新：①通用照明方面，智慧路灯、舞台影视照明、城市景观照明、汽车照明、LED室内照明等都是学术交流的热点，其中G20峰会等重大活动、媒体建筑、智慧城市等为该方面的学术交流与发展注入了新的活力；②超越照明方面，相关会议主要交流与探讨LED（包括紫外LED、红外LED等）在可见光通信、家禽养殖、水产养殖、农作物生产、消毒杀菌、生化探测、聚合物固化等领域中的创新应用，其应用中的共性关键技术和基础科学问题现在仍然是业界研究与探讨的重要课题。

3. 以质量、健康、智慧化、标准化为主要方向

1）2017年"3·15"晚会上曝光了LED台灯的频闪问题，台灯是否伤眼等LED照明的质量、安全、健康问题引起了全社会的关注。LED照明技术的快速进步，发光效率已不再是人们关注的唯一焦点，产品的质量与安全、光品质的提升、光环境的健康与舒适等成为LED照明发展的方向。综合近三年学术交流的情况，①质量方面，质量是健康的重要保障，LED照明产品的质量、光照环境的质量关乎人们生产、生活的安全以及人体的健康和生活品质，光源显色性、颜色质量、产品可靠性与安全性、视觉舒适度、智能互联下的LED照明质量等都是学术探讨的话题；②健康方面，LED照明的健康性问题及其对人的生理、心理、病理等的光生物学影响机理尚不明确，一直是影响LED照明发展的重要因素，该方面学术交流的话题很多，如蓝光危害、光对视网膜的影响、光对皮肤的影响、光疗、光对生理节律的影响、健康舒适的光环境、光生物安全、光对生物的作用机制等。通过光学、生理学、临床医学、心理学、社会学、人因工程学等的比对研究以及光品质评价的实验研究，确定LED照明对人体健康和舒适性的影响机制和规律，建立与之对应的生理、病理、光环境需求数据库，仍是业界探讨的关键课题。"面向健康照明的光生物机理及应用研究"已被列入国家重点研发计划"战略性先进电子材料"重点专项，项目以"光与健康"作为研究核心，旨在解决"半导体照明参数对人体健康的影响机制"这一问题，构建半导体照明的短、中、长期生理及心理影响的评价模型，并指导推进健康照明的实践应用。

2）智慧化方面。物联网、云计算、大数据等新一代信息技术的运用，促使智慧化在工业、农业、城市、家居等领域落地生根，也催生了LED照明与数字化、智能化交叉融合的产物——智慧照明。智慧照明是跨界融合的复杂系统，跨领域整合LED照明、大数据、物联网等技术，大幅提升LED照明系统功能，除了实现按需照明，还通过与智慧交通、智慧城管、智慧社区等的互联互通，创造LED照明的附加应用价值，带来更多新的商业模式和价值增长点。智慧路灯、智能家居照明、智慧照明系统解决方案、智慧照明在智慧城市中的应用、基于物联网技术的智慧照明、智慧照明项目PPP模式等是近三年学术交流的热点。

3）2017年"世界标准日"主题为"标准让城市更智慧"，我国的主题为"标准化助力质量提升"。标准是实现电力接入的技术基础，是信息和通信技术发展的技术支撑，也是支撑智慧照明健康有序发展的重要手段，可以有效规范智慧照明的规划、设计、建设、运行及设备制造，促进智慧照明的产业化和商业化，避免资源浪费和重复投入。同时，标准化助力照明质量提升，为确保照明产品和光照环境的质量提供了必要的技术保障，帮助人们在更多的照明产品和光照环境服务方案中进行选择，有利于规范照明企业的竞争，促进照明企业品牌的建设，推动照明科技创新，进一步服务我国照明强国的建立。LED照明产品性能检测、安全测试、规格接口标准、绿色照明标准化发展、智慧路灯标准体系建设、健康照明标准研制、不同应用场景下光环境的测试与评价等是业界共同探讨与关注的话题，这也充分反映了我国照明学术发展的内在需求。

二、与2015～2017年国际照明学术发展的比较

恰逢2015年"国际光年"，国际照明委员会（CIE）第28届大会（28th Session）在英国曼彻斯特举办，本次大会有5篇邀请报告，根据讨论议题的不同共有76篇口头报告、48篇口述墙报和197篇张贴报告，以及6个专题讨论会，会议内容中的热点话题包括照明与人类生活、颜色科学及量化模型、照明现场的测量和评估、眩光的评价和测量、照明对生物节律的影响以及对动植物的作用等[24]。同年，首届国际先进照明科技会议（ALST）在复旦大学举办，主要议题包括硅衬底薄膜型GaN基LED，紫外LED制备、封装及应用，LED在农业、医疗、可见光通信等领域的创新应用，照明对人体健康的影响，颜色质量评价等。

2016年国际照明委员会（CIE）照明质量与能效大会在澳大利亚墨尔本召开，根据讨论议题的不同共有邀请报告3篇、口头报告51篇、22篇口述墙报和32篇张贴报告，以及4个专题讨论会。会议内容中最热点话题为颜色质量、能效和视觉感知质量、眩光的评价和测量、基于LED的标准光源、先进光度辐射度等，其中颜色质量是大会上讨论最为热烈的话题[25]。大会发布了未来3～5年内最具优先级的十大研究课题：关于LED光源与（视）知觉和偏好相关的颜色质量的研究；CIE 2006色度学的应用；光度学、色度学和辐射度量学中新的标准光源和标准照明体；视表；可通用于各种照明应用的眩光评价方法；健康照明和光的非视觉效应；健康照明和光的非视觉效应；针对老年人和视力损伤者的特殊照明研

究；新型光度和辐射度设备的计量问题；3D物体的颜色再现及再现质量的测量[26]。

2017国际照明委员会（CIE）中期会议在韩国济州岛召开，会议内容包括5篇大会邀请报告、56篇口头报告、49篇口述墙报和61篇张贴报告，以及7个专题讨论，学术交流亮点包括颜色质量、用LED作为标准灯的L光源和参考光谱、不舒适眩光评价、智能照明、照明测量、照明中的暂态光调制（频闪）、照明与健康等。国际先进照明科技会议（ALST 2017）在浙江上虞召开，会议主题为"未来照明和超越照明"，内容包括固态光源材料与器件及其在智能照明、生物医疗、植物生长、家禽养殖、光联网等领域的学术进展和创新应用，其中激光LED、Micro LED、可见光通信、Li-Fi、GaN基LED、OLED等是学术交流的热点。同年，第十届亚洲照明大会在上海召开，主题为"Human Centric Lighting in Asia"（以人为本的照明），共有29篇口头报告、20篇短口头报告和100余篇张贴报告，会议交流内容包括人居照明、智能照明、视觉感知、光健康、光污染等热点问题。

综合2015～2017年国际照明领域学术交流的内容，我们可以发现：LED照明受到世界各国的普遍关注和高度重视，LED照明技术已从单一追求高光效向提升光品质、注重照明质量、创新照明设计、拓展多功能应用等方向发展，呈现出与数字化、智能化、艺术化的技术交叉、跨界融合的发展趋势，应用领域不断拓宽并向健康、医疗、农业、可见光通信等领域逐步扩展，带动照明产业从技术驱动逐渐转向应用驱动，为照明行业带来了新的巨大变革。

通过对比2015～2017年中国与国际照明领域学术发展所呈现的特点，我们可以发现：LED照明是照明领域的一场技术革命，近年来发展突飞猛进，已经成为全球照明学术交流的中心话题，并正在重塑全球照明产业的格局；农业照明、健康照明、按需照明、智慧照明、超越照明等为照明产业的可持续发展注入了新动能，成为全球照明学术研究与交流的热点；LED照明产品的质量与安全、健康舒适的光照环境的设计与评价、标准化与智慧化等是全球照明学术发展与探讨的重要课题。

三、结束语

党的十九大明确中国特色社会主义进入了新时代，这是我国发展新的历史方位。在新时代，创新仍是引领我国照明产业发展的第一动力，技术创新、产品创新、设计创新、应用创新、市场渠道创新、商业模式创新、跨界融合创新等仍将是我国照明产业未来发展的主旋律。相应地，围绕照明产业创新发展所开展的学术交流活动将会呈现出更加丰富多彩的画面，我国在国际照明领域的学术话语权将因此不断提高，我国照明企业和照明产品的国际竞争力也将因此不断增强。我们相信，在中国共产党的坚强领导下，在国家创新驱动发展战略的有力支撑下，在广大照明科技工作者的共同努力下，我国从照明产业大国转为照明产业强国的目标一定会在新时代实现。

参 考 文 献

［1］"十三五"国家科技创新规划.
［2］"十三五"节能环保产业发展规划.
［3］第三代半导体材料及应用产业发展报告（2016）.
［4］工业和信息化部办公厅关于全面推进移动物联网（NB-IoT）建设发展的通知.
［5］"十三五"旅游业发展规划.
［6］常志刚. "照明"的"逆袭"——媒体建筑的社会担当［J］. 照明工程学报，2017，28（5）.
［7］半导体照明产业"十三五"发展规划.
［8］荣浩磊，陈海燕. G20杭州峰会对照明行业的影响［J］. 照明工程学报，2016，27（6）.
［9］杜异. "一带一路"国际合作高峰论坛国家大剧院夜景照明设计［J］. 照明工程学报，2017，28（3）.
［10］许东亮. 足下之光 生活之光 纽带之光——厦门重点片区夜景照明规划及实施的思考［J］. 照明工程学报，2017，28（5）.
［11］吴玲. "十三五"我国半导体照明产业发展展望［J］. 照明工程学报，2017，28（1）.
［12］窦林平. 照明行业进入LED照明时代［J］. 照明工程学报，2017，28（5）：88.
［13］刘军林，莫春兰，张建立，等. 五基色LED照明光源技术进展［J］. 照明工程学报，2017，28（1）：1-4.
［14］郝洛西，曹亦潇，崔哲，等. 光与健康的研究动态与应用展望［J］. 照明工程学报，2017，28（6）：1-15.
［15］艾晶. 光之变革——博物馆 美术馆LED应用调查报告［M］. 北京：文物出版社，2016.
［16］刘文科，杨其长. 设施园艺半导体照明［M］. 北京：中国农业科学技术出版社，2016.
［17］肖辉. 半导体照明智能技术研究与应用［J］. 照明工程学报，2017，28（5）.
［18］2015年中国照明论坛——LED照明产品设计、应用与创新论坛论文集.
［19］2016年中国照明论坛——半导体照明创新应用暨智慧照明发展论坛论文集.
［20］2017年中国照明论坛——半导体照明创新应用暨智慧照明发展论坛论文集.

［21］海峡两岸第二十二届照明科技与营销研讨会专题报告暨论文集.

［22］海峡两岸第二十三届照明科技与营销研讨会专题报告暨论文集.

［23］海峡两岸第二十四届照明科技与营销研讨会专题报告暨论文集.

［24］Proceedings of 28th CIE Session 2015：CIE 216：2015.

［25］PROCEEDINGS of CIE 2016 "Lighting Quality and Energy Efficiency"：CIE x042：2016.

［26］王书晓. CIE 2016 照明质量与能效大会报告简析［J］. 照明工程学报，2016，27（2）：7-8.

中国半导体照明产业发展现状与趋势

吴　玲

（国家半导体照明工程研发及产业联盟）

　　半导体照明是继白炽灯、荧光灯之后照明光源一次成功的技术革命。半导体照明产业是转变经济发展方式、提升传统产业、实现社会经济的绿色可持续发展的重要手段。"十二五"期间，我国多部门、多举措共同推进半导体照明产业发展，推动半导体照明产业持续健康快速发展，取得了丰硕的成果，我国已成为全球最大的半导体照明产品生产、消费和出口国。2017 年，国家发展和改革委员会联合 12 部委发布了《半导体照明产业"十三五"发展规划》（以下简称《规划》），为我国半导体照明产业在新时期的发展指明了方向，进行了全面的部署，推动了我国半导体照明产业健康可持续发展。

一、我国半导体照明产业发展现状

1. 关键技术水平持续提升

　　2017 年，我国半导体照明核心技术水平持续快速提升。我国功率型白光 LED 产业化光效达 180lm/W（见图 1）；具有自主知识产权的功率型硅基 LED 芯片产业化光效达 150lm/W，硅衬底 565nm 黄光在 20A/cm^2 电流密度下，电光转换功率效率达 22.8%，硅衬底 520nm 绿光在 20A/cm^2 电流密度下，电光转换功率效率达 40.6%，达到国际领先水平；深紫外 LED 技术进一步提升，280 nm 深紫外 LED 的光输出功率在 100mA 下超过 8mW，350mA 下达到 30mW，处于世界先进水平；白光 OLED 光效超过 130lm/W。

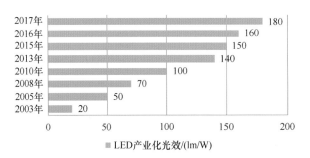

图 1　我国功率型白光 LED 产业化光效（数据来源：CSA Research）

2. 产业规模重新步入快速发展轨道

　　在经历 2015 年的低谷和 2016 年的缓慢回升后，2017 年我国半导体照明产业重新步入快速发展的轨道。2017 年，我国半导体照明行业整体产值达到 6538 亿元人民币，同比增长 25.3%，增速较前两年显著回升。

图 2　我国半导体照明产业各环节产业规模及增长率（数据来源：CSA Research）

3. LED 通用照明仍是第一驱动力

LED 通用照明领域应用自 2013 年开始爆发式增长，到 2017 年增长趋于平稳，LED 应用环节的产业规模达到 5343 亿元，整体增长率接近 25%。其中 LED 通用照明仍然是市场发展的最主要推动力，产值达 2551 亿元，增长率为 25%，占应用市场的比重达 47.9%（见图 3）。此外，在《规划》推广 LED 在文化旅游领域应用的推动下，在近年来 G20 峰会等夜景照明工程的带动下，2017 年景观照明应用快速增长，景观照明产值达 798.7 亿元，同比增长 38%；汽车照明新兴领域的应用技术正蓬勃兴起。

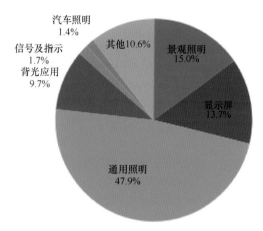

图 3　我国半导体照明应用域分布（数据来源：CSA Research）

4. 创新应用热点频出

LED 在光医疗、农业光照、可见光通信等领域的创新应用成果显著。在光医疗领域，众多医疗机构、研究机构和企业已经布局研究 LED 不同光谱的细胞生物学效应及其作用机制，开发 LED 光源对代谢、心血管、神经、皮肤及免疫相关疾病等重大疾病的治疗和保健方案，以及相应的健康与医疗专用设备，将为 LED 抢占无创光医疗这个数千亿级的医疗市场提供有利的技术基础；在农业光照领域，有关动植物光质生物学机理及"光配方"研究、LED 生物农业光照技术研发及应用示范取得一定进展。

5. 照明产品出口稳步回升

中国作为全球照明产品的制造基地，LED 照明产品出口在"十二五"期间一直保持高速增长，经历了 2016 年的短暂下滑后，2017 年前 11 个月，我国 LED 照明产品出口稳步回升，出口金额达到 110 亿美元，较 2016 年同期上升 11.46%（见图 4）。预计 2017 年全年出口额约 120 亿美元。

2017 年 1~11 月，欧盟、美国、日本、东盟国家及中东国家依然是我国照明产品出口的主要市场（见图 5）。欧盟市场高速增长，增速达 98%；中东、金砖国家市场增速均超过 40%。

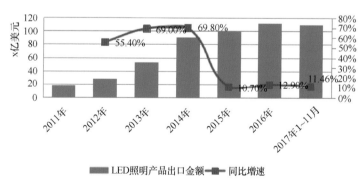

图 4　2011~2017 年 11 月我国 LED 照明产品出口额
（数据来源：中国海关，CSA Research）

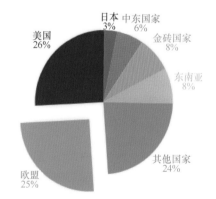

图 5　2017 年 1~11 月我国 LED 照明产品出口区域结构
（数据来源：中国海关，CSA Research）

6. 标准检测认证初见成效

在国家发展和改革委员会、国家标准委、科技部、工信部等政府部门的引导下，在相关行业组织及机构的推动下，标准认证工作改革逐步推进，标准检测认证取得阶段性进展。据不完全统计，目前我国已发布半导体照明相关国标 60 项，行标 44 项，并开展团体标准试点工作，积极参与国际组织 ISO/TC274 标准化工作。

联盟等团体标准化组织取得一定进展。CSA 标准化委员会（CSAS）目前已发布联盟标准 46 项，正在制订的联盟标准 16 项；转化为国家标准 9 项，国际标准 5 项，3 项纳入国家发展和改革委员会"百项能效工程"，1 项纳入工信部"团体标准应用示范项目"。此外，联盟标委会作为首批团体标准试点单位，已经与金砖国家、"一带一路"沿线国家开展合作，为我国产业抢占新一轮竞争制高点提供支撑。

二、我国半导体照明产业发展趋势

随着技术进步推动和市场需求的拉动，我国半导体照明产业正在进入新一轮高速增长期，中国力量不断崛起。在大数据、互联网、人工智能等引领的产业技术新浪潮中，半导体照明技术及产业发展呈现出新趋势。

1. 技术趋势

1）超高光效的芯片和器件。功率型白光 LED 产业化光效将超越 200lm/W，发展超高光效的 LED 芯片和器件将成为上中游技术的重要趋势之一。

2）高品质全光谱照明。随着人们对于生活质量、健康安全的重视程度日益提升，对照明的需求已不只是帮助"看见"，而是更加注重照明产品对人深层次的"看不见"的影响，对照明的要求越来越高，对照明环境的舒适健康度也提出了新的要求，因此半导体照明技术发展的重点之一就是开发超高光效、全光谱、高品质的照明产品，营造舒适健康的光环境。

3）智慧照明。开发基于照明、显示等各种光源的普适可见光通信技术及创新应用，开发基于物联网、云计算、边缘计算、大数据分析和人工智能的室内外智慧照明产品和集成技术研究，将推动白光 LED 光源成为智能家居、智慧社区、智慧城市的载体。

4）新型显示技术。Micro-LED 技术备受关注，未来如能够突破巨量转移和全彩化技术瓶颈，同时解决良率、成本及制备耗时等产业化问题，Micro-LED 有可能成为新一代显示技术；Mini LED + LCD 的技术路线有可能在近期实现产业化，与 OLED 技术在显示领域一争高下。

5）第三代半导体技术。半导体照明技术是第三代半导体材料产业化的第一个成功突破口，将推动第三代半导体相关产业爆发性成长，并整体推动材料、信息、能源、交通等高新技术产业的发展，开启微电子与光电子携手并进的时代。

2. 产业趋势

随着半导体照明产业基本进入成熟期，行业的整体增速显著放缓，并购整合成为半导体照明行业的新常态。随着产业环境不断改善，产业集中度进一步提高，企业战略布局更加清晰，对供应链的深度整合成为竞争的关键所在，而竞争手段也从简单粗暴的价格战升级为"产品 + 品牌 + 渠道"的三位一体模式。

三、下一步工作

随着我国半导体照明产业步入新的阶段，迎来了更大的需求和机遇。包括低碳、智能的需求引领，新型工业化、城镇化、老龄化的应用驱动；"一带一路"倡议及"中国制造 2025"等的深入实施；新一代信息技术与制造业深度融合，正在引发影响深远的产业变革，形成新的生产方式、产业形态、商业模式和经济增长点。未来半导体照明将突破照明替代市场，在全新照明形态，以及健康、农业、医疗、可见光通信等领域，开辟巨大的发展空间。

同时，全球产业格局正在调整变化，在国际发展竞争日趋激烈和我国发展动力转换的形势下，我国制造业面临发达国家和其他发展中国家"双向挤压"，我国半导体照明产业发展还面临亟待树立民族品牌、市场竞争缺乏有效监管的严峻挑战。为此《规划》中积极部署，推动技术研发，培育产业发展环境，为我国抢占新一轮产业主导权指明了方向。

1. 优化产业发展环境

加强标准建设。健全半导体照明标准体系，打造第三方标准、认证、信用评价体系，加强市场规范与监督，提升半导体照明产品质量水平；鼓励设立 PPP 模式的产业发展基金，鼓励民间资本和财政资金共同参与技术成果转化孵化的创新商业模式，鼓励并购重组提高产业集中度。

2. 完善技术创新体系

探索建设创新体制机制、国际化的公共技术研发和服务平台。支持公共平台为企业提供跨领域技术集成与验证、新产品和新技术的开发设计模拟与优化、产品和工程设计整体解决方案等技术服务；在现有创新载体基础上，优化和集成创新资源，建设国家重大创新基地。发挥联盟产学研、上下游协同创新的作用；搭建以企业为创新主体，具有紧密产学研合作的研发模式。

3. 深化推进供给侧改革

立足于市场应用需求，鼓励技术及模式创新。加快调整产业和产品结构，由规模扩张向注重质量效益的转变。紧密围绕"中国制造2025"，促进半导体照明技术与信息技术的深度融合，结合智慧城市、大数据、物联网、新能源、医疗健康等技术和应用，加大对LED光品质、光生物、可穿戴、智能化等创新和超越照明等技术和创新应用的支持力度，开发高附加值创新应用产品，推进绿色智能制造，提升产业整体竞争力。

4. 加强国际与区域合作

鼓励中国企业"走出去"，加强国际产能合作。面向"一带一路"沿线国家及地区推广半导体照明技术、标准和应用，充分利用丝路基金、亚洲基础设施投资银行、金砖国家开发银行等融资渠道，开展半导体照明应用示范及推广。鼓励行业技术机构以技术服务等形式，带动我国半导体照明企业"走出去"。实施LED照亮"一带一路"行动计划。积极推进海峡两岸在技术研发、应用示范、标准检测认证以及产业合作综合示范区等方面实质性合作。

5. 搭建创新创业平台

鼓励通过市场化机制、专业化服务和资本化途径，建设集研发设计、技术转移、成果转化、创业孵化、科技咨询、标准检测认证、电子商务、金融、人力培养、信息交流、品牌建设、国际资源对接等一体化的专业化LED创新服务平台。鼓励采用众创、众包、众筹、众扶等模式，建设LED专业化、市场化、集成化、网络化的"众创平台"。

"十三五"期间是我国半导体照明产业从跟踪到超越，最后实现引领的关键时机。在《规划》的全面部署下，我国半导体照明产业将实现"创新、融合、整合"，为我国从产业大国到产业强国的跨越式发展打下坚实的基础。

光与健康的研究动态与应用展望

郝洛西^{1 2}，曹亦潇¹，崔哲^{1 2}，曾堃¹，邵戎镝¹

（1. 同济大学建筑与城市规划学院，上海200092；

2. 高密度人居环境生态与节能教育部重点实验室，上海200092）

　　跨越一个世纪的前后两项诺贝尔生理学及医学奖都与近来照明领域的研究热点——光健康有关，2017 年颁发给三位美国科学家 Jeffrey C. Hall、Michael Rosbash 和 Michael W. Young，他们因发现了"控制昼夜节律的分子机制"获此殊荣。而丹麦医生 Niels Ryberg Finsen 由于在应用光辐射疗法治疗皮肤病方面的开创性贡献，早在 1903 年就成为该奖的获得者。今天人类所掌握和使用的科学技术，以惊人的速度改变着人类的生活方式，人们对计算机、智能设备的过度依赖，城市无节制的景观照明（不仅是光污染问题），对人眼的光照损伤，对地球生命体生物钟的破坏，使得人们面临恶性疾患的风险提升，均引发了国内外光与视觉领域对人类健康的高度关注。自科学家发现人类第三类感光细胞（神经节细胞）和新光源 LED 用于通用照明以来，半导体照明对人体生理节律和生物效应的影响，成为当今学术界和产业界共同关心的热点问题，也是人居环境光健康设计与应用亟待突破的理论科学问题。人工照明的生物机制异常复杂，但大量的研究成果表明受光生物节律效应影响的褪黑激素和皮质醇，与人体的警觉性、注意力、兴奋、嗜睡、疲劳度等高度相关。国家科技部于 2017 年立项启动的国家重点研发计划"面向健康照明的光生物机理及应用研究"，以全链条跨学科的组织模式，期望通过开展半导体照明对人体健康的影响机制研究，为"光与健康"的试点示范应用提供科学依据。可以预见，不论是以住宅、教育设施、办公、酒店为代表的人居环境，还是医院和养老设施，抑或是以极地、深海、宇航及国防为代表的极端环境，光与照明作为环境中的积极要素，其健康效用和潜力不容小觑。健康照明将从视觉作用拓展到情绪调节、节律修复等更加广泛的"光的疗愈和治疗"。

1. 人因健康照明的发展

　　人因工程学研究人与机器、环境间各要素相互作用，使人-机-环境系统与人的需求、能力、行为模式更加兼容以提高工作效能、保障人类健康、安全与舒适[1]。作为解剖学、生理学、心理学、工程学等多专业的交叉应用学科，人因工程学研究是互联网、医疗、建筑、航天、航空、核电等诸多产业发展创新的前沿阵地[2-3]。在照明领域，国内外研究者在人因设计方面也进行了大量研究与实践。Peter R. Boyce 一直以来致力于光环境如何引起人们的行为、感知、生理、心理反应等关于人与照明相互作用的问题研究，发表了诸多有关视觉功能与年龄、计算机屏幕对视力的影响、视觉舒适、高效低环境成本照明解决方案的论著[4,5]。Jeffrey Y. Tsao（2010）[6]等人探讨了 LED 固态光源发展的人因要素，阐述了 LED 合成白光光源的发光效率、色温、显色性、波长、光谱线宽等参数对人视觉反应带来的影响。近年来，随着 LED 照明及智能控制技术的高速发展和光健康理念的不断更新与完善，人因照明研究方向逐步从对人能力和极限的可用性研究扩展到全面关注人生理和情绪的各项需求的健康性研究，研究应用领域逐步从工业产品设计扩展到人居环境建设中的方方面面。在欧洲，人因照明系统的应用已在医院及其他医疗保健机构占据一席之地，同时逐渐被引入办公场所[7]。欧洲照明协会正积极推动支持人因照明相关政策和法规的形成，并于 2016 年发布了"2025 年战略路线图"，提出加强照明与能源基础设施、建筑管理系统、智能控制系统间的相互关联，以共同实现"以人为本"的照明发展目标，并使其成为欧洲照明市场增长的驱动力[8]。中国台湾工研院组建了 LED 人因照明实验室，开展了提高工作绩效的 LED 智慧人因照明研究、夜间健康居家照明的高值化 LED 人因照明研究等科研项目，并发布了 LED 室内人因照明系统与 Android 体感遥控系统（2012）、复合人因智能光环境系统（2017）等应用产品。可见，人因照明在居住、办公、教育、老年护理等各类人居空间均有十分显著的积极作用和研究价值，并具有极佳的经济前景，未来必将成为引领健康照明的新趋势。

1.1 人因照明的构成要素

　　视觉-视觉作业-光环境间的相互作用和影响是人因照明研究的核心内容[9]（见图1）。人眼是感知外界环境最主要的器官，视觉影响着阅读、工作、娱乐休息等绝大多数人体活动，与人们的工作效率、安全、舒适、生理和情绪健康等密切相关[10]。视觉方面人因照明关注于视力（视敏度）、视野（周边视力）、视角、自然视线、视距、色觉等人眼视生理功能[11-12]。视觉作业的特点诸如视觉作业对象的大小、形状、色彩、位置、视觉作业面与背景环境的色彩与亮度、作业强度、作业持续时间等决定了光环境需求，指导设计参数的选定和设计策略的制定。视觉光环境设计则分为视觉环境、视觉舒适、视觉功效三个部分。亮度、光色影响人对视觉环境的感受，工作面照度水平、眩光控制和光方向是决定视觉功效的重要因素，显色性、光强则是光环境视觉舒适度的客观评判标准[13]。特别值得注意的是，通常被提及的一般性显色指数 R_a

仅选取了 8 种常见颜色显色指数的平均值来表征照明光源显色性，未包括评价光源对红色复现质量的特殊显色指数 R_9。然而这一指数对于呈现人体毛细血管、皮肤、器官、鲜花、水果、肉类色彩具有重要作用，手术、检验等医疗技术操作更对此有着严格的要求。因此，医院、超市、电视演播空间的光环境设计应对此项指数予以特别关注。《健康建筑评价标准》于 2017 年发布并实施，特别指出室内人员长时间停留场所一般照明光源的特殊显色指数 R_9 应大于 0。这一标准还就墙面和顶棚的光分布状况、照明频闪比、光源色容差、室内自然光采光系数等与人体舒适度有关的光环境设计参数提出了要求[14]。此外，2014 年由美国 Delos 公司颁布的 WELL 建筑标准，作为首个专门研究人类健康和福祉的建筑标准，将医学和科学研究融入设计和施工领域实践指导，规定光线为七大建筑性能设定衡量标准之一。针对视觉照明设计、节律照明设计、灯具眩光控制、日光眩光控制、低眩光工作站设计、色彩质量、表面设计、自动化遮阳和调光控制、采光权、日光建模、自然采光开窗这 11 个方面提出了光环境建设指南，旨在尽量减少人工光对身体昼夜节律系统的干扰，提高工作效率，帮助获得良好的睡眠质量，并根据人活动场所的需要提供合适视敏度[15]。

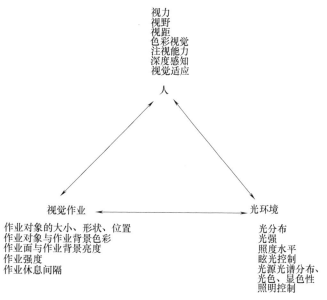

图 1　人因照明系统构成关系

　　视觉健康也是照明产品和系统设计中极为重要的人因要素，光照的强度、时间、方式、部位，光谱构成对眼视光系统、眼底功能、脑力认知产生影响，与人的工作状态、身体机能运转、生理和心理方面的舒适度密切相关[16]。2016 年全球首份视觉健康国别报告《国民视觉健康》发布，其中数据显示截至 2012 年我国 5 岁以上人口中，约有 5 亿左右各类视力缺陷患者，其中近视患病人数为 4.5 亿左右。若无有效的政策干预，到 2020 年，我国 5 岁以上人口的近视患病率将增长到 51% 左右，患病人口将达 7 亿之多。目前近视低龄化，老年视力缺陷患病年龄提前，视觉健康已成重大国民公共卫生问题，人们逐渐重视照明光源产品的健康性与安全性[17]。国家半导体照明工程研发及产业联盟标准化委员会（CSAS）(2016)[18] 将视觉健康舒适度（VICO）指数纳入 LED 照明产品的评价指标当中，这项指数基于眼视光学和主观认知，独立于色温、显色指数等光学参数，从人眼视功能的角度出发，探讨 LED 照明产品对人眼视功能的影响，以量化照明产品提供的光环境对人眼视觉舒适度的影响程度。蔡建奇（2014）[19-20] 等人长期致力于基于亚洲人眼的视功能特点的不同光参数下照明产品和显示屏的视觉舒适度的人因评测及产业化研发工作，建立了 LED 对人眼的视觉功能（疲劳）、人眼眼底的细胞及组织、视觉认知和脑力负荷三个方面影响的视觉舒适度客观评价模型、光损伤评价模型及视觉-脑力负荷关联机制模型，并提出相应客观量化的评价指标体系；飞利浦照明（2017）[21] 在全球范围内对来自中国、捷克、法国、德国等 11 个不同国家的 8000 名成年人开展了“高品质 LED 照明舒缓眼疲劳”的调查研究，并将提供无可视频闪的高品质照明作为照明产品研发最重要的考量点，并针对照明频闪问题，提出“舒适度”指标，制定了具体的评价体系。

　　1.2　基于不同人群视觉特点的人因健康照明

　　目前人们已对人眼视觉发育及衰退的全过程有了较清晰和深入的了解。胎儿六周时视神经开始“铺路”发育，6 个月时可感受外界光线强度的变化。婴儿出生时，人眼的结构已经成形，但完善视觉功能还需依靠外界丰富的视觉刺激，完成复杂的视觉功能发育[22]。婴儿时期（出生至一周岁）为视力“可塑期”，若视线被遮住，视觉将无法继续发育，视觉神经系统将处于停滞状态[23-24]。2 ~ 5 岁阶段，人眼视觉发育最为旺盛。此阶段极易发生视力丧失，是视力保护的关键期。5 ~ 6 岁时，儿童各项眼部生理功能形成并趋于稳固，进入成人的视觉。婴幼儿阶段是视力发展和保护的最为关键的时期，不良光环境的刺激，将对他们视觉健康造成不可逆的负面影响；视觉刺激的缺失将导致无法形成完整的视觉功能；此外，儿童节律紊乱、睡眠不足引起全身自主神经功能紊乱导致眼睫状肌调节功能紊乱是近视眼形成的病理基础之一。也有研究指出持续性高强度光照，会减少脑垂体中松果体褪黑激素的分泌，进而给婴幼儿的生长发育造成不利影响[25]。因此，婴幼儿空间光环境设计应同时着重视力保护、视觉丰富度和生物节律调节三个方面。

10~15岁视力分野直到20~25岁时人眼视觉趋于稳定，近视是这一阶段青少年面临的主要问题。在我国青少年近视患病率高达60%~70%，视力不良率达到84.72%，在这一比例连年攀升的情况下，教室、起居室等青少年活动空间的视觉光健康及光环境对学习效率的影响是目前研究者关注的重点。GovénT、LaikeT（2010）[26]等人对不同照度条件下小学生阅读速度进行了实验研究，发现500lx照度的光环境下其阅读速度、作文和算术方面的成绩均好于300lx标准照度照明环境。严永红、关杨（2010）[27]等人研究了教室照明光源、照度与学生工作绩效、视/脑疲劳的关联性，并建立效率-疲劳模型，以了解何种光环境造成视疲劳程度低，更有利于提高学习效率。结果显示4000K左右的中等色温荧光灯适合作为主光源，而6500K色温则不宜被用作教室照明。

视觉发育稳定以后，随着年龄的增长，眼球结构发生改变，如角膜直径变小呈扁平趋势、瞳孔直径变小、睫状肌老化、晶状体硬化、视网膜功能衰退等，致使各项视生理功能退化，例如视觉敏感性降低、光变化适应能力减弱、色彩辨识能力变差、对眩光敏感、景深感减弱等[28-29]。40岁以后视觉开始老化，老年期（65岁以后）人体各项生理机能的全面退行性变化，黄斑变性、白内障等年龄相关性眼疾发病概率增加，更加速了视功能的衰退[30]。提高室内照度、考虑照度均匀度、控制眩光、增加对比度、提高光源显色性、简单易识别的照明控制方式及控制界面等，是适老型空间光环境的特殊需求[31-32]。国际照明委员会（CIE）（2017）[33]新发布的技术报告分析了照明环境对视觉功能（如视敏度、对比敏感度、颜色视觉等）的影响，给出了老年人和低视力人群住宅等室内环境的照明设计方法。在室内照明的光照水平、光谱、光分布、光照的频率和持续时间的选择上，考虑了光的非视觉效应对老年人昼夜节律系统和睡眠质量的影响。

特殊生理状态下人体其他系统机能运转的变化也会引起视觉功能的改变。例如孕产妇妊娠、分娩过程中体力和精力的消耗，体内激素分泌量的改变引发眼球结构的暂时改变，出现视物模糊、视力下降和复视等症状[34]。针对这些特殊生理状态的光环境设计策略研究与实践尽管尚未深入广泛开展，但将成为未来人居健康光环境研究的重要发展方向。

1.3 人因健康照明的应用

我们根据人、空间与环境的关系，将研究对象分为居住、办公、酒店、学校、医院、养老院为代表的一般环境，航空器、舰船、矿井、地下建筑等的特殊环境，以及深空、深海、极地等非一般和更加特殊条件下的极端环境三类。通过深入了解环境中影响人体健康的因素，综合应用光"视觉-生理-心理"的多维健康疗愈效应，全面改善人对环境的感知及身心健康状态，是各类环境中光健康理论研究及落地应用的主体路线。

一般环境的光健康研究主要关注于光环境对人学习、工作、娱乐、休憩、睡眠等日常活动的影响以及对工作效率、舒适度、心理感受的提升。这一方面的研究较为深入和广泛，实验手段也相对综合多样。例如郝洛西课题组（2014）[35]搭建了真实尺度的起居室模拟实验室，通过主观评价实验从人因工程学角度探讨了中国人对起居室光照环境中色温、光源及显色性的视觉偏好，总结了适合中国人的起居室照明设计策略。Smolders（2012）[36]等搭建的试验间，以200 lx和1000 lx的眼部照度为变量，结合脑电图和心率的客观生理数据分析，得出眼部照度和警觉度之间正相关。原林（2017）[37]利用便携式脑电仪对老年人卧室照明环境对老年人起夜后再次入睡影响进行了研究分析，得出了低照度间接照明环境可以有效保持老年人的困倦感，而高色温照明光源和复杂的开关控制不利于再次入睡的结论。

医养空间的光健康近年来的研究重点主要在于光的疗愈效应，利用视觉功能、生理调节、情绪干预三种效应，针对使用人群行为、生理、心理特点调节其昼夜节律，对其心理情绪进行积极有效的干预。提高医护人员视觉作业的准确度和效率，优化医疗服务流程，使病人和老年人得到更好的照护。Philips和Wavecare科技公司与Nordsjællands医院合作，进行了"Sensory Birthing Rooms"未来分娩室的实践，通过舒缓的音乐、变化的彩色光照明和发光纺织面板的定制影像，营造平静舒适的气氛，帮助产妇在分娩时转移疼痛注意力。Hadi K（2016）[38]等人于网络上发放了有关护士站、病床旁边等5处需要视觉作业地点的光环境现状和需求研究问卷，并进行了由8名被试参与的同质空间模拟实验，探讨光环境与护士工作表现和满意度之间的关联，结果显示合理的光环境设计可有效提升护士工作满意度及对环境的评价，对光环境的控制程度（照明开关和调光）与满意度关联较紧密。同济大学崔哲利用虚拟现实技术搭建模拟场景，在上海市第三福利院进行了建筑光环境对阿尔茨海默病患者视觉及节律调节作用的实验研究，并探讨了老年人对照明方式和色彩的偏好。美国康奈尔医学院人类生物钟实验室（2015）[39]的研究认为，对于经常失眠的老年人，晚上临睡前置身于强光的照明环境中，会减缓失眠症，提高睡眠效率，并且白天这些老年人逻辑推理、视觉辨识能力较大进步。

在航空器、舰船、矿井、地下建筑等特殊人居空间，光环境的主要作用除了提供高质量的功能照明以外，还在于消解视觉环境单一、空间密闭、高温寒冷、电磁辐射、高空高速、低压缺氧等环境不利因素对人带来的负面影响，提高人对环境的适应性。Winzen J（2014）[40]等人搭建了类机舱环境模拟实验室，招募了59名被试，选取各三种不同色调的黄蓝色光照场景进行了光色与人对机舱温度感知的对比试验,结果显示,光色可对人体冷暖感受产生影响,蓝光让人感觉比实际温度更为凉爽,且能帮人提高警觉度。黄光可产生温暖的感受。在不同光色条件下人对亮度的感受并没有差异。美国船级社(2016)[41]提出了舰船适居性的概念,船舱照明应利于船员执行视觉任务和舱内活动,为船员提供安全健康的环境。根据生活、工作和娱乐不同的功能区域及舰船检查、膳食准备、机械维修等活动的视觉需求,详细规定了适合的照度,更为夜间需要从舰船舱内前往舱外黑暗环境作业的人员考虑了有助于暗适应调节的红光或低照度白光照明。林燕丹(2016)[42-43]团队就民机驾驶舱光环境和视觉功效展开了一系列研究。针对夜间飞行眩光问题,其团队研究了眩光源亮度、眩光源立体角、背景亮度3个变量对于飞行员反应时间的影响,以及眩光源表面亮度、显示器视标亮度两个变量对于显示器视标识别绩效的影响,为飞行器驾驶舱和飞机场照明的防眩光设计提供了理论依据。

极端环境主要特征是非常态性,极端环境下作业人员(如宇航员、深海作业人员、极地科考队员)不仅要适应真空、失重、作业环境复杂、极昼极夜等恶劣的物理环境,还要面对枯燥、焦虑、社会支持匮乏的社会环境。他们所承受的压力、生理疲劳、认知负荷、情绪不稳定性往往高于其他环境下的从业人员,极易出现生理、情绪及行为问题,主要表现为:持续作业引发的疲劳、困倦和失眠等生理反应,封闭环境诱发的基本情绪和认知功能下降,以及社会性心理机能的减退[44]。因此,极端环境下的光环境研究关注极端环境给人造成的不利影响,保证任务的顺利完成。美国国家航空航天局(NASA)、哈佛大学、杰弗逊大学的人因工程学、航空医学等领域从业人员及宇航办公室成员、电视转播工作人员组成的多学科专家小组(2012)[45],修订了国际空间站的室内照明要求,他们主张空间站照明应满足促进任务实行、电视转播、生理节律调节三方面要求。新的LED空间站照明系统旨在为宇航员提供视觉刺激以及改善睡眠和昼夜节律。Young C R(2015)[46]等人通过对29名青年男性被试分别采用13500K和4000K高色温和标准色温光源进行光照刺激实验,结果显示高色温照明结合节律照明实行24小时周期潜艇作息制,艇员可获得更好的作业表现和睡眠质量。中国长城站越冬队员因长期处于南极恶劣气候和隔离环境中,在越冬后期出现较多情绪波动、注意力不集中的现象[47],同济大学郝洛西教授课题组通过节律调节与情绪干预模块化灯具,对长城站的生活栋进行了照明改造。

各类环境空间光健康的研究与实践虽各有侧重,但均以人的需求为导向,综合运用光的“视觉-生理-心理”三方面效应,营造更有益于人健康和福祉的空间环境,仍是人因健康光环境设计应用的共同原则与最终目标。

2. 光的疗愈作用

2.1 光与情绪

光照通过视觉通路与非视觉通路作用于视网膜,对人体影响表现出多样性与复杂性,不仅产生视觉现象,还对情绪和行为产生影响[48]。

Izso等人(2009)[49]比对了低色温低照度(2700 K,100lx)和中高色温高照度(4000K,1300lx)的光照环境,结果表明低色温低照度的光照环境更能让人情绪放松。Son B等人(2009)研发和试制了可识别人体生理指标的智能情感照明系统,可通过分析生理指标评估使用者情绪,进而调节光照环境[50]。IM Iskra-Golec等人(2012)对30名白领女性工作者分成两组进行了实验研究,结果显示高色温的光照环境可以提高工作效率,而低色温的光照环境更符合情感需求[51]。居家奇(2011)通过心理物理学、实验心理学的相关理论设计实验,研究了光谱和光照强度对生理参数改变的影响,分析了心率、体温、血压、视亮度等实验参数的变化情况,得到了定量的变化关系[52]。Wan等人(2012)[53]研究了光照色彩、动态照明对于氛围感知、生理放松的影响作用,结果表明缓慢变化的橙色光照环境能够创造轻松、舒适的氛围。Nancy T. Hatfield(2013)基于多年的临床护理经验提出,柔和的暗光环境可帮助产妇缓解紧张,获得更好的分娩结果[54]。Figueiro等人(2015)[55]针对阿尔茨海默病患者及护理人员进行了持续11周的光照实验,结果显示实验设置的照明条件有效提高了睡眠效率,缓解了抑郁情绪。同济大学郝洛西教授课题组[56]与上海市第十人民医院心血管内科共同开展了针对CICU空间的光照情感效应初步研究,在心导管手术室设计安装了“医用光照情感效应媒体界面”(Health Emotional Media Interface, HEMI),并在上海长征医院骨科手术室、新余市人民医院产科病房、厦门莲花医院妇产科和南宁开元埌东医院进行了健康照明应用实践的拓展。

2.2 光与节律

随着2002年美国学者Berson David M[57]等发现了第三种感光细胞(神经节细胞),人们开始认识到光对节律的影响机制。2005年,YasuKouchi[58]等人的研究指出,来源于视网膜的光信号传播至大脑皮层时有两条主要通路:一条是形成影像视觉功能的神经通路,经过内膝状体(IGL)联结视觉皮层;另一条是负责传送非视觉信息的神经通路,经过视交叉上核(SCN)联结松果体。传递非视觉信息的通路,不仅与内分泌、生物节律相关,也与情绪及大脑觉醒水平相关,具有光照生物效应。Van Bommel等人(2004)[59]针对照明的非视觉生物效应、健康照明及实际意义等问题进行了研究。众多研究也表明,光照生物效应能控制人的昼夜节律,影响人眼瞳孔大小,从而对身体健康与工作效率产生影响[60]。

黄海静、严永红(2008)通过学生瞳孔变化及反应时间,研究了教室光照参数对大学生心理、生理健康和学习效率的影响[61]。Hubalek等人(2010)[62]对23名被试进行了为期7天的跟踪调研,采用穿戴式探测装置记录受试眼部照度以及获得的蓝光辐射量，结果显示日间进入眼部的光照数量，对当天晚间的睡眠质量产生显著的促进作用。Martinez- Nicolas 等人[63]（2011）通过现场研究揭示出光照的持续时间与睡眠质量、皮肤温度存在显著关联性。Vetter C 等人[64]（2011）使用富蓝白光（8000K）与日光（4000K）作为光照刺激，持续记录冬季办公人员睡眠与活动表现。研究表明富含蓝光的人工光刺激同样能够起到调整人体昼夜节律与睡眠质量的作用，提出了光的节律效应主要取决于光谱成分的理论。Figueiro 和 Rea[65]（2016）采用可穿戴设备持续记录 11 名被试在夏冬两季的受光量与睡眠情况，同时要求被试使用睡眠日志记录入睡时间、睡眠质量、时长等相关信息。结果显示夏季接受日光照射显著高于冬季，同时夏季被试睡眠时长与睡眠质量均显著高于冬季。Boubekri Mohamed 等人[66]（2014）对比有窗及无窗环境下职员的工作状态与睡眠质量，发现有窗条件下职员有更好的睡眠质量和工作表现。同济大学林怡（2016）开展了基于办公室健康照明需求的光谱非视觉生物效应研究，探讨了人工照明进行节律补偿的可行性，结果显示一定的高色温、强光照明有利于在日间抑制褪黑色素分泌，提高觉醒度，进而利于人员工作效率和节律健康。同济大学戴奇（2017）结合节律效应与视觉亮度体验两方面的室内照明需求，提出二维参数化的健康照明设计方法及技术优化方案。通过对多色混光 LED 光谱的调节和相应优化，获得不同的照明节律效应、视觉效应组合方案，以满足不同的室内照明应用需求。

2.3 自然光与疗愈空间

大量研究表明，自然光可以对人类的节律、情绪，甚至信念、信仰产生影响。与此同时，自然光刺激也是调节生理节律的最强同步因子。然而，随着人工光源的普及，人类在一天之中接触自然光的时间反而逐渐减少。量化研究自然光对人体身心健康的作用，有助于我们深入探讨健康光环境领域的相关工作。在自然光与健康空间设计领域，科研工作者从未间断地进行着研究与探索。Aries MBC 等人（2015）[67]，通过梳理 PubMed 及 Scopus 数据库中的相关文献，概述了自然光与人体健康之间的关系，试图理清这两者之间的脉络。该研究指出：现阶段虽然无法精确量化自然光对人体生理、心理方面的作用，但大量研究已经证实自然光与人体健康具有一定的相关性。基于特定健康条件人群的研究可以建立自然光与人类身心健康之间的关联性，并将其运用到建成环境设计之中。Bellia L 等人的研究（2014）[68]针对位于意大利那不勒斯的办公空间进行了自然光照实验，希望充分量化办公空间中自然光环境对工作人员昼夜节律的影响作用，其研究结果显示被试瞳孔的入射光光谱分布、色温与办公室的空间特征（尺度、材料光谱反射率、外部障碍物等）以及气象条件是相关的，自然光对被试昼夜节律的影响作用与 CIE 标准光源（D50、D55）相似。Konis K 等人的研究（2004）[69]基于不同地区的自然光照射模型及人体非视觉理论，通过搭建模拟框架，深入探讨了自然光对人体昼夜节律的影响作用。

在过去的几十年里，疗愈环境逐渐深度介入到医学领域，良好的空间氛围可以影响到患者及医护人员的身心健康；自然光、艺术品、色彩及声音可以有效缩短治疗进程，缓解医疗空间的紧张氛围。Iyendo T O 等人的研究（2014）[70]统计了50 位患者及医护人员对不同自然光环境下的满意度，证明了充足的自然光刺激对患者的健康恢复状况及医护人员的工作满意度均具有积极的影响。Shepley M M 等人（2012）[71]从美国新罕布什尔州的重症监护室（ICU）中随机挑选了 110 名住院患者（包括心脏疾病、肺炎和肺慢性阻塞性疾病）以及医务人员，针对他们完成了自然光相关的实验研究。研究结果显示照度水平与疼痛感及住院时间呈现负相关，每个人的平均缺勤时间从原来的 38 小时减少到 23 小时（$P \leqslant 0.05$），自然光对患者的疼痛程度、住院时间以及工作人员的失误、缺勤率和空缺率呈现出不同程度的相关性。Amundadottir M L 等人在他们的研究中（2016）[72]，运用 3D 模型探讨了建筑空间中自然光对人类非视觉效应、视觉认知的影响作用，进而提出了适用于建筑设计的健康光环境设计方法及策略。

光与健康的作用包括视觉效应、情感效应、生物效应三方面。通过整合不同维度的光，才能创造健康光照环境。随着光与情绪、光与节律研究的深入，光的疗愈作用将成为未来光与健康研究的拓展新思路与发展新方向。

3. 光生物安全

光生物安全主要研究光辐射对生物机体的影响。光辐射主要是指电磁波辐射中波长在 100nm 的超紫外线与波长在 1mm 的远红外线之间波段的光波辐射。因为 200nm 以下的光波被大气吸收，而在大于 3000nm 以外的远红外光谱光子能量较低可以被忽略，因此实际有意义的有效光辐射光谱被限定在 200 ~ 3000nm 之间。光生物安全与发光源的距离、照射时间、光源光谱、照射部位都有紧密的关系。光辐射到人体上会产生一定的光化学作用和热作用。光辐射可能造成皮肤疾病（如红斑、皮肤癌）及眼部疾病（如紫外线白内障、角膜结膜炎、角膜烧伤、红外线白内障、闪光盲、视网膜烧伤和损害、视网膜炎等）的发生。

光照射皮肤时，一部分的入射光被反射，剩余的光透射进入表皮和真皮。短波光辐射（如紫外线辐射）皮肤一方面会直接损伤 DNA，导致皮肤晒伤，另一方面紫外线激发产生活跃的自由基攻击 DNA 和其他细胞，如胶原蛋白，而胶原蛋白对皮肤弹性有重要影响，胶原蛋白损伤造成弹性组织变性从而最终引发皱纹和皮肤老化。皮肤在反复的紫外线辐射下会产生防卫机制，这将导致皮肤上层表皮增厚，以减少紫外线辐射的穿透效应，并制造吸收紫外线的黑色素，使色素沉淀造成皮肤变黑。长波光辐射如红外光辐射，主要表现为热辐射，热辐射的风险目前常被忽视，因为通常人只有在感到疼痛时才会察觉过量辐射，而实际在没有痛感前细胞已受到损伤。

眼睛表面结构暴露在光下会引起与皮肤类似的反应。紫外线会造成角膜和结膜炎，引发雪盲症，类似于皮肤晒伤，也可能造成紫外线白内障的发生。在红外光谱区域，长时间高强度的照射会造成红外线白内障的发生。由于晶状体的透射特性，光辐射可穿过晶状体引起视网膜损伤，其波长范围主要是在 300 ~ 1400nm，超过 10s 的蓝光危害会损伤感光细胞及引发黄斑变性等（见表 1）。对于可见光范围内的强光照射，人体会有自然的防御机制，如眨眼、摆头、缩小瞳孔以控制光线进入视网膜的光量等，以及眼睛快速扫视以避免视网膜被强光持续照射。虞建栋、牟同升等人的现场测试也证明了这一点[73]。

表 1 眼部光辐射危害波长分布表

病 症	作 用 位 置	光谱范围/nm	光谱作用峰值/nm
红外线引起的白内障	晶状体	700 ~ 3000	900 ~ 1000
光致角膜炎	角膜	180 ~ 420	270/288
光致视网膜炎	视网膜	400 ~ 700	310
视网膜热损伤	视网膜/脉络膜	400 ~ 1400	500
紫外线引起的白内障	晶状体	290 ~ 400	305
紫外线引起的红斑	皮肤	180 ~ 420	254/295

3.1 光生物安全的评价

涉及光辐射安全的国际标准化机构主要有国际非电离辐射防护委员会（ICNIRP）、国际照明委员会（CIE）和国际电工委员会（IEC）。国际照明委员会（CIE）有专门的机构对光生物安全进行研究，如专门研究光对人和生物健康影响的 CIE D6（即 CIE 第六分部"光生物与光化学"）与 CIE TC2-73 技术委员会，针对照明产品的光学辐射所造成的人体健康损伤，进行各种物理量的测量，并制订相应国际技术规范。涉及对人体的短期和长期危害的各种相关辐射量进行研究[74]。

国际组织已出台相应技术规范对灯和灯系统的光生物安全提出评估的技术要求，如国际照明委员会的 CIE S 009：2002[75]、北美照明学会的 ANSI/IES RP27[76] 以及国际电气协会的 IEC/EN 62471[77]、IEC/TR 62471-2：2009[78] 和 IEC/TR 62778（2012）[79] 等。IEC 和 IESNA 标准将光源分为 RG0（无危险级）、RG1（低风险）、RG2（中风险）和 RG3（高风险）四个危险等级，太阳光在所有等级中是危险性最高的，而常规用户用到的产品都是低风险等级的。

国内参照 CIE S009—2002 标准出台了 GB/T 20145—2006《灯和灯系统的光生物安全性》，以评估不同灯和灯系统相关的辐射危害，2013 年颁布了 GB/T 30117-2—2013《灯和灯系统的光生物安全性 第 2 部分：非激光光辐射安全相关的制造要求指南》对 LED 的光生物安全提出评价及制造要求。而 GB/T 34034—2017《普通照明用 LED 产品光辐射安全要求》和 GB/T 34075—2017《普通照明用 LED 产品光辐射安全测量方法》两项国家标准将于 2018 年 2 月 1 日起实施，是对之前光生物安全评价标准的有效补充，以上标准在国内都尚未列入强制评价规范。

光生物安全的评价方法各国学者还有争议。目前在国际通用的测量光源光生物危害的方法分为两种：一种是在照度达到 500lx 的位置进行危害程度测量，适用于办公空间、学校、住宅、工厂、道路、汽车等场所，另一种是在距离光源 200mm 的位置进行测量，主要针对投影灯、晒黑灯、工业、医疗、探照灯等[80]。法国食品环境职业安全部的研究认为目前的评价标准也还存在缺陷，如未考虑在整个寿命期内暴露在蓝光中的可能性；对于归属风险组的度量也存在一些含糊之处，500lx 标准被批评没有恰当地代表某些情况，根据 500lx 的规定，任何白光光源低于 500lx 都被认为是无危险的[81]。因此，在实际应用中既应针对不同的敏感人群，对相应评价标准采取不同级别的执行措施，以保护使用者；同时针对光生物安全的评价标准仍需进一步研究以便弥补评价中的漏洞。

3.2 LED 的光生物安全

LED 由于其光效高、寿命长、方向性强以及环保无污染，在普通照明中得到广泛应用。目前白光 LED 主要由蓝光芯片激发黄色荧光粉产生，其 SPD 曲线中蓝光比例较高，可能带来潜在的蓝光危害，对人体健康有一定影响。蓝光危害是指光源的 400 ~ 500nm 蓝光波段亮度过高，眼睛长时间直视光源后可能引起视网膜的光化学损伤[82]。Algvere 等人（2006）[83] 和 Cohen F Behar 等人（2011）[84] 的研究表明蓝光对视网膜有很大影响。Brainard 等人（2014）[85-86] 的研究讨论了高强度蓝光会引发乳腺癌[87]。J. H. Oh（2015）[88] 和 Tosini 等人（2016）[89] 的研究表明，蓝光危害会引起节律紊乱，影响人的心理健康。蔡建奇等人（2016）通过实验研究人视网膜上皮色素细胞（Retinal Pigmented Epithelial，RPE）和小鼠光感受器细胞在 LED 暴露状态下，细胞活存在下降，说明了光源的光化学损伤[90]。

目前国际上针对 LED 的光生物危害的研究没有发现一般照明对人体有害。GLA（Global Lighting Association）团队在照度 500lx 下的测量研究发现，常用的 LED 与紧凑型荧光灯产品都不会测试到达 RG2 风险级——有可能产生风险的等级[91]。

法国食品环境及劳动卫生署（ANSES）2010年的研究发现，针对高光通的不连续LED产品，在距离光源200mm的位置进行测量，可达到无危险级（RG0）、低风险级（RG1），对人体无害。美国能源部（DOE）的研究发现，在同样色温和光输出下，LED并不比其他光源释放更多的蓝光能量。基于现有的研究，在同样色温和光输出下白光LED照明产品不会造成蓝光危害的风险增加。一般而言，色温可作为各种光源类型短波长内容的有效预测因子，特别是作为光学安全、材料降解和昼夜节律刺激的合理预测因子。提高色温会相应提高蓝光的比例。非白光LED产品对一些高风险人群（如婴儿、特定视觉敏感人群等）的影响应专门进行评估。郑建、牟同升等人（2016）[92]的实验研究表明，为确保儿童使用LED光源时的光生物安全性，应基于儿童与成人群体的生理和心理行为特性差异来修正评价方法，建立专用于儿童的视网膜蓝光危害光生物安全评价方法。ANSES对LED光生物安全应用的建议：避免在儿童经常出没的地方（产房、托儿所、学校、休闲中心等）或者在他们使用的物品中（玩具、电子显示屏、游戏机和操纵杆、夜灯等）使用发出冷白光（带有强烈蓝色成分的光）的光源；确保发光二极管的制造商和集成商对不同的风险群体进行质量控制，并对其产品进行合格鉴定；为消费者建立一个清晰易懂的标签系统，并强制使用符合光生物安全风险类型的包装[93]。

光生物安全是整个光与健康领域的基本问题。特别是产生光生物作用的人工照明，对人体的负面伤害，需要更多的基础研究，定性定量加以明确，并在剂量和功效上加以区分。

4. 光与健康的前沿科技

一直以来，不断涌现的前沿技术是健康光环境设计与应用的有力支撑，例如：更灵敏的传感器，更智能的控制技术及模式，更快速的可见光通信，更精确的室内定位等。近年来，随着应用科学技术、互联网技术的飞速发展，新兴应用技术层出不穷，仅传感器方面，就包括红外线（Infrared Ray，IR）传感器、超声波（Ultrasonic）传感器、环境光传感器（Ambient Light Sensor，ALS）、电荷耦合器件（Charge-Coupled Device，CCD）等。各类传感器被广泛用于人居空间之中，例如红外线传感器可以通过探测热辐射分布来定位人体位置；超声波传感器则通过探测反射超声波的多普勒位移来检测物体的运动；环境光传感器配合照明控制系统，则可以有效缓解建筑空间的能耗问题；CCD可以捕捉光环境中每个像素点的光照分布及光谱信息，极大地拓展了ALS的应用场景。健康光环境是一项针对具体用户需求的应用领域，随着环境光传感技术方面的发展，我们可以高效地采集、分析、处理、控制光照环境，满足特殊空间的健康光环境需求。同济大学崔哲博士在进行适老空间光环境实验时，设计制造了自然光模拟窗，通过室内外感应器联动及照明控制系统，获得了有效调节老年人生理节律，缓解阿尔茨海默病患者临床表现，改善被试人群睡眠质量的健康光环境参数。此类应用高度依赖控制系统完成，例如自适应光分布的控制模式（Adaptive Distributed Sensing and Control Methods）、照明系统控制技术等。这些先进的控制系统可以整合系统中传感器数据、实时分析、精准控制网络中的照明器件。控制系统的逐渐完善，可以给设计师提供更宽阔的设计空间，带给用户更智能的光环境体验。为健康光环境的设计与部署、新概念和新模型的广泛研究与探索，奠定了坚实的硬件基础。

此外，光学技术的发展在照明领域以外也获得了全方位的拓展。例如可见光通信（Visible Light Communication，VLC），通过控制LED，可搭建可见光覆盖区域内的数据通信，最新的蓝牙协议支持多对多数据互联，将可见光通信模块及蓝牙模块嵌入到照明器件之中，仅通过替换光源，就可以完成精确室内定位及数据互联，有效扩大了无线数据通信容量，极大地节省了场景搭建成本，给机器人定位控制、老年人位置信息跟踪、信息实时收集组网等应用场景提供了广阔的想象空间。新型照明技术（如LED、OLED以及激光等）的提升不仅能为建筑空间提供更舒适的健康光环境[94-95]，还能给图像显示技术带来更大的提升，如：更舒适、更高清的3D显示技术[96]，高临场感、高真实感的虚拟现实显示技术等。

5. 光与健康的研究设计与应用

5.1 光与健康的研究方法

健康照明领域的实验研究一直以来主要采用问卷或量表的主观评价方式来完成。随着现代生物医学工程技术的发展，实现了多种非电信号向电信号的转化，并利用电子科学技术实现生理信号的检测和分析，光与健康的研究也有了更多的方法选择（见表2）。Eerola等人[97]（2013）将对光与健康研究进行了综述，总结了七种常用的实验方法，其中适用于实验室的实验研究方法主要有自我报告和生理测量。生理测量主要包括自主神经系统（ANS）信号、中枢神经系统（CNS）信号。此外，行为测量（主要是面部表情识别）也是一种常用的健康照明实验方法。

（1）自我报告

自我报告采用量表或问卷的形式进行情绪的评估与测量，是光与健康既往实验中最常见的方法。经过长期大量实验的发展，已经有了多种形式的自陈测量工具，如SAM量表[98-99]、VAS量表[100]、PrEmo（Product Emotion Measurement）[101]、被试口头报告等。此外，还有心理学、临床医学常用的焦虑自评量表（SAS）、抑郁自评量表（SDS）、汉密尔顿焦虑量表（HAMA）、汉密尔顿抑郁量表（HAMD）等，都是常用的自我报告测量工具。

表 2　健康照明实验方法

实验方法	评价手段	测量内容
主观测量	自我报告	自陈测量工具，如 SAM 量表、VAS 量表、PrEmo（Product Emotion Measurement）、被试口头报告、焦虑自评量表（SAS）、抑郁自评量表（SDS）、汉密尔顿焦虑量表（HA-MA）、汉密尔顿抑郁量表（HAMD）等
生理测量	自主神经系统（ANS）生理数据	皮肤电阻、心率、血压、心电、呼吸、肌电等
	中枢神经系统（CNS）生理数据	脑电图（EEG）、事件相关电位（ERP）、功能性磁共振成像（fMRI）、正电子发射断层扫描（PET）等
行为测量	面部表情、语音语调、肢体运动	图像识别、视频识别、面部肌肉活动编码系统（FACS）、最大限度辨别面部肌肉运动编码系统（Max）、表情辨别整体判断系统（Affex）

　　Küller Rikard 等人（2006）对四个不同纬度的国家、共计 988 名被试进行了主观问卷。分析结果显示，当照度提高并超过阈值（该阈值在文中无明确描述）时，照度与正面情绪呈现出负相关性[102]。Wardono P 等人（2012）通过数字情景模拟设置实验场景，采用主观问卷评价的方法，以光、色彩和装饰为变量，针对被试的感知、情绪以及社交行为进行实验研究。结果表明，光环境对使用者身体状态的影响最为显著[103]。Bernhofer E I 等人（2013）对 40 位住院患者进行 72 小时的光照和睡眠唤醒，记录他们的活动状态与情绪状态，并进行了相关的主观疼痛评价。结果显示，低光照水平下，疲劳和情绪障碍得分分数高；高光照暴露是否能降低疲劳与情绪障碍需要进一步研究[104]。

　　（2）自主神经系统（ANS）生理信号

　　人类健康的变化伴随着各种自主神经系统的生理反应，如皮肤电阻、心率、血压、心电图、呼吸、肌电图等。通过测量前述这些生理指标，可以评定身体状态的变化，能更客观地完成光与健康的实验研究。随着心理学研究的深入，ANS 生理信号与身体状态的量化关系也逐渐对应起来，也为其作为健康照明实验方法提供了理论基础与实践意义。

　　蔡菁等人（2010）使用皮肤电（GSR）信号在六种情感状态识别研究中找到了六种情感与皮肤电信号特征的一种对应关系[105]。熊鳃等人（2011）进行了自主神经生理信号的情绪识别研究，对心电、心率、脉搏、肌电、呼吸、皮肤电阻等都提取了原始特征，并综合分析了其与情绪的联系[106]。飞利浦研究中心（2011）设计了用于病房照明的照度、色温控制系统，通过检测心血管病患者住院期间的各项生理指标，旨在评估光照环境对此类患者康复状况的影响。结果表明，基于时间变化的光照环境可以提高患者的正面情绪及满意度，同时缩短入睡时间[107]。居家奇（2011）通过心理物理学、实验心理学的相关理论设计实验，研究了光谱和光照强度对生理参数改变的影响，分析了心率、体温、血压、视亮度等实验参数的变化情况，得到了定量的变化关系[108]。

　　（3）中枢神经系统（CNS）生理信号

　　随着研究技术的不断发展与革新，CNS 的生理信号已经能被读取，CNS 测量越来越多地被引入到光与健康相关的实验研究中。CNS 测量主要包括脑电图（EEG）、事件相关电位（ERP）、功能性磁共振成像（fMRI）、正电子发射断层扫描（PET）等。

　　国内外光与健康的实验研究中，普遍开始探索采用 EEG 作为研究手段，以获得客观的实验结果。Plitnick B 等人（2010）探讨了蓝光与红光对人夜间警觉性和睡眠状态的影响，通过测量记录被试的睡眠质量、大脑活动、警觉性等生理指标，分析评估被试的身体状态，指出蓝光和红光都能提高被试脑电波中 β 波段的能量，从而抑制睡眠，同时对其警觉性产生影响[109]。Shin Y B 等人[110]（2015）研究了居住空间中照明方式对情绪和脑波活动的影响，在测量 EEG 的同时采用了 SAM 和 VAS 量表，结果显示直接-间接结合的照明方式更加受欢迎，而 EEG 中 θ 波的变化活动能有效地反映出不同光环境中的情绪状态。

　　CNS 测量中的其他生理信号及方法，由于发展较晚、技术较新，在光与健康的研究中尚未有太多的应用，但是在心理学实验的探索中已经逐步取得成果，可以期待未来健康照明研究中将引入更加前沿的生物技术。刘光亚（2006）通过 ERP 对抑郁症患者的情绪图片认知进行了研究，结果表明抑郁症患者对情绪图片刺激进行评价的反应模式与正常人有显著的区别[111]。Lee T. M. C. 等人（2010）使用 fMRI 对情绪与说谎时的神经关联进行研究后发现，欺骗时的神经活动与愉悦度有相关性[112]。Choy（2013）探讨了通过聆听带有一定情绪的音乐，使述情障碍的患者根据情绪效价（快乐、悲伤）完成"音乐—音乐"和"音乐—词语"的对应任务，通过 ERP 的数据分析来评估脑损伤患者的情绪[113]。

　　（4）行为测量

　　健康照明实验研究中的行为测量主要包括面部表情识别、语音语调识别、肢体运动识别。光环境作为研究对象的实验，因刺激因素往往不能引起语言行为和肢体运动，适用的行为测量方法主要是面部表情识别。Mauss 等人（2005）进行了面部表情与情绪状态的关系研究，结果显示二者有很强的相关性[114]。目前面部表情识别多采用图像识别的方法来实现[115-116]，主要应用于计算机视觉的研究中，使人工智能读取人类情绪状态，建立人机互动[117]。

5.2 健康照明的循证设计

循证医学（Evidence Based Medicine，EBM）设计[118]是在循证医学和环境心理学基础上诞生的一种设计思想，强调用科学的研究方法和统计数据来证实建筑与环境对健康的实证效果和积极影响。循证设计源于循证医学，它的核心价值是：基于客观的科学研究证据，结合实践经验，综合使用者意向，提出实际问题的最优解答[119]。美国健康设计中心将循证设计定义为："基于可靠研究成果而制定的关于建筑环境的有据决策，以期达到最佳成果的设计过程。"

循证设计已经成为目前研究成果向应用实践转化的重要手段。美国、加拿大以及英国已经有超过 50 家大型医疗机构加入了医院设计中心的"卵石项目计划"，用循证设计的方法来指导医疗建设项目[120]。金鑫（2012）等人[118]运用循证设计的基本原理和方法，对北京朝阳医院急诊科调研结果进行分析，提出影响医院急诊科使用效率的内容。格伦（2014）[121]等人基于循证设计理念，对全国 20 家综合医院的功能和空间使用情况展开深入调研并进行用后评价，为医院护理单元的设计提供参考。Rainey（2015）[122]基于花园改善健康的各种理论，根据特定医疗机构的患者与医护人员的需求来设计康复花园。

随着光与健康研究的深入，设计师也获得了越来越多的数据。目前已经有众多的案例，特别是在医院空间及养老空间，基于循证设计的思想营造满足人类健康需求的光环境。

名古屋第二赤十字病院的 NICU[123]（新生儿重症监护室）病房通过间接照明的方式，减少婴儿脸部直射光线。根据实验研究结果，在光色上选择浅黄色中加入少许橙色，使婴儿不易发怒烦躁，减少抑郁状态，加快病情恢复。

德国柏林 Charité 医院[124]的 ICU 病房在病床上设置了弯曲的发光天棚，与墙体无缝连接，通过设置模拟天空创造自然日光环境，覆盖病人的视觉区域，提高病人康复速率，并在应用实践中探索病人偏好的模拟天空及自然光环境特点及参数。

丹麦 Nordsjællands Hospital[125]分娩室通过 1200mm×2160mm 照明媒体界面（textile panel），整合循证实验中孕妇偏好的光环境参数，通过触摸智能开关，调控室内媒体界面和墙体下照灯，可以根据偏好选择不同的光环境；光色根据色彩心理学研究以紫色、蓝色为主，利于克制孕妇的冲动和烦躁，减轻分娩的痛苦等。

澳大利亚布里尼儿童医院[126]利用可以安装在任何表面的发光瓷砖生成实时动画，设计了一面互动 LED 墙体。儿童通过触碰互动木墙，可以动态地改变室内光环境，激发他们与周围环境的互动，减少他们对医院的陌生和恐惧之感，从而轻松愉快地接受治疗。

6. 结语

照明科技发展到今天，已经不仅仅局限于点亮生活，照明研究与应用正在从视觉作用拓展到情绪调节、节律修复等光的疗愈作用，当然一切效用应在光生物安全的基础上。通过光与健康的研究、设计与应用提高生存质量与生活品质，成为未来照明领域发展的新趋势。光与健康的研究，包括"视觉功效、生理需求、情绪调节"三个维度，我们的基础研究应该对每个方面进行深入的探讨，通过循证设计，作为健康照明设计的理论依据。随着照明前沿技术的发展，光与健康的理念在未来应该不断深入人类生活、工作、研究、探索乃至生存的方方面面，从人居空间到医养空间，从特殊环境到极端环境，都可以通过光照环境的设计来满足使用者的健康需求。健康照明的影响范畴，也可以从满足视觉作业需求拓展到情绪调节、睡眠质量、环境认知、节律修复等多个方面，更广泛地适应不同空间环境及满足不同人群的身心需要。

参 考 文 献

[1] International Ergonomics Association. What is Ergonomics. http://www.iea.cc/whats/index. html.

[2] Institute of Ergonomics and Human Factors. What is ergonomics?. http://www.ergonomics.org.uk/what-is-ergonomics/.

[3] 张景林，王桂吉．安全的自然属性和社会属性 [J]．中国安全科学学报，2001，11（5）：6-10.

[4] Boyce Peter R. Human Factors in Lighting [M]. 3rd ed. CRC Press, 2014.

[5] Boyce Peter R. Illuminance Selection Based on Visual Performance-and Other Fairy Stories [J]. Journal of the Illuminating Engineering Society, 1996, 25（2）：41-49.

[6] Tsao J Y, Coltrin M E, Crawford M H, et al. Solid-State Lighting: An Integrated Human Factors, Technology, and Economic Perspective [J]. Proceedings of the IEEE, 2010, 98（7）：1162-1179.

[7] Halper Mark. European lighting regulations could help usher in human-centric lighting [J]. LEDs Magazine, 2017.

[8] Lighting Europe. Strategic Roadmap 2025 of the European Lighting Industry. 2016.

[9] Kee D, Jung E S, Kang D, et al. Generation of more practical visual field [J]. Proceedings of the third Pan-Pacific Conference on Occupational Ergonomics, 1994：598-602.

［10］Drury C G, Clement M R. The effect of area, density, and number of background characters on visual search Human factors, 1978, 20（5）: 597-602.

［11］LONGJennifer. What Do Visual Ergonomists Do? http://www.visualergonomics.com.au/what-do-visual-ergonomists-do.

［12］Kee D, Jung E S, Kang D, et al. Generation of more practical visual field［J］. Proceedings of the third Pan-Pacific Conference on Occupational Ergonomics, 1994, pp. 598-602.

［13］Panero Julius, Zelnik Martin. Human Dimension & Interior Space: A Source Book of Design Reference Standards, 1979.

［14］中国建筑学会. T/ASC 02-2016. 健康建筑评价标准［S］. 2016.

［15］Delos Living LLC. Well Building Standard. 2014.

［16］Norton Thomas T, Siegwart John T. Light Levels, Refractive Development, and Myopia-a Speculative Review［J］. Exp Eye Res., 2013, 114: 48-57.

［17］李玲. 国民视觉健康报告［M］. 北京: 北京大学出版社, 2016.

［18］国家半导体照明工程研发及产业联盟. LED 照明产品视觉健康舒适度测试第 1 部分概述: CSA 035.1—2016.

［19］蔡建奇, 杜鹏, 杨帆. 照明产品健康舒适度评价方法及指标评价体系概述. 中国 LED 照明论坛. 2014.

［20］蔡建奇, 王媛媛, 杜鹏, 等. 基于视觉生理指标的发光二极管光健康影响［J］. 中华眼视光学与视觉科学杂志, 2016, 18（9）: 513-516.

［21］飞利浦照明（PHILIPS）. 飞利浦照明发布全球用眼健康调查研究报告: 提高用眼健康关注度. http://www.lighting.philips.com.cn/gongsi/newsroom/news/2017/20171108-philips-lighting-released-a-global-eye-health-survey-research-report.

［22］蒋斌, 李硕, 张琴芬. 早期视觉环境与视觉功能发育［J］. 暨南大学学报（自然科学与医学版）, 2013, 34（6）: 577-582.

［23］秦鑫, 王爱英, 刘宾. 儿童空间照明设计探讨［J］. 灯与照明, 2004, 28（4）: 26-27.

［24］François Vital-Durand. The infant's vision and light-The role of prevention in preserving visual capacity［J］. Points de Vue, 2014, 71: 44-48.

［25］Janjua I, Goldman R D. Sleep-related melatonin use in healthy children［J］. Canadian Family Physician Médecin De Famille Canadien, 2016, 62（4）: 315.

［26］Govén T, Laike T, Raynham P, et al. The influence of ambient lighting on pupils in classrooms considering visual, biological and emotional aspects as well as use of energy［C］. Vienna: Proceedings of the International on Illumination Conference, 2010.

［27］严永红, 关杨, 刘想德, 等. 教室荧光灯色温对学生学习效率和生理节律的影响［J］. 土木建筑与环境工程, 2010, 32（15104）: 85-89.

［28］Atchison David A, Markwell Emma L, Kasthurirangan Sanjeev, et al. Age-related changes in optical and biometric characteristics of emmetropic eyes［J］. Journal of vision, 2008, 8: 1-20.

［29］代玉环, 张大伟, 潘定国. 老年人视觉健康对照明要求的研究进展［J］. 光学仪器, 2017, 39（2）: 89-94.

［30］杨公侠, 杨旭东. 老年人与照明［J］. 光源与照明, 2010, 3: 43-45.

［31］Boyce P R. Lighting for the elderly［J］. Chromo Publishing, 2003.

［32］Shikder S, Mourshed M, Price A. Therapeutic lighting design for the elderly: a review［J］. Perspectives in Public Health, 2012, 132（6）: 282.

［33］Lighting for Older People and People with Visual Impairment in Buildings: CIE 227: 2017.

［34］Emine Malkoç Şen, Melike Balıkoğlu. Effect of Pregnancy on Eye and Visual Functions: Review［J］. Turk Soc Obstet Gynecol, 2010, 7（1）: 19-28.

［35］陈尧东, 郝洛西, 崔哲. 中性色调起居室光照环境人因工学研究［J］. 照明工程学报, 2014, 25（4）: 29.

［36］Smolders Karin C H J, Kort Yvonne De, Cluitmans P J M. A higher illuminance induces alertness even during office hours: Findings on subjective measures, task performance and heart rate measures［J］. Physiol Behav, 2012, 107（1）: 7-16.

［37］原林. 脑电仪检测数据分析在老年人卧室照明环境设计中的应用［J］. 包装工程, 2017, 38（18）: 153.

［38］Hadi K, Dubose J R, Ryherd E. Lighting and Nurses at Medical-Surgical Units: Impact of Lighting Conditions on Nurses' Performance and Satisfaction［J］. HERD. 2016, 9（3）: 17-30.

［39］Stringham J M, Garcia P V, Smith P A, et al. Macular Pigment and Visual Performance in Low Light Conditions［J］. Investigative Ophthalmology & Visual Science, 2015, 56 (4): 2459.

[40] Winzen J, Albers F, Marggraf-Micheel C. The influence of coloured light in the aircraft cabin on passenger thermal comfort [J]. Lighting Research & Technology, 2014, 59 (46): 465-475.

[41] ABO Shipping. Guide for crew habitability on ships FEB 2016.

[42] 林燕丹, 艾剑良, 杨彪, 等. 民机驾驶舱在恶劣光环境下的飞行员视觉工效研究 [J]. 科技资讯, 2016, 14 (13): 175-176.

[43] 黄瑜, 林燕丹, 姚其, 等. LED 在民用飞机仪表板泛光照明中的应用 [J]. 照明工程学报, 2011, 22 (2): 50-53.

[44] 李亚南, 高红梅, 许燕, 等. 极端环境下作业人员心理枯竭量表的编制 [J]. 中国临床心理学杂志, 2016, 24 (3): 433-437.

[45] Brainard G C, Coyle W, Ayers M, et al. Solid-state lighting for the international space station: tests of visual performance and melatonin regulation [J]. Acta Astronautica. doi: 10.1016/j.actaastro.2012.04.019.

[46] Young C R, Jones G E, Figueiro M G, et al. At-Sea Trial of 24-h-Based Submarine Watchstanding Schedules with High and Low Correlated Color Temperature Light Sources [J]. Journal of Biological Rhythms, 2015, 30 (2): 144-154.

[47] 李张研, 姚真, 薛全福. 南极长城站越冬队员个性和心理特点研究 [J]. 极地研究, 1997, 9 (3): 207-213.

[48] Stone P T. The effects of environmental illumination on melatonin, bodily rhythms and mood states: A review [J]. Lighting Research and Technology, 1999, 31 (3): 71-79.

[49] Izso L, Làng E, Laufer L, et al. Psychophysiological, performance and subjective correlates of different lighting conditions [J]. Lighting Research and Technology, 2009, 41: 349-360.

[50] Son B, Park Y, Yang H S, et al. A service platform design for affective lighting system based on user emotions [J]. WSEAS Transactions on Information Science and Applications, 2009, 6 (7): 1176-1185.

[51] IM Iskra-Golec, Wazna A, Smith L. Effects of blue-enriched light on the daily course of mood, sleepiness and light perception: A field experiment [J]. Lighting Research and Technology, 2012, 44 (4): 506-513.

[52] 居家奇. 照明光生物效应的光谱响应数字化模型研究 [D]. 上海: 复旦大学, 2011.

[53] Ham J J, Wan S, Lakens D D, et al. The Influence of Lighting Color and Dynamics on Atmosphere [J]. Perception and Relaxation. 2012.

[54] Hatfield Nancy T. Introductory Maternity and Pediatric Nursing. 2013.

[55] Figueiro M G, Hunter C M, Higgins P A, et al. Tailored lighting intervention for persons with dementia and caregivers living at home [J]. Sleep Health, 2015, 1 (4): 322-330.

[56] Hao Luoxi. Health lighting and innovative applications of LEDs on human habitats. 2013 Hong Kong Lighting Symposium Proceedings, 2013.

[57] Berson David M, Dunn Felice A, Takao Motoharu. Phototransduction by Retinal Ganglion Cells that Set the Circadian Clock [J]. Science, 2002, 295 (5557): 1070-1073.

[58] Yasukouchi A, Ishibashi K. Non-visual effects of the color temperature of fluorescent lamps on physiological aspects in humans. 2005, 24 (1): 41-43.

[59] Van Bommei W, G Van Den Beld. Lighting for work: a review of visual and biological effects [J]. Lighting Research & Technology, 2004, 36 (4): 255.

[60] 杨公侠, 杨旭东. 人类的第三种光感受器 (上) [J]. 照明工程学报, 2006, 17 (3): 1-3.

[61] 黄海静, 严永红. 光生物效应与教室照明实验探讨 [J]. 灯与照明, 2008, 32 (4): 1-3.

[62] Hubalek S, Brink M, Schierz C. Office workers' daily exposure to light and its influence on sleep quality and mood [J]. Lighting Research and Technology, 2010, 42 (1): 33-50.

[63] Martinez Nicolas A, Ortiztudela E, Madrid J A, et al. Crosstalk Between Environmental Light and Internal Time in Humans [J]. Chronobiology International, 2011, 28 (7): 617-29.

[64] Vetter C, Juda M, Lang D, et al, Roenneberg T. Blue-enriched office light competes with natural light as a zeitgeber [J]. Scand J Work Environ Health, 2011, 37 (5): 437-445.

[65] Figueiro M G, Rea M S. Office lighting and personal light exposures in two seasons: Impact on sleep and mood. Lighting Res [J]. Technol, 2016, 48: 352-364.

[66] Boubekri Mohamed, Cheung Ivy N, Reid Kathryn J. Impact of Windows and Daylight Exposure on Overall Health and Sleep Quality of Office Workers: A Case-Control Pilot Study [J]. J Clin Sleep Med, 2014, 10 (6): 603-611.

[67] Aries M B C, Aarts M J, Hoof J V. Daylight and health: A review of the evidence and consequences for the built environment [J]. Lighting Research & Technology, 2015, 47 (1): 6-27.

[68] Bellia L, Pedace A, Barbato G. Daylighting offices: A first step toward an analysis of photobiological effects for design practice purposes [J]. Building & Environment, 2014, 74 (2): 54-64.

[69] Konis K. A novel circadian daylight metric for building design and evaluation [J]. Building & Environment, 2016. Lighting Research & Technology, 2004, 36 (4): 255.

[70] Iyendo T O, Alibaba H Z. Enhancing the Hospital Healing Environment through Art and Day-lighting for User's Therapeutic Process [J]. International Journal of Arts and Commerce, 2014.

[71] Shepley M M, GERBI R P, WATSON A E, et al. The impact of daylight and views on ICU patients and staff [J]. Herd, 2012, 5 (2): 46.

[72] Amundadottir M L, Rockcastle S, Khanie M S, et al. A human-centric approach to assess daylight in buildings for non-visual health potential, visual interest and gaze behavior [J]. Building & Environment, 2016.

[73] 虞建栋, 牟同升, 王晓东, 等. 照明 LED 的光辐射安全性及相关国际标准 [C]. 海峡两岸第十三届照明科技与营销研讨会, 2006.

[74] 罗勇军, 牟同升, 温晓芳. 光健康与国际标准化的进展 [J]. 照明工程学报, 2013, 24 (增刊): 14.

[75] Photobiological Safety of Lamps and Lamp Systems: CIE S 009/E: 2002.

[76] Recommended Practice for Photobiological Safety for Lamps and Lamp Systems: ANSI/IES RP27.

[77] Photobiological Safety of Lamps and Luminaires: IEC/EN 62471.

[78] Photobiological Safety of Lamps and Luminaires Part 2: IEC/TR 62471-2: 2009.

[79] Application of IEC 62471 for the assessment of blue light hazard to light sources and luminaires: IEC/TR 62778 (2012).

[80] Photobiological Safety of Lamps and Lamp Systems: CIES009-243002.

[81] French Agency for Food. Environmental and Occupational Health & Safety, Lighting systems using light-emitting diodes: health issues to be considered. 2010.

[82] 吴爱平, 戚燕, 孙殿中, 等. 普通照明用 LED 产品光辐射安全 [J]. 信息技术与标准化, 2014 (14): 24.

[83] Algvere PV, Marshall J, Seregard S. Age-related maculopathy and the impact of blue light hazard, Acta Ophthalmol, 2006, 84 (1): 4-15.

[84] Cohen F Behar, MARTINSONS C, VIENOT F, et al. Light-emitting diodes (LED) for domestic lighting: any risks for the eye? Prog Retin. Eye Res, 2011, 30 (4): 239-257.

[85] Glickman G, LEVIN R, Brainard G C, Ocular input for human melatonin regulation: relevance to breast cancer [J]. Neuro Endocrinol. Lett, 2002, 23 (1): 17-22.

[86] Stevens R G, Brainard G C, Blask D E, et al. Breast cancer and circadian disruption from electric lighting in the modern world [J]. CA Cancer J. Clin. NLM, 2014, 64 (3): 207-218.

[87] Cohen F Behar, Martinsons C, Vienot F, et al. Light-emitting diodes (LED) for domestic lighting: Any risks for the eye? [J]. Progress in Retinal and Eye Research, 2011, 30: 239-257.

[88] Oh J H Yoo H, Park K, et al. Analysis of circadian properties and healthy levels of blue light from smartphones at night [J]. Sci. Rep., 2015, 5: 11325.

[89] Tosini G, Ferguson I, Tsubota K. Effects of blue light on the circadian system and eye physiology [J]. Mol. Vis., 2016, 22: 61-72.

[90] 蔡建奇, 杜鹏, 温蓉蓉. 照明光环境对视觉健康舒适度的影响 [J]. 住区, 2016 (06): 58-63.

[91] Global lighting association, Optical and Photobiological Safety of LED, CFLs and Other High Efficiency General Lighting Sources—A White Paper of the Global Lighting Association, 2012.

[92] 郑建, 牟同升, 何涛. 应用于儿童的 LED 光源蓝光危害评价方法研究 [J]. 中国生物医学工程学报. 2016, 35 (04): 487-491.

[93] French Agency for Food. Environmental and Occupational Health & Safety, Lighting systems using light-emitting diodes: health issues to be considered. 2010.

[94] 宋洁琼, 林燕丹, 童立青, 等. 基于视觉舒适的 LED 驱动器评价方法 [J]. 照明工程学报. 2012. 23 (5): 58.

[95] 董孟迪, 孙耀杰, 邱婧婧, 等. 健康照明产品的设计方法 [J]. 照明工程学报, 2013, 24 (增刊): 7.

[96] 蔡建奇, 王薇, 邵光达. LED 电视在 3D 模式下的视觉健康舒适度测试研究 [J]. 电视技术, 2014, 38 (24):

57-59.

[97] Eerola T, Vuoskoski J K. A review of music and emotion studies: Approaches, emotion models and stimuli [J]. Music Perception, 2013.

[98] Dormann C. Seducing consumers, evaluating emotions [J]. Joint Proceedings of IHM-HCI 2001, 2001, 2: 10-14.

[99] Bradley M M, Lang P J. Measuring emotion: the self-assessment manikin and the semantic differential [J]. Journal of behavior therapy and experimental psychiatry, 1994, 25: 49-59.

[100] Shin Y B, et al. The effect on emotions and brain activity by the direct/indirect lighting in the residential environment [J]. Neuroscience Letters, 2015 (584): 28-32.

[101] Desmet P. Designing emotions [M]. Delft University of Technology, 2002.

[102] Küller Rikard, Ballal Seifeddin, Laike Thorbjorn, et al. The impact of light and colour on psychological mood: a cross-cultural study of indoor work environments [J]. Ergonomics, 2006, 49 (14): 1496-1507.

[103] Wardono P, Hibino H, Koyama S. Effects of interior colors, lighting and decors on perceived sociability, emotion and behavior related to social dining [J]. Procedia-Social and Behavioral Sciences, 2012, 38: 362-372.

[104] Nurseer E I B R. Hospital lighting and its association with sleep, mood and pain in medical inpatients. [J]. Journal of Advanced Nursing, 2013, 70 (5): 1164-1173.

[105] 蔡菁. 皮肤电反应信号在情感状态识别中的研究 [D]. 成都：西南大学，2010.

[106] 熊鰓. 生理信号情感识别中的特征组合选择研究 [D]. 成都：西南大学，2011.

[107] Gimenez, et al. Annual Proceedings of the NSWO. 2011 (22): 56-59.

[108] 居家奇. 照明光生物效应的光谱响应数字化模型研究 [D]. 上海：复旦大学，2011.

[109] Plitnick B, Figueiro M G, Wood B, et al. The effects of red and blue light on alertness and mood at night [J]. Lighting Research and Technology, 2010, 42 (1): 449-458.

[110] Shin YB, et al. The effect on emotions and brain activity by the direct/indirect lighting in the residential environment [J]. Neuroscience Letters, 2015 (584): 28-32.

[111] 刘光亚. 抑郁症患者情绪图片认知及事件相关电位的研究 [D]. 长沙：中南大学，2006.

[112] Lee Tmc, Lee T M Y., Raine A, et al., Lying about the valence of affective pictures: an fMRI study [J]. PLoS ONE, 2010, 5 (8): e12291.

[113] Tsee Leng Choy. Event-related potential (ERP) responses to music as a measure of emotion. Thesis of McMaster University Doctor Of Philosophy, 2013.

[114] Mauss IB, Levenson RW, Mccarter L, et al. The tie that binds? Coherence among emotion experience, behavior, and physiology. Emotion, 2005, 5 (2): 175-190.

[115] 刘晓曼，谭华春，章毓晋. 人脸表情识别研究的新进展 [J]. 中国图象图形学报，2006 (10): 1359-1368.

[116] Anderson K, Mcowan P W. A real-time automated system for the recognition of human facial expressions [J]. IEEE Transaction on System, Man and Cybemetics, Part B: Cybemetics, 2006, 36 (1): 96-105.

[117] 欧阳琰. 面部表情识别方法的研究 [D]. 武汉：华中科技大学，2013.

[118] 金鑫，张勇，格伦. 基于循证设计理念的医院急诊医学科服务效率研究——以北京朝阳医院为例 [J]. 城市建筑，2012 (5): 45-47.

[119] Sackett David L, Rosenberg William M C, Gary J Muir, et al. Evidence Based Medicine: What it is and what it isn't [J]. British Medical Journal, 1996, 312: 71-72.

[120] 龙灏，况毅. 基于循证设计理论的住院病房设计新趋势——以美国普林斯顿大学医疗中心为例 [J]. 城市建筑，2014 (22): 28-31.

[121] 格伦，罗璇. 基于循证设计理念的护理单元设计研究 [J]. 城市建筑，2014 (25): 25-27.

[122] Rainey Reuben M, Luo Man. 花园重归美国高科技医疗场所 [J]. 中国园林，2015, 31 (1): 6-11.

[123] http://www.illumni.co/2014-iald-award-winners-award-citation-hospitality-light-nicu-nagoya-daini-red-cross-hospital-lightdesign-inc/.

[124] https://www.stylepark.com/en/news/healing-light-less-medication.

[125] http://www.largeluminoussurfaces.com/content/case-study-nordsj%C3%A6llands-hospital-denmark.

[126] http://www.medsci.cn/article/show_article.do? id = d1a9883e132.

用光创造价值——创意+技术+管理——价值平衡

荣浩磊
（清华同衡规划设计研究院）

一、国内城市景观照明发展

第一阶段：照明亮化——1984年，景观照明大概仅限于轮廓勾边照明，逢年过节张灯结彩。因香港回归、新中国成立60周年大庆等几个大事件的驱动，需求方"求亮"，供给方上"量"，慢慢演变为千城一面，热闹但类同，城市化进程过快，"一年一变样，三年大变样，最后变成一个样"。

第二阶段：照明异化——需求方要"新奇特、跑跳闪"，供给方"色彩火爆、形式夸张、语不惊人死不休……"。为了扶持LED新材料新产业，追求科技含量，供给方常常过分夸张强调LED的优势，以节能环保之名牟取暴利。

第三阶段：照明美化——需求方不仅要亮，还要美！供给方讲艺术、画面感。

第四阶段：照明文化——慢慢发现普适的美有美感没特点，已经不能满足所有项目需要了。当需求方需要"文化内涵"时，供给方讲"主题"、常常把历史遗存翻译成视觉符号。

从2002~2012年，是中国经济快速发展的十年，节日庆典、城市事件、节能减排、人文内涵，带来了照明行业快速发展的十年，是概念获得市场的十年。

从2012~2016年，照明行业经历了过山车一样的历程。大背景已发生变化，经济增速放缓，"强刺激"推向了"新常态"，城市景观照明设计也从"概念推动"演变为理性发展，兼顾平衡的价值取向。

到了2016~2017年，从杭州G20峰会到厦门金砖五国会议这两大事件，带动整个照明行业回暖，与前两年相比，呈现出冰火两重天的局面。

二、城市景观照明设计考量因素

照明规划设计可细分为总规、控规、详规、建筑、景观、检测、研发等多方向的产品。设计师首先需要根据不同的业主、不同的需求设定合理的设计目标，进行正向的价值引导。然后，在与业主达成共识后，用科学的手段对方案的落实进行保障优化。

好的景观照明设计作品需要体现环境价值、社会价值、经济价值。为了实现这些价值，照明设计师的工作可分为三个方面：艺术创意、技术实现、运营管理。

1. 艺术创意

照明设计可以纯粹地迎合载体本身的设计理念，可以是优雅纯净的、安静内敛的、明亮精致的、饱满响亮的，不需要喧宾夺主，照明可以加强载体本身的氛围理念。照明设计也可以在视觉感知的层面有更大的发挥空间，光对于建筑层次的塑造可以比白天更加丰富，照明手法可以是统一整齐的，也可增加疏密亮暗和色彩变化，从而产生丰富节奏。在非常特殊时段，也可以增加戏剧化的手法表现。载体选择上可以表现部分美的载体，弱化条件较差的载体，提升夜景画面的艺术价值。

恰当合理的艺术创意带来的价值是巨大的。可以改善开放空间夜间环境，提升市民休闲生活品质；可以为同一个空间提供多种氛围，响应不同的活动需要；可以有效地提升城市活力，在一些小城市，景观照明的提升，使居民对家乡产生自豪感，甚至可以形成留住流失人口的城市魅力。

2. 技术实现

景观照明的技术手段一直在飞速发展中，因此照明设计师需要一直不间断地拓展自己的视野、学习新的知识。有些景观照明设计仅效果图很美，建成后走样的失败案例在行业内比比皆是。大多原因在于，传统光源的工业标准统一，但LED灯具尚未形成较完善的工业标准，个体差异较大。灯具电参数相同的情况下，LED灯具实际效果可能会有很大差异。同时，目前的市场选择机制对于设计师达成预期设计目标也有很大障碍，供给方市场在项目中低价竞争、不讲究品质，在某种程度上扼杀了制造业的水平。

为了应对这种现象，照明设计的技术工作可按照以下四个步骤来进行。

➤ 第一步，搜集典型应用需求及问题：发现项目中的常见问题和痛点。

➢ 第二步，跨界团队提供优化方案：建立最新、最有价值的技术交流平台，邀请各方提供解决措施及方案。

➢ 第三步，开放公平的实验比选：在具备一定规模的实验条件和检测资质前提下，以开放公平的原则，对所有落实方案进行实验比选。

➢ 第四步，成果积淀形成技术规范：将真实的实验结果，通过培训、媒体宣传等方式，向照明行业推广，影响整个行业的价值取向。

3. 运营管理

从规划角度，提供管理依据；从经济角度，提供运营策划建议。

➢ 照明总体规划，形成明晰的景观照明架构，突出重点，从根本上控制能耗和投资。总体规划还包含了照明怎样引导夜间生活，怎样创造夜间活动的多样性和空间分布的均衡性。同时，总体规划中的区划，建立了全覆盖的规划平台，设立相应的照明控制指标，整体上管控景观照明的有序发展。

➢ 照明控制性详细规划，细化科学可控的量化指标体系，作为指导具体设计的管理依据。

➢ 地产企业标准，通过选取不同的商业区位，主管评估确定各影响因素的权重，统计分析对各因素的实际值进行测量，制定标准。对不同区域特性提出固化标准、推荐标准、建议标准。通过综合评估，找出问题、分析原因，依据标准提出解决方案，优化照明效果。提供设计标准和投资标准，进行经济性测评，辅助立项决策。

三、景观照明设计发展趋势

目前工程项目越来越关注功能、安全、环境、质量和风险的价值综合效应，绝不是简单对于形式美的追逐。新的设计过程，更倾向于"技术"推动"设计"的精细化和定量化。

照明常作为手段而非目的，要求学科专业交叉融合，配合商业、旅游等行业，定制供给以满足个性化需求。

2016～2017年照明控制技术新进展

徐　华

（清华大学建筑设计研究院有限公司）

　　照明控制技术是随着建筑和照明技术的发展而发展的，在实施绿色照明工程的过程中，照明控制是一项很重要的内容，照明不仅仅是满足人们视觉上明亮的要求，还要满足艺术性要求，要创造出丰富多彩的意境，给人们以视觉享受，这些都只有通过照明控制才能方便地实现。尤其是LED照明技术的快速发展，照明控制愈来愈显得重要和不可缺少。

一、室内照明控制技术的发展

　　室内照明控制从传统的面板开关控制到智能控制的转变，目前建筑规模越来越大、建筑空间布局也经常变化，要求照明控制要适应和满足这种变化，照明的自动控制越来越多，室内智能控制主要有如下几种：

1. 总线控制

　　室内楼宇控制领域，智能照明控制协议也多种多样，国际通行的总线控制协议如KNX、BACnet、Modbus、LonWorks等，也有不少知名公司采用了本公司的总线控制协议，如广州河东的HDL-BUS、广州世荣电子公司采用的RS485总线、松下公司的全二线系统、施耐德公司的C-BUS等，其控制方式大同小异，基于回路控制，控制协议可以互通。总线回路控制示意图见图1。

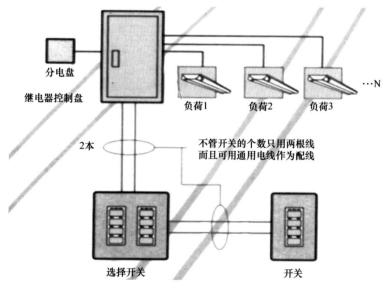

图1　总线回路控制示意图

2. 数字可寻址照明接口（DALI）

　　DALI是数字可寻址照明接口（Digital Addressable Lighting Interface）的缩写。主要应用于单灯控制器和电源之间的接口，或在小型的网络中，单灯控制器和单灯控制器之间的接口。最初是专为荧光灯电子镇流器设计的，也可置入到普通照明灯具中去，目前也用于LED灯驱动器。

　　DALI控制总线采用主从结构，一个接口最多能接64个可寻址的控制装置/设备（独立地址），最多能接16个可寻址分组（组地址），每个分组可以设定最多16个场景（场景值），通过网络技术可把多个接口互连来控制大量的接口和灯具。DALI采用异步串行协议，通过前向帧和后向帧实现控制信息的下达和灯具状态的反馈。

　　DALI可做到精确的控制，可以单灯单控，即对单个灯具可独立寻址，不要求单独回路，与强电回路无关。可以方便控制与调整，修改控制参数同时不改变已有布线方式。

　　DALI标准的线路电压为16V，允许范围为9.5～22.4V；DALI系统电流最大250mA；数据传输速率为1200bit/s，可保证设备之间通信不被干扰；在控制导线截面积为 1.5mm² 的前提下，控制线路长度可达 300m；控制总线和电源线可以采用一根多芯导线或在同一管道中敷设；可采用多种布线方式如星形、树干形或混合型。

DALI 从一开始设计的定位上就定义在非常专业的照明控制系统，而且是 KNX/EIB、Lonworks 等大型系统的补充。其在 EIB 等大型总线支持单灯调光控制器上有着自己独特的优势，而且可以比较有效地利用已经布好的现有的控制线，对于改造以往的模拟镇流器等是个很好的解决方案。

3. DMX 控制协议（DMX512 控制协议）

在舞台灯或景观照明的应用场合，USITT（美国剧场技术协会）定义了从控制台用标准数字接口控制调光器的方式 DMX512。

DMX 是 Digital Multiplex（数字多路复用）的英文缩写。DMX512 主要用于并基本上主导了室内外舞台类灯光控制以及户外景观控制。基于 DMX512 控制协议进行调光控制的灯光系统叫作数字灯光系统。目前，包括电脑灯在内的各种舞台效果灯、调光控制器、控制台、换色器、电动吊杆等各种舞台灯光设备，以其对 DMX512 协议的全面支持，已全面实现调光控制的数字化，并在此基础上，逐渐趋于计算机化、网络化。

系统最大刷新率为 44 帧/s（动态效果），分组、场景、渐变时间等参数都是存储在主机中，主机工作量大；适用于舞台灯光和景观灯光的动态照明领域。目前在室外景观照明中大量应用。

4. 无线控制

在家居照明领域，Wi-Fi、Bluetooth、ZigBee、Z-Wave 等都有广泛应用，但是目前市场上影响力较大的是基于 ZigBee 协议的 ZigBee Light Link 标准协议，主要由国际照明巨头飞利浦、欧司朗、GE 等牵头发起，并在全球范围推广。

ZigBee 控制协议是基于 IEEE802.15.4 标准的低功耗局域网协议，是一种短距离、低功耗的无线通信技术。名称来源于蜜蜂的八字舞，由于蜜蜂（bee）是靠飞翔和"嗡嗡"（zig）地抖动翅膀的"舞蹈"来与同伴传递花粉所在方位信息。ZigBee 是一种新兴的短距离、低速率的无线网络技术，适应无线传感器的低花费、低能量、高容错性等的要求，目前，在智能家居中得到广泛应用。

室内照明控制要具有多功能、多地和集中控制方便的特点，目前常用智能控制方式一般有场景控制、定时控制、红外线控制、就地控制、集中控制、群组组合控制、远程控制、图示化监控等。其主要功能有：

1）场景控制功能：用户预设多种场景，按动一个按键，即可调用需要的场景。多功能厅、会议室、体育场馆、博物馆、美术馆、高级住宅等场所多采用此种方式。

2）恒照度控制功能：根据探头探测到的照度来控制照明场所内相关灯具的开启或关闭。写字楼、图书馆等场所，要求恒照度时，靠近外窗的灯具宜根据天然光的影响进行开启或关闭。

3）定时控制功能：根据预先定义的时间，触发相应的场景，使其打开或关闭。一般情况下，系统可根据当地的经纬度，自动推算出当天的日出日落时间，根据这个时间来控制照明场景的开关，具有天文时钟功能。特别适用于夜景照明、道路照明。

4）就地手动控制功能：正常情况下，控制过程按程序自动控制，在系统不工作时，可使用控制面板来强制调用需要的照明场景模式。

5）群组组合控制：一个按钮，可定义为打开/关闭多个箱柜（跨区）中的照明回路，可一键控制整个建筑照明的开关。

6）应急处理功能：在接收到安保系统、消防系统的警报后，能自动将指定区域照明全部打开。

7）远程控制：通过因特网（Internet）对照明控制系统进行远程监控，能实现：①对系统中各个照明控制箱的照明参数进行设定、修改；②对系统的场景照明状态进行监视；③对系统的场景照明状态进行控制。

8）图示化监控：用户可以使用电子地图功能，对整个控制区域的照明进行直观的控制。可将整个建筑的平面图输入系统中，并用各种不同的颜色来表示该区域当前的状态。

9）日程计划安排：可设定每天不同时间段的照明场景状态。可将每天的场景调用情况记录到日志中，并可将其打印输出，方便管理。

二、室外景观照明控制技术的发展

室外景观照明在国内发展十分迅速，特别是大型灯光联动促使照明控制向网络化照明控制方向发展。室外景观照明底层多采用 DMX512 控制协议，网络层是基于 TCP/IP 网络控制。

1. 基于 TCP/IP 网络控制

基于 TCP/IP 的局域网（可以基于有线或 4G 搭建）控制逐步成熟，控制系统框架见图 2、图 3，其优点有：

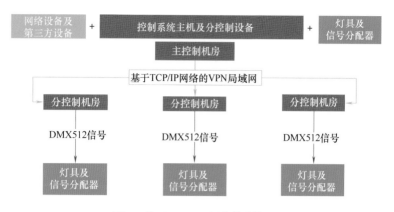

图 2 基于 TCP/IP 网络控制框图

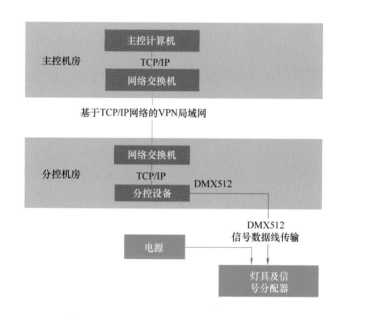

图 3 基于 TCP/IP 大型控制系统控制框图

① 设备稳定性好，集成度高；②层级式架构，扩展性好；③控制软件灵活，容易编辑及整合；④系统刷新率大于 30 帧/s；⑤兼容的各类标准控制协议；⑥可以通过主动和被动两种方式进行节目的触发：

a）通过各类感应设备（光感、红外感应、声控等）和系统配件，进行主动式的灯光场景触发；

b）通过按钮/平板设备/移动终端等用户界面进行灯光场景的触发。

2. 无线控制

基于网络的无线控制技术也逐步用于室外照明控制中，主要有 GPRS、Wi-Fi、ZigBee 等。

（1）GPRS 控制

GPRS 是通用分组无线服务技术（General Packet Radio Service）的简称，它是 GSM（Global System of Mobile Communication）移动电话用户可用的一种移动数据业务，是 GSM 的延续。基于 GPRS 的城市照明控制网络见图 4。

（2）Wi-Fi

Wi-Fi 是一种允许电子设备连接到一个无线局域网（WLAN）的技术，通常使用 2.4G UHF 或 5G SHF ISM 射频频段。连接到无线局域网通常是有密码保护的；但也可是开放的，这样就允许任何在 WLAN 范围内的设备可以连接上。Wi-Fi 是一个无线网络通信技术的品牌，目的是改善基于 IEEE 802.11 标准的无线网络产品之间的互通性。以前通过网线连接计算机，而 Wi-Fi 则是通过无线电波来连网；常见的就是一个无线路由器，那么在这个无线路由器的电波覆盖的有效范围都可以采用 Wi-Fi 连接方式进行联网，如果无线路由器连接了一条 ADSL 线路或者别的上网线路，则又被称为热点。利用 Wi-Fi进行城市照明控制示意图见图 5。

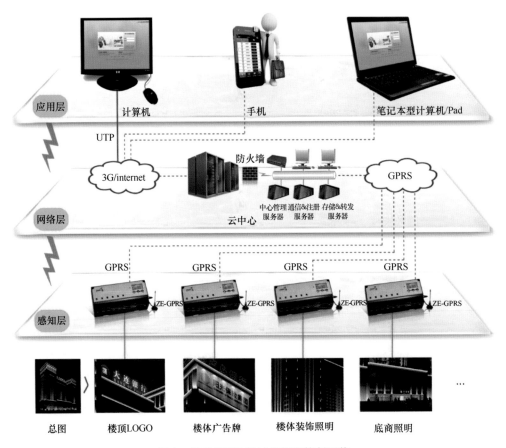

图4　基于 GPRS 的城市照明控制网络

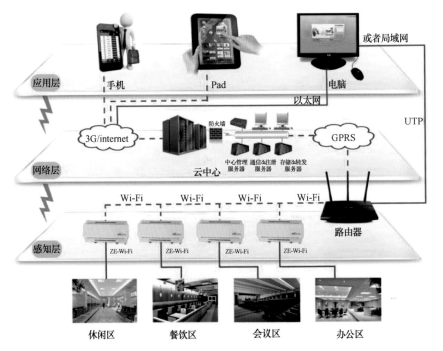

图5　Wi‑Fi 城市照明控制拓扑图

三、道路照明控制技术的发展

道路照明向智能、智慧方向发展，控制技术多样，目前较为成熟的有：

1. 电力载波（PLC）和 ZigBee 类似通信方式

在道路照明领域，单灯控制器和集中控制器（网关设备）之间采用基于电力载波（PLC）Lonworks 和 ZigBee 类似通信方式，集中控制器（网关）与中心控制管理系统之间通过 GSM/3G 接入。智慧路灯控制网络见图 6。

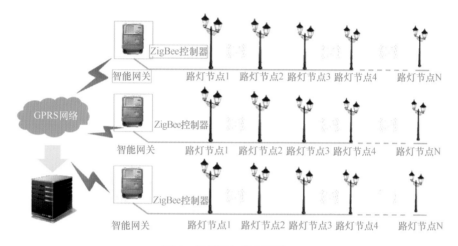

图 6　智慧路灯控制网络

2. 基于窄带物联网（NB-IoT）技术的道路照明智能控制系统技术

窄带物联网，英文全称为：Narrow Band Internet of Things（NB-IoT）。NB-IoT 构建于蜂窝网络，只消耗大约 180kHz 的带宽，可直接部署于 GSM 网络、UMTS 网络或 LTE 网络，以降低部署成本、实现平滑升级。NB-IoT 是 IoT 领域一个新兴的技术，支持低功耗设备在广域网的蜂窝数据连接，也被叫作低功耗广域网（LPWAN）。NB-IoT 支持待机时间长、对网络连接要求较高设备的高效连接。据说 NB-IoT 设备电池寿命可以提高至少 10 年，同时还能提供非常全面的室内蜂窝数据连接覆盖。NB-IoT 在物联网应用中的优势显著，为传统蜂窝网技术及蓝牙、Wi-Fi 等短距离传输技术所无法比拟。围绕 NB-IoT 的生态已初步成型，并在持续扩大中，拥抱万物互联的条件开始成熟，运营商层面，中国移动、中国联通以及沃达丰、德国电信、阿联酋电信、意大利电信、AT&T 等全球顶尖运营商皆就 NB-IoT 发布了各自的发展计划，并展开试点。

基于窄带物联网（NB-IoT）技术的道路照明智能控制系统，通过无线通信方式接入网络实现状态监测、照明控制、实时管理等功能。

总之，无论室内、室外照明，照明控制向智能化、网络化方向发展，万物互联技术逐渐成熟，给照明控制带来了更大的发展空间。另一方面，LED 照明的低压、直流特点，使得照明采用以太网供电 POE（Power Over Ethernet）成为可能，这种利用现存标准以太网传输电缆同时传送数据和电功率的方式，不仅提高了照明的安全性，还为照明的智能控制提供了极大的便利。

智能照明的出现和发展改变了照明行业的命运，提高了人们的生活品质，大数据时代精准的照度控制技术也即将闪亮登场，绿色节能的智能照明将会彻底地取代普通的照明。

复旦光源与照明工程系建系回顾——
复旦大学 112 周年校庆撰文

陈大华

（复旦大学光源与照明工程系）

　　本文回顾了蔡祖泉教授带领他的团队，于 20 世纪 80 年代，在国家和复旦大学党政领导的关心和支持下，为振兴我国的照明和光源事业，努力拼搏奋斗的历史过程，尤其是为培养我国照明与光源的高科技人才，经过多年的策划和努力，终于在 1984 年获得国家教委的特批，在复旦大学创办光源与照明工程系，建系 33 年以来为国家培养了两千余名本科生、硕士和博士，并多次举办有近万名人员参加的短训班，培养的科技人员都为我国的照明和光源事业的振兴做出了贡献。

　　在 20 世纪 60 年代初，以蔡祖泉教授为首，洪永清、潘兆祥和钱章节等人组成了电光源研究小组，为了摆脱国外对我们新中国的歧视和封锁，根据我国的国民经济对先进电光源的迫切需要，毅然决定开展我国现代光源的研制和开发，并先后取得了可喜的成果，由此引起复旦大学的领导和国家有关部门的注意，并给予了从实验场地、仪器设备和科学资金的一定支持和保障，更重要的是从人才配备方面给予关心。首先是第一次分配给研究小组一名大学生，他是从复旦大学物理系 1963 届毕业的朱绍龙，随后 64 届和 65 届的复旦大学物理系，中国科大和吉林大学的不少优秀毕业生也先后进入到电光源实验室；同时学校又从复旦大学的物理系、原子能系和化学系里，将多名当时在学术上和科研成果上，已颇有名气和建树的老师，直接调进电光源实验室，以加强科研力量。另外，还吸收了不少在复旦大学有丰富教学实验经验的教育辅导人员，以及在光电和玻璃加工方面有特殊技能的技师。这些调进人员，当时多数都是 20～30 岁的年轻人，富有朝气和苦干实干的精神，大家都很单纯且不计较名利，在组织的教育和培养下，唯希能利用自己的青春和知识，为我国现代电光源事业的进步和发展贡献出一份力量。在校领导的关心和支持下，蔡教授带领大家努力拼搏，电光源实验室果然不负众望，在 20 世纪 60 年代的连续三年元宵节，先后以灯会形式，在复旦大学举办展示电光源新成果的展览会，在校内外产生了很大的影响；同时每年复旦大学参加国家举办的科技成果展览会，其中也都少不了电光源的展品，这些成果为学校争得了可喜的荣誉和光彩。在 1979 年国家正式批准复旦大学成立国家级的四个研究所；以苏步青教授为首的数学研究所，以谢希德教授为首的半导体研究所，以谈家桢教授为首的遗传研究所，还有就是以蔡祖泉教授为首的电光源研究所。在荣誉和成绩面前，蔡教授清醒地意识到，我国电光源事业，仅靠我们研究所区区几十个人是绝对不够的。他明确提出“独木不成林，只有万紫千红才是春！”，并毅然表示决心：“我们必须建系，才能为祖国培养更多光源和照明的高科技人才！”。从电光源研究所正式挂牌的第一天起，他便带领大家紧锣密鼓地开始光源与照明工程系的各项筹备工作。

　　在党中央的改革开放政策指引下，70 年代末期，蔡教授就率先邀请国际上著名的学者和教授，来我们研究所讲学，他也带领有关教授，多次参加国际上电光源科技研讨会和有关考察活动，在有所了解国外情况的基础上，他逐步地意识到：我们系的年轻教师必须走出国门，不是蜻蜓点水去看一下，而是沉下去一或两年去参加学习和工作，真正学到一些新的知识和经验，这样才有益于我们自己系的筹建。为此他果断决定，陆续派出我们研究所的十多名青年教师，以访问学者的身份先后到德国、英国、日本和美国等先进国家的大学或研究所去学习或工作。当时，甚至于派出我们研究所的党支部书记，在做出这一决定时，学校有关部门以书记工作不能没有人担任为由加以阻拦，蔡教授就亲自前去解释，并表示可由他兼职代理党支部书记，从而这位教师顺利成行美国。与此同时，蔡教授对每位派出教师，在学习外语、克服家庭困难和工作替代上，都做了周密的安排并表示了无微不至的关心。在每位教师临行前，他都会亲自做一番热情勉励和殷切期望的谈话，期盼大家都能按时归来，为建立我们自己的系做出贡献！当年的这一正确决定，从建系战略上来看，它为建系打下了坚实和可靠的基础，是具有重大意义的一步。事实证明，当年我们研究所派出的老师，几乎全部都如期回归复旦，他们在国外的经历，不但打开了眼界、开拓了思路，在学术和实验技能方面有了显著长进，而且在外语上，可直接与国外友人交流和沟通，有能力参加和承办国际学术研讨会。这一优势在我们研究所向教育部呈交的申请建系的报告书中，罗列了这些教师提供的信息，将他们在国外了解和查阅到的国际上许多著名大学有关光源和照明的学科设置、人才培养计划、具体课程和教学内容，以及社会对培养这方面人才的迫切需求等内容，都写进报告之中。这一申请报告，体现了派出访问学者的价值，没有他们在国外的所见所闻，这些翔实的以理服人的资料是不可能出现在我们建系的申请报告之中。“它山之石，可以攻玉”，这些国外卓有成效的做法和成功的经验，对当时教育部领导的决策起了很多影响，考虑到当时我们研究所已具备的诸多成绩和优势，教育部就正式批准我们的建系申请报告，并以特事特办的原则，在全国大学的系科设置中，首次特批设立光源与照明工程专业。这样，我们光源与照明工程系就在 1984 年正式挂牌，并在同年秋季向全国正式招生。建系后连续 20 年里的徐学基教授、何鸣皋教授、朱绍龙教授和陈大华教授等四任系主任，都是当年我们派到国外并按期归来的访问学者，他们从不同角度不同方面，发挥自己在国外学习到的有关知识，为我们系的成长和进步呕心沥血，做出了自己的贡献！

在 2017 年复旦大学光源与照明工程系建系 33 周年的庆典时代，我们庆幸当年赶上了改革开放的好时代！我们缅怀蔡祖泉教授高瞻远瞩的英明决策，在当年能及时抓住机遇，为建系迈出了有意义的关键步伐，使我们大家今天有欢聚共庆建系 33 周年的盛典。今天，复旦大学光源与照明工程系的成长和业绩，吸引了这么多的海归，老师们来自国内更多的著名学府，几乎所有的教师都已有博士的头衔，系的工作受到国家和学校前所未有的关心和支持，办系的优厚条件更是历史上无法同日而语的，业界和国民经济各领域对系都寄予厚望，这在 2014 年复旦大学光源与照明工程系在上海、杭州、广州、南京、深圳和重庆六个城市分别举办的"中国光明行"科技论坛中，得到了充分的体现。相信和祝愿复旦大学光源与照明工程系今后会越办越好、越办越强，为祖国早日从光源大国走向光源强国，为祖国的固态照明（LED、OLED 和 LASER）时代的到来做出更多的贡献，在未来再铸辉煌！

第二篇 政策、法规、标准篇

半导体照明产业"十三五"发展规划

前　言

半导体照明亦称固态照明（SSL，Solid State Lighting），包括发光二极管（LED）和有机发光二极管（OLED），具有耗电量少、寿命长、色彩丰富等特点，是照明领域一场技术革命。"十二五"期间，我国将半导体照明产业作为重点培育和发展的战略性新兴产业进行系统部署，深入实施了半导体照明科技创新、节能技术改造、应用示范推广等工程，推动半导体照明产业持续健康快速发展，我国已成为全球最大的半导体照明产品生产、消费和出口国。

"十三五"是我国从半导体照明产业大国转向强国的关键时期。为进一步提升产业整体发展水平，引导产业健康可持续发展，根据《中华人民共和国国民经济和社会发展第十三个五年规划纲要》《中国制造 2025》《"十三五"节能减排综合工作方案》《"十三五"节能环保产业发展规划》等有关内容，制定本规划。本规划旨在引导我国半导体照明产业发展，培育经济新动能，推进照明节能工作，积极应对气候变化，促进生态文明建设。

一、现状与形势

半导体照明受到世界各国的普遍关注和高度重视，很多国家立足国家战略进行系统部署，推动半导体照明产业进入快速发展期，全球产业格局正在重塑。

（一）全球半导体照明产业呈现新趋势

目前，全球半导体照明技术从追求光效向提升光品质、光质量和多功能应用等方向发展，产业从技术驱动逐渐转向应用驱动。产业规模不断扩大，市场应用领域不断拓宽，从照明、显示逐步向汽车、医疗、农业等领域扩展。产品质量稳步提高，半导体照明相比传统照明节能效果显著提升。2015 年，国际上功率型白光 LED 器件光效达到 160lm/W；LED 室内照明产品光效达到 107lm/W，室外照明产品光效达到 96lm/W；白光 OLED 面板灯光效达到 60lm/W。发达国家通过强化标准规范 LED 市场应用，实施一系列推广应用政策，推动产业发展。

与此同时，全球半导体照明产业的优势资源逐步向骨干龙头企业集聚，企业并购加速，从业内并购逐渐转向跨界融合。企业服务模式不断创新，从产品制造商逐步向产品、服务系统集成商转变，转型升级加速。随着数字化、智能化加快发展，半导体照明出现技术交叉、产业跨界融合的发展趋势。特别是随着智能照明技术的逐步成熟，将在今后一段时期与半导体照明深度融合，为全球半导体照明行业带来新的巨大变革。

（二）我国半导体照明产业持续快速增长

"十二五"期间，我国多部门、多举措共同推进半导体照明技术创新与产业发展，取得了明显成效。

关键技术实现突破。2015 年，功率型白光 LED 器件产业化光效超过 150lm/W；自主知识产权的硅衬底功率型白光 LED 器件产业化光效超过 140lm/W；LED 室内照明产品光效超过 85lm/W，室外照明产品光效超过 110lm/W；白光 OLED 面板灯光效达到 53lm/W。智慧照明、农业照明、紫外 LED、可见光通信等新的发展方向和应用领域得到拓展。

产业规模持续增长。"十二五"期间，我国半导体照明产值平均年增长率约 30%。2015 年，半导体照明产业整体产值达 4245 亿元人民币，同比增长 21%；LED 功能性照明产值达 1550 亿元，同比增长 32%；LED 照明产品产量约 60 亿只，国内销量约 28 亿只，占国内照明产品市场的比重约为 32%；LED 照明产品出口额约 120 亿美元，同比增长 15%。我国已成为世界 LED 芯片的主要产地。

标准认证渐成体系。发布了一批半导体照明相关国家标准及行业标准，检测能力逐步提升。开展了半导体照明产品安全、节能等认证工作，团体标准试点工作取得进展。我国半导体照明标准化工作处于世界前列，实现了标准、检测和技术服务"走出去"，在国际标准制定上已具备一定的技术基础和组织管理经验。

产业格局初步形成。以 LED 为主营业务的主板上市公司数量从 2010 年的 2 家增长到 2015 年的 25 家，我国大陆 2 家企业跻身全球半导体照明十大芯片、封装企业之列。并购整合成为趋势，以龙头企业为核心的产业集团逐步形成，产业集中度稳步提高。区域发展特色显现，产业由沿海向中西部转移。

（三）我国半导体照明产业面临机遇与挑战

我国半导体照明产业发展面临重要机遇。2011 年，我国出台了《中国淘汰白炽灯路线图》，为我国半导体照明产业提供了发展契机；《巴黎协定》的批准实施，有助于推动各国把半导体照明作为照明领域节能降碳的重要措施；"一带一路"战略、《中国制造 2025》、城镇化等加快实施，为半导体照明产业开辟了广阔的市场空间；智慧家居、智慧城市建设等推动半导体照明产业加快形成发展新动能，催生新供给。

面对全球半导体照明数字化、智能化以及技术交叉、跨界融合、商业模式变革等发展趋势，我国半导体照明产业存在技术创新与集成能力、系统服务能力以及企业综合竞争力不足等问题，面临产业结构有待升级、产品质量有待提升、品牌影响力有待增强、标准检测认证体系有待完善等重要挑战。我国要实现从半导体照明产业大国向强国转变，迫切需要加快半导体照明产业转型升级。

二、总体要求

（四）总体思路

全面贯彻党的十八大和十八届三中、四中、五中、六中全会精神，深入学习贯彻习近平总书记系列重要讲话精神和治国理政新理念新思想新战略，紧紧围绕"五位一体"总体布局和"四个全面"战略布局，牢固树立创新、协调、绿色、开放、共享的发展理念，紧密结合"一带一路"战略实施，落实《中国制造2025》《"十三五"节能减排综合工作方案》《国务院办公厅关于开展消费品工业"三品"专项行动营造良好市场环境的若干意见》《"十三五"节能环保产业发展规划》，立足产业发展现状和市场需求，以提供以人为本的高质量照明产品为导向，以供给侧结构性改革为主线，推动半导体照明行业增品种、提品质、创品牌，强化创新引领，以应用促发展，加强市场监管，打造具有国际竞争力的半导体照明战略性新兴产业，培育经济新动能，促进节能减排，推进生态文明建设。

（五）基本原则

需求导向，集成创新。以市场需求为导向、技术创新为支撑，科学把握技术创新方向，整合优势资源，扩大有效供给；以应用促发展，带动跨界集成创新，树立绿色消费理念，探索新常态下半导体照明产业发展新模式。

优化存量，开发增量。充分发挥市场对资源配置的决定性作用，重点依托优势资源，优化存量，做大做强总量；拓展思路，创新模式，积极开发增量需求，在技术新方向、应用新领域进行战略布局，提高投入效益。

协调发展，重点推进。围绕优化产业布局，构建产业链，强化技术创新链，统筹布局半导体照明技术创新、科技服务和产业集聚，引导区域协调发展，推动基础较好、具有比较优势的地区形成特色产业和服务集群。

统筹资源，开放合作。结合"一带一路"建设战略的实施，统筹国际国内两个市场、两种资源，在推动高效节能半导体照明产品"走出去"的基础上，进一步开展标准、检测、认证、产能、技术、工程、服务等全方位的国际合作，推动互利共赢、共同发展。

（六）发展目标

到2020年，我国半导体照明关键技术不断突破，产品质量不断提高，产品结构持续优化，产业规模稳步扩大，产业集中度逐步提高，形成1家以上销售额突破100亿元的LED照明企业，培育1~2个国际知名品牌，10个左右国内知名品牌；推动OLED照明产品实现一定规模应用；应用领域不断拓宽，市场环境更加规范，为从半导体照明产业大国发展为强国奠定坚实基础。2020年主要发展指标见表1。

表1　2020年主要发展指标

指标值 指标类型及名称		2015年数值	2020年目标
技术创新	白光LED器件光效（lm/W）	150	200
	室内LED照明产品光效（lm/W）	85	160
	室外LED照明产品光效（lm/W）	110	180
	白光OLED面板灯光效（lm/W）	53	125
产业发展	半导体照明产业整体产值[1]（亿元）	4245	10000
	LED功能性照明[2]产值（亿元）	1552	5400
	LED照明产品销售额占整个照明电器行业销售总额的比例（%）	40	70
	产业集中度[3]（%）	7	15
节能减碳	LED功能性照明年节电量（亿度）	1000	3400
	LED功能性照明年CO_2减排量（万吨）	9000	30600
应用市场份额	功能性照明（%）	30	70

注：1. 整体产值：半导体照明全产业链的产值，包括材料、器件和应用等；

2. 功能性照明：为满足人类正常视觉需求，补充/替代自然光而提供的人工照明；

3. 产业集中度：排名前10名的企业产值之和在整体产值中的比重

三、强化创新引领，推进关键技术突破

（七）加强技术创新及应用示范

坚持创新引领，促进跨界融合，实现从基础前沿、重大共性关键技术到应用示范的全产业链创新设计和一体化组织实施。通过国家科技计划（专项、基金等）支持半导体照明基础和共性关键技术研究，加快材料、器件制备和系统集成等关键技术研发，开展 OLED 照明材料设计、器件结构、制备工艺等产业化重大共性关键技术研究。通过工业转型升级资金和产业化示范工程等渠道，大力推进具有自主知识产权的硅衬底 LED 技术和产品应用。引导产品由注重光效提升转向多种光电指标共同改善和增强，提升 LED 产品的光质量和光品质，营造更加安全、舒适、高效、节能的照明环境。加强 LED 照明产品自动化生产装备的研发和推广应用，提高产品生产效率和质量。推动智慧照明、新兴应用等技术集成与应用示范。见专栏 1。

专栏 1　技术创新领域

基础研究及前沿技术：研究大失配、强极化半导体照明材料及其低维量子结构的外延生长动力学、掺杂动力学、缺陷形成和控制规律、应变调控规律；研究低维量子结构中载流子输运、复合、跃迁及其调控规律；研究新概念、新结构、新功能半导体照明材料与器件；研究半导体照明与人因、生物作用机理，探索光对人体健康和舒适性的影响、对不同生物的效用规律，建立光生物效应、光安全数据库。

重大共性关键技术：研究超高能效、高品质、全光谱半导体照明核心材料、器件、光源、灯具的重大共性关键技术；研究新形态多功能智慧照明与可见光通信关键技术；研究紫外半导体光源材料与器件关键技术；开发大尺寸衬底、外延芯片制备、核心配套材料与关键装备；推进硅衬底 LED 关键技术产业化；开发高效 OLED 照明用发光材料，研究新型 OLED 器件与照明产品。

应用集成创新示范：开发面向智慧照明、健康医疗和农业等应用的半导体照明产品和集成系统，开展应用示范。

（八）建立健全创新机制

推动形成以企业为创新主体、政产学研用紧密合作的半导体照明产业创新机制。发挥企业参与国家创新决策的作用，鼓励企业间联合投入开展协同创新研究，联合牵头实施产业化目标明确的国家科技项目。支持企业与科研院所、高校共建新型研发机构，开展合作研究。鼓励企业到境外建立研发机构。鼓励企业对标国际同类先进企业，加强跨界融合、协同创新，推动产业迈向中高端。引导企业参加各类国际标准组织和国际标准制修订工作。鼓励企业加强国际专利部署。

（九）打造专业化创新创业体系

鼓励通过市场化机制、专业化服务和资本化途径，建设集研发设计、技术转移、成果转化、创业孵化、科技咨询、标准检测认证、电子商务、金融、人力培养、信息交流、品牌建设、国际资源对接等一体化的专业化 LED 创新服务平台。鼓励采用众创、众包、众筹、众扶等模式，建设 LED 专业化、市场化、集成化、网络化的"众创平台"。

四、深化供给侧结构性改革，推动产业转型升级

（十）引导产业结构调整优化

鼓励企业从目前以生产光源替代类 LED 照明产品为主，向各类室内外灯具方向发展，鼓励开发和推广适合各类应用场景的智能照明产品，逐步提高中高端 LED 照明产品的生产和使用比重。积极引导、鼓励 LED 照明企业兼并重组，做大做强，培育具有国际竞争力的龙头企业；引导中小企业聚焦细分领域，促进特色化发展。加快生产设备智能化改造，推进智能工厂/数字化车间试点建设，实施 LED 照明产品绿色生产制造示范。加大 LED 照明行业品牌建设力度，积极学习借鉴国际先进的品牌管理模式，引导企业建立和实施自主品牌发展战略，增强品牌管理能力，加大品牌宣传推广，逐步提高自主品牌产品生产和出口比例。鼓励地方优化布局，建设一批半导体照明特色产业及服务集聚区，推动区域产业集群化、差异化发展，探索在重点集聚区开展区域品牌建设试点。

（十一）加强系统集成带动产业升级

推动系统集成发展，加强半导体照明产业跨界融合。推进半导体照明产业与互联网的深度融合，促进智慧照明产品研发和产业化，支撑智慧城市、智慧社区、智慧家居建设。推动半导体照明与装备制造、建材、文化、金融、电子、通信行业深度融合，在技术研发、示范应用、标准制定等方面协调发展，提升产品附加值，推动半导体照明产业向高端应用升级。

（十二）实施能效"领跑者"引领行动

研究制定综合各类指标的半导体照明产品能效"领跑者"评价体系，定期发布能效"领跑者"名单。研究将符合政府采购政策要求的能效"领跑者"产品纳入节能产品政府采购清单，实行强制采购或优先采购。固定资产投资、中央预

算内投资等支持的项目优先选用半导体照明能效"领跑者"产品。加强能效"领跑者"产品宣传推广，鼓励各地对入围能效"领跑者"的产品给予政策支持。

五、强化需求端带动，加快 LED 产品推广

以需求为牵引，全面推动 LED 照明产品在公共机构、城市公共照明、交通运输、工业及服务业、居民家庭及特殊新兴领域等的应用推广，着力提升 LED 照明产品的市场份额。见专栏 2。

专栏 2　2020 年 LED 高效照明产品推广目标

公共机构：公共机构率先垂范，推广应用 3 亿只 LED 照明产品。

城市公共照明及交通领域：推动城市公共照明领域照明改造与示范，推广 1500 万盏 LED 路灯/隧道灯，城市道路照明应用市场占有率超过 50%。加强交通运输领域推广应用。

工业及服务业：推动工厂、商场、超市、写字楼等场所 LED 应用，推广 15 亿只 LED 照明产品。

居民家庭：鼓励城乡居民家庭通过装修、改造等应用 LED 产品，全国推广 10 亿只 LED 照明产品。

特殊新兴领域：加强 LED 产品在智慧城市、智慧家居、农业、健康医疗、文化旅游、水处理、可见光通信、汽车等领域推广，开展 100 项示范应用。

（十三）公共机构率先引领

贯彻落实《公共机构节约能源资源"十三五"规划》，推动国家机关办公和业务用房、学校、医院、博物馆、科技馆、体育馆等公共机构开展绿色建筑行动，率先实行照明系统 LED 改造，引领全社会推广应用 LED 照明产品。

（十四）城市公共照明及交通领域推广应用

编制《"十三五"城市绿色照明规划》，推动绿色照明试点示范城市建设。鼓励在新建和改造城市道路、商业区、广场、公园、公共绿地、景区、名胜古迹、停车场和城市绿色建筑示范区使用 LED 道路照明产品。各地新建城市道路照明优先采用 LED 照明产品。加强交通运输领域推广应用，推动轨道交通站台、高速公路服务区、隧道、机场、车站、码头（港口）等场所应用 LED 照明产品。

（十五）工业及服务业 LED 升级改造

推动工业园区内公共照明、厂区照明、厂房照明节能改造，应用 LED 照明产品。鼓励商贸流通、银行金融、通讯、体育、文化等营业场所实施 LED 升级改造。制定《流通领域节能环保技术产品推广目录》，将 LED 照明产品纳入推广目录，引导商贸流通企业采购、销售 LED 照明等绿色产品。研究将符合条件的 LED 照明设备纳入《节能节水专用设备企业优惠所得税目录》，建立绿色供应商目录。

（十六）鼓励居民家庭应用

积极开展城乡居民家庭 LED 照明产品应用推广，提升照明质量与光环境。加强线上线下展示体验，规范电子商务、门店采购等流通渠道，鼓励商家开展"以旧换新"等活动，推进居民家庭 LED 照明产品应用。

（十七）拓展新兴领域应用

选择高海拔、严寒等特殊场所，开展室内外不同场所、不同领域、不同环境的半导体照明应用示范。拓展 LED 照明产品应用范围，推动 LED 在智慧照明、农业照明、健康医疗照明、汽车照明、文化旅游、水处理、可见光通信等领域应用，满足不同应用需求。

六、强化市场监管和质量评价，净化市场环境

（十八）建立健全标准体系

强化半导体照明标准体系的建设和维护工作，根据市场和技术变化及时加以调整和完善，研究建立智能照明标准体系框架。制修订 LED 照明产品检测、性能、安全、规格接口等国家标准，研究制定 LED 与 OLED 照明器具、照明系统术语和定义、智慧照明系统等相关标准，规范 LED 照明产品生产和应用。围绕智慧照明、农业照明、健康医疗照明、可见光通信等领域应用，开展标准研究。针对技术领先、使用范围广、暂时没有国家标准、行业标准的新型 LED 照明产品，积极培育团体标准。积极参与国际标准制定。

（十九）提升检测认证能力

开展测试技术、检测方法研究，分重点、有步骤地制定 LED 器件、光源和灯具检测和评价规范，鼓励研发先进检测设备，加强光品质和照明基础类研究。统一认证标准和程序，开展 LED 照明产品的质量认证、节能认证工作，适时推动统一的绿色产品认证和标识。加强检测认证机构能力建设，提升 LED 照明产品检测认证水平。支持检验检测机构模式创新，提高我国检验检测机构的市场竞争力。

（二十）强化执法检查监管

强化照明产品执法检查、检测认证监管及质量监督检查，加大 LED 照明产品质量监督抽查力度，严厉打击假冒伪劣、虚标能效等行为，净化市场环境。建立第三方标准、认证、信用评价体系，提升 LED 产品认证的有效性和公信力。建立第三方 LED 节能改造示范项目在线管理平台，开展实施效果跟踪与评价，对产品检测认证工作情况实施监督管理。鼓励企业开展产品和服务标准自我声明公开和监督制度建设，加强自律。

（二十一）开展质量评价工作

开展技术研发、产品品质、应用示范等质量评价，支持我国半导体照明领域有关机构建立一体化研究和评价平台，支撑我国半导体照明产业向品质照明、智能照明转型提升。开展半导体照明产品质量与企业标准和自我声明符合性评价，推动相关机构建立评价机制和公共服务平台，引导半导体照明企业提升产品质量。

七、加强国际与区域合作，提升产业国际竞争力

（二十二）融入全球合作网络

充分利用科技、节能环保、应对气候变化、经贸等领域双多边合作渠道，积极融入全球合作网络，探索合作新模式、新路径、新体制。开展半导体照明技术、标准、标识、检测、认证等国际合作，推动联合共建实验室、研究中心、设计中心、技术服务中心、科技园区、技术示范推广基地。

（二十三）推动标准和认证走向国际化

推动照明标准互联互通、认证标识协调互认，积极主动参与国际标准化工作，鼓励参与半导体照明领域国际标准化战略、政策和规则的制定，支持我国专家担任国际标准化机构职务。培育、发展和推动我国优势、特色技术标准上升为国际标准，建立对话沟通机制，多渠道、多方式促进标识认证双多边协调互认。支持我国与其他国家或区域的标准化机构开展合作，促进半导体照明领域标准的协调一致。

（二十四）引导产业"走出去"

支持具备条件的企业通过建立海外分支机构、境外投资并购、基础设施建设、节能改造工程、产品出口等方式，深化国际产能合作。鼓励企业积极开拓国际市场，引导企业参与境外经贸产业合作区建设，带动我国半导体照明产品和技术输出。研究建立跨境电子商务平台，推动我国产品参与国际市场竞争。充分利用丝路基金、亚洲基础设施投资银行、金砖国家开发银行等融资渠道，开展半导体照明应用示范及推广。鼓励行业技术机构以技术服务等形式，带动我国半导体照明企业"走出去"。实施 LED 照亮"一带一路"行动计划，见专栏3。

专栏 3　LED 照亮"一带一路"行动计划

公共服务平台：在有条件和基础的国家或地区，推动合作共建半导体照明技术研发、标准检测、系统设计、质量评价等公共服务平台，开展技术服务并帮助建立标准、检测和质量监管体系。

应用示范项目：在部分国家或地区共建半导体照明应用示范工程，推动我国半导体照明技术和产品在境外重大工程及基础设施建设中的应用。

人才培育输出：依托我国专业技术人才教育资源及人才培养体系，为沿线国家或地区培育输送技术、设计、工程、服务等专业人才。

照明产品推广：面向"一带一路"国家或地区推广半导体照明产品，提升照明节能减排能力。

（二十五）推动两岸产业合作

积极推进海峡两岸半导体照明技术研发、标准检测认证、应用示范等合作，推动实施两岸半导体照明合作项目。选择特色区域推动建设两岸产业合作试验区，进一步完善信息交流平台，持续推进人才培养合作，拓展 LED 核心材料在其他应用领域的对话合作。

八、强化协调管理，形成规划实施合力

（二十六）加强规划实施协调配合

加强与相关规划的统筹衔接，加强中央和地方政策协调，完善各项配套政策措施，各部门、各地方协同推进规划实施。相关部门按职能分工科学制定政策和合理配置公共资源，调动和增强相关方的积极性、主动性，鼓励地方出台示范推广、优化产业环境等配套政策。

（二十七）健全多元投入机制

建立多元投入体系，提高资源投入配置效率。运用政府和社会资本合作模式引导社会资本参与基础设施建设等重大工程，运用能源托管等模式开展照明技术改造。通过财税金融政策、种子基金、风险投资等方式，支持创新型小微企业加快成长。

（二十八）组织实施示范工程

围绕规划目标和具体任务，各有关部门加强不同规划、工程的有效衔接，强化分工协作，组织实施示范工程，全面提升产业综合竞争力。见专栏4。

> **专栏4　示　范　工　程**
>
> 　　特色基地示范工程：围绕京津冀协同发展、长江经济带、"一带一路"战略实施，引导半导体照明产业资源及创新要素合理布局，鼓励地方建设半导体照明特色产业及服务集聚区。
>
> 　　城市道路照明应用工程：支持一批城市实施道路照明节能改造，推动城市道路照明应用LED产品。
>
> 　　创新应用示范工程：创新机制与模式，支持建设若干LED智慧照明、农业照明、健康照明、文化旅游照明等创新应用示范工程。
>
> 　　公共机构照明应用工程：选择一批国家机关、高等院校、医院、博物馆、科技馆、体育馆等公共机构开展LED照明升级改造示范，推动公共机构率先应用LED照明产品。
>
> 　　国际合作基地示范工程：实施LED照亮"一带一路"工程，围绕国际技术创新、孵化转化、标准检测、产业合作，建设若干半导体照明国际合作基地。

（二十九）强化规划实施评估考核

加大规划实施情况督查力度，开展半导体照明推广应用情况评估、跟踪分析。将规划实施情况及LED照明产品推广应用情况纳入对各地区、重点用能单位节能目标责任评价考核范围。

（2017年7月28日13部委联合印发）

北京市"十三五"绿色照明工程实施方案

为贯彻市委、市政府《关于全面提升生态文明水平推进国际一流和谐宜居之都建设的实施意见》（京发〔2016〕2号），落实《北京市国民经济和社会发展第十三个五年规划纲要》和《北京市"十三五"节能降耗及应对气候变化规划》（京政发〔2016〕34号）确定的节能减碳重点任务，扎实做好本市"十三五"绿色照明推广工作，制定本方案。

一、实施绿色照明工程的重要意义

（一）实施绿色照明工程有利于推动完成本市节能减碳指标。绿色照明是在提高照明质量的前提下，通过采用LED等高效节能光源、智能系统控制等手段，深挖照明节电潜力，进一步降低本市照明用电量，进而降低发电所需的能源消耗、污染物排放和温室气体排放，对节能减排、大气污染治理具有重要意义。据测算，采用普通LED照明产品可节电50%，采用智能LED照明产品可节电80%。推广200万只（套）智能LED照明产品，可实现年节电2亿度，节约电费2.2亿元，减排二氧化碳17万吨。

（二）实施绿色照明工程有利于推动节能环保产业发展。智能照明是新一代绿色照明，通过采用先进信息技术，构建智能照明控制系统。实施绿色照明工程，有利于用能单位实现节电节费、改善照明环境；有利于促进先进节能技术与信息技术的融合发展，有力促进新技术新产品研发、生产和推广应用，助推节能环保产业健康发展；有利于拉动居民的绿色消费，实现惠民生促增长。

（三）实施绿色照明工程有利于提升首都城市形象。目前，世界各国都高度重视绿色照明工作，欧盟、美国均出台相关扶持政策，绿色照明已成为一个城市形象的重要体现。实施绿色照明工程，以北京城市副中心、2022年冬奥会场馆区、新机场、新首钢高端产业综合服务区等区域为重点，开展"智能照明"试点示范，实现城市照明的智能化和精细化管理，有利于提升首都城市形象，推动本市气候智慧型低碳城市建设。

二、总体思路和建设目标

（一）总体思路

"十三五"时期，绿色照明工程紧紧围绕"内涵促降"的工作主线，坚持"突出重点、高效利用、统筹规划、分步实施"的原则，推广一批LED高效照明产品，实施一批智能照明示范工程，创建一批智能照明先行示范基地。工业、旅游等领域的室内照明，公园、博物馆等领域的功能照明，学校、医院等领域的公共照明全部采用LED高效照明产品。

（二）建设目标

到2020年，累计推广LED高效照明产品200万只（套）以上。完成百家博物馆、千所学校和千个停车场的智能照明示范工程，在市政道路、市级产业园区、学校和医院等区域示范推广智能路灯控制系统，通过示范引领，促进全市公共区域LED高效照明产品普及应用。

三、重点任务

（一）推广LED高效光源实施智能照明示范工程

按照《北京市"十三五"节能降耗及应对气候变化规划》（京政发〔2016〕34号）"加强同类成熟节能新技术新产品在不同行业试点应用"的要求，在"十二五"时期试点推广基础上，"十三五"时期进一步扩大成果、拓展领域。基本实现工业、旅游领域LED全覆盖。大力推进在教育、卫生、商业、文化、交通等领域，物业、公建、市政道路、地下通道等重点区域示范应用。五年推广LED高效光源150万只。

在本市百家博物馆（展览馆）、千所学校（图书馆）、千个停车场（地下车库、停车楼）等民生场所，组织实施博物馆、图书馆、停车场智能照明示范工程。针对展览照明、公共照明、车位照明进行智能照明试点、示范，推广博物馆射灯、公共区域感应灯、车位智能照明灯等LED高效照明产品（系统）50万只。智能照明系统将为使用者提供数据传输、人员定位、语音播报等信息功能，为管理者提供人流、安防、数据统计等管理功能。通过开展示范工程，推进"互联网＋智能照明"，建设节能、安全、智能的博物馆、图书馆、停车库。

（二）实施园区、校区、院区智能照明升级工程

结合工业园区、学校、医院等领域管理集中、夜间照明用能较多的特点，以北京经济技术开发区智能照明示范改造为引领，以北京城市副中心、2022年冬奥会场馆区、新机场、新首钢高端产业综合服务区为重点，推进全市市级工业园、高校、医院的智能照明升级改造工程，重点推广智能路灯控制系统，首批推广2万套。

（三）完善一批智能照明推广标准

对各领域推广情况开展效果后评估，总结试点示范经验。发挥行业协会、科研院所和高校等机构的优势，研究编制"北京市低碳园区（校区）智能照明标准""停车场LED照明及LIFI智能泊车系统标准""LED智能路灯技术标准"等一批LED照明相关标准。通过标准引领、工程示范、宣传推广等工作实践，逐步形成北京特色的绿色照明成熟工作机制。

（四）推进LED前沿重大技术攻关

充分发挥首都智力优势，鼓励央地之间、企业与高校院所之间共建LED协同创新实验室。引导组建以本地知名企业为龙头，产、学、研、用紧密结合的LED技术创新联盟。推动LED技术、信息技术与重大科技创新进行融合发展，开展综合性技术和解决方案的研究，力争取得一批具有突破性、可规模化推广的关键节能低碳技术，争创国家LED技术创新中心和先行示范基地。通过政策支持、工程示范、组织引导，为本市照明产业供给侧的改革创新摸索经验和方向，促进本市节能智能、前沿高端照明产品的研发、设计、生产和规模化应用。

四、组织实施

（一）组织方式

"十三五"时期绿色照明工程的实施采取"广而告之、公开征集、双向选择、不限领域"的推广方式。供货企业通过公开招标产生，中标的供货企业作为推广主体，需求用户与供货企业进行双向选择。发挥市、区相关行业管理部门作用，宣传、引导用能单位采用高效照明产品。

（二）职责分工

市发展改革委、市财政局负责"十三五"时期绿色照明工程的总体推进、监管和相关事项协调等，各相关单位按照职责分工负责各自组织推进工作。

市发展改革委负责制定"十三五"时期绿色照明总体工作方案、分年度工作计划，协调、指导市级相关行业主管部门和区发展改革委开展推广工作，指导北京节能环保中心工作。

市财政局负责绿色照明工程资金安排，经费使用监管，相关事项协调决策等。

市教育、科技、文化、卫生、经信、商务、旅游等相关部门按照部门职能，协同推进本领域绿色照明推广，包括调研各自领域用户需求，推广协调、监督指导等。

区发展改革委辅助辖区内需求用户（包括产业园区）推广工作的组织和协调，对推广工作进行指导、监督。

北京节能环保中心受市发展改革委、市财政局委托，作为"十三五"时期绿色照明工程的组织实施单位，负责项目具体工作，组织相关专业机构编制技术要求、标准，推进LED协同技术创新等。组织实施绿色照明工程。

（三）年度安排

2016-2020 年，年均推广 LED 高效照明产品 40 万只以上。具体年度工作时序如下：

2016 年推广 40 万只，基本完成工业、旅游领域室内公共照明 LED 全覆盖。启动停车场智能照明试点，推广车道感应灯、车位感应灯等 LED 智能产品，示范安装停车场智能照明控制系统，开展试点效果后评估。鼓励 LED 推广企业与智能停车 APP 公司合作，推进更大范围的 LED 技术与信息技术融合应用。

2017-2018 年，在全市商业、旅游、物业等领域全面推广地下车库、停车楼智能 LED 照明及管理控制系统，基本完成地下车库、停车楼照明智能改造。

启动博物馆、图书馆智能照明示范工程，试点开展远郊区道路、农村路灯及城市地下通道 LED 灯等高效照明产品推广。

2019 年和 2020 年全面推进市级产业园业、校园、医院智能照明升级工程。

五、保障措施

（一）加强组织领导

市发展改革委、市财政局加强绿色照明工程的组织协调和统筹调度，及时协调解决工作过程中的有关问题。市级行业主管部门、区发展改革委要按照职责分工，协助做好相关工作。各用能单位建立由节能负责人牵头的工作协调机制，组建专门工作团队开展工作。

（二）加强资金保障

市财政分年度安排推广补助资金和相应的工作经费。采取公开招标的方式确定供货企业及价格。市财政按照中标价格的 50% 予以补助。

补贴资金采取间接补贴方式，由市财政补贴给中标供货企业，再由中标供货企业按中标协议确定的供货价格减去财政补贴资金后的价格销售给终端用户，实现终端用户直接受益。

（三）强化检查监督

市发展改革委、市财政局加强对绿色照明工程的监督检查，对在调研、推荐、评审、推广等过程中，存在弄虚作假、违法违规行为的，将按照有关规定进行处理。组织第三方专业审计机构对项目开展专项审计。

（四）确保推广质量

发挥专家团队作用，组建绿色照明工程专家组，给予工程整体把关和方向指导，组织专家论证相关技术标准、技术要求并公开征求社会意见，接受社会监督；发挥技术权威机构作用，邀请国家电光源研究所、中国质量认证中心、中国照明学会参与技术文件起草、审核，以及项目验收，确保推广产品质量。

（五）广泛开展宣传

开展"LED 绿色照明"系列科普宣传活动，与"大篷车来啦"密切结合，向社会宣传、介绍绿色照明工程进展和实施效果。利用全国节能宣传周和北京市节能周，组织形式多样、内容丰富的"照明展""低碳 e 家"等活动，引导百姓关注照明节能，参与实施绿色照明的良好氛围。

（2016 年 9 月 29 日北京市发改委、北京市财政局联合印发）

上海市景观照明总体规划

一、总则

1.1　规划目标

通过控制总量、优化存量、适度发展，进一步提升上海市景观照明品质，展现城市形象，建成具有中国特色、世界领先的城市夜景。

1.2　规划范围与对象

本规划范围为上海市行政区范围。本次规划对象为市域范围内的建筑、广场、公园、公共绿地、名胜古迹以及其他建（构）筑物通过人工光以装饰和户外造景为目的的照明。

1.3　规划年限

本规划期限自 2017 年至 2040 年。

1.4 规划依据

《上海市市容环境卫生管理条例》（2009 年 2 月 24 日上海市人民代表大会常务委员会发布）

《上海市城乡规划条例》（2010 年 11 月 11 日上海市人民代表大会常务委员会发布）

《城市照明管理规定》（2010 年 5 月 27 日住房和城乡建设部令第 4 号）

《上海市城市总体规划》（1999 年-2020 年）

《上海市城市总体规划（2015-2040）纲要》

《城市夜景照明设计规范》（JGJ/T 163—2008）

《城市照明节能评价标准》（JGJ/T 307—2013）

《上海市城市环境装饰照明规范》（DB31/T 316—2012）

《城市道路照明设计标准》（CJJ 45—2015）

《民用建筑设计通则》（GB 50352—2005）

《上海市主体功能区规划》（2013）

1.5 规划原则

1.5.1 特色原则 景观照明应符合上海城市历史底蕴，彰显传承古今、融汇中西的海派文化理念，突出城市特点，塑造与上海城市文化内涵相适应的城市夜景品牌。

1.5.2 整体协调原则 景观照明布局符合上海城市规划要求，从上海城市空间的整体统筹，打破行政分区的概念，凸现整体形象。景观照明定位与建成国际经济、金融、贸易、航运、科技创新中心和国际文化大都市的发展相协调，与区域功能、经济、环境、文化氛围、载体特征相适应，与后续发展相适应。

1.5.3 创新发展原则 通过科技创新、设计创意、智能控制，建设上海科技含量高、具有独创性的城市夜景。

1.5.4 节能环保原则 控制景观照明总量，优化存量，适度发展，采用适宜的照度、色温，实现中心城区景观照明能耗零增长；推广应用高效节能的光源灯具和智能控制系统，避免光污染。

1.5.5 以人为本原则 加强景观照明规划、设计、建设、控制和管理，为市民营造安全舒适的夜间生活环境，丰富人民群众休闲、娱乐文化生活。

1.6 规划地位

本规划是指导本市景观照明发展的纲领性文件，是编制区域景观照明规划以及实施景观照明建设和管理的基本依据。

二、规划布局及控制要求

2.1 城市景观照明总体布局

"一城多星，三带多点"。上海市行政辖区的景观照明布局为"一城多星"，"一城"指外环线以内的中心城区，是上海景观照明的主要集中区域，"多星"指外环线以外的现代化新城和新市镇。上海中心城区内的景观照明布局为"三带多点"，"三带"指黄浦江两岸（从吴淞口至徐浦大桥段）、延安高架道路—世纪大道沿线（从外环线至浦东世纪公园）、苏州河两岸（从外环至外滩），"多点"指中心城区内的城市副中心、主要商业街（圈、区）、重要的交通文化体育设施、主要道路、公共空间等重要节点。

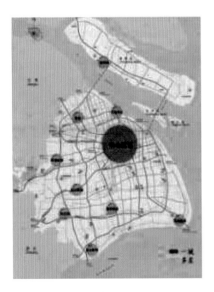

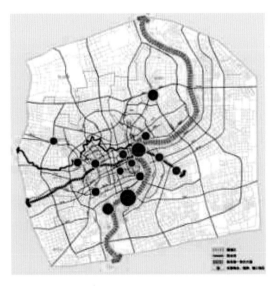

2.2 区域、节点分级规划

核 心 区 域			外滩、小陆家嘴地区
重要区域	区域		黄浦江两岸、延安高架道路—世纪大道沿线、苏州河两岸；人民广场地区、世博会地区、国际旅游度假区
	道路		南京东路、南京西路、四川北路、淮海中路、西藏中路
	节点		徐家汇地区、五角场地区、花木地区、真如地区、金桥地区、张江地区；豫园地区、静安寺地区、小陆家嘴-张杨路商业中心地区、中山公园地区、虹桥商务区商业中心地区、大宁商业中心地区、中环（真北）商业中心地区、新天地地区；虹桥交通枢纽地区、浦东机场地区、上海火车站地区、上海南站地区，上海西站地区、吴淞口国际游轮港地区
发展区域			重要新城（市镇）：淞宝地区、宝山滨江发展带、莘庄城区、嘉定新城核心区、嘉定中心城区（含州桥景区）、青浦新城、松江新城、南汇新城、金山新城、南桥新城、城桥镇、临港新城、川沙新城等
一般区域			全市范围内除核心区域、重要区域、发展区域和禁设区域以外的区域
禁设区域			国家及地方法律法规明确规定不得设置景观照明的区域

2.3 亮度分级控制规划

区 域	亮度上限值	备 注
	（cd/m²）	
核心区域	20～35	每个区域确定若干个视觉焦点，其亮度为本区域最高，区域内其他点的亮度不得超过视觉焦点的亮度，使区域景观照明亮度既有变化又整体和谐
重要区域	15～23	
发展区域	13～23	
一般区域	10	
禁设区域	0	

2.4 色温控制规划

色 温	区域（节点）	备 注
中低色温为主（1900～3300K）	外滩、苏州河两岸、豫园地区、新天地地区、南外滩	
中间色温为主（3300～5300K）	人民广场、世博会地区、国际旅游度假区；徐家汇地区、五角场地区、花木地区、真如地区、金桥地区、张江地区；南京东路、南京西路、淮海中路、四川北路、西藏中路；北外滩、东外滩、中山公园地区、豫园地区、静安寺地区、小陆家嘴-张杨路商业中心地区、虹桥交通枢纽地区、吴淞口国际游轮港地区、虹桥商务区商业中心地区、大宁商业中心地区、中环（真北）商业中心地区	发展区域根据区域内的节点功能定位和建筑类型，参照核心区域和重点区域确定色温控制范围
中高色温为主（5300K以上）	小陆家嘴、延安高架道路—世纪大道沿线；浦东机场地区、上海火车站地区、上海南站地区、上海西站地区；徐汇滨江	

2.5 彩光照明控制规划

级 别	区域（节点）	备 注
彩光严控区	外滩、黄浦江两岸、苏州河两岸、延安高架道路—世纪大道沿线、人民广场区域	景观照明不宜使用彩光

（续）

级　别	区域（节点）	备　注
彩光控制区	世博会地区、国际旅游度假区、小陆家嘴、徐家汇地区、五角场地区、花木地区、真如地区、金桥地区、张江地区、豫园地区、静安寺地区、小陆家嘴-张杨路商业中心地区、中山公园地区、虹桥商务区商业中心地区、大宁商业中心地区、中环（真北）商业中心地区、新天地地区；南京东路、南京西路、淮海中路、四川北路、西藏中路、虹桥交通枢纽地区、吴淞口国际游轮港地区、浦东机场地区、上海火车站地区、上海南站地区、上海西站地区；淞宝地区、宝山滨江发展带、莘庄城区、嘉定新城核心区、嘉定中心城区（含州桥景区）、青浦新城、松江新城、南汇新城、金山新城、南桥新城、城桥镇、临港新城、川沙新城等重要新城、新市镇	可适当使用彩光以烘托氛围，彩光不宜使用饱和色；重要新城、新市镇等区域内的政府办公、历史名胜古迹、风貌保护建筑等节点应参照彩光严控区的限制要求
彩光禁止区	住宅、学校、医院等区域	禁止使用彩光

2.6　动态照明控制规划

级　别	区域（节点）	备　注
动态光严控区	外滩、黄浦江两岸、苏州河两岸、延安高架道路—世纪大道沿线、人民广场区域、世博会地区、国际旅游度假区（主题乐园 以外）；虹桥交通枢纽地区、浦东机场地区	一般情况下不使用动态光；节假日、重大活动期间可以适度进行不同照明模式间的缓慢切换
动态光控制区	小陆家嘴、徐家汇地区、五角场地区、花木地区、真如地区、金桥地区、张江地区、豫园地区、静安寺地区、小陆家嘴-张杨路商业中心地区、中山公园地区、虹桥商务区商业中心地区、大宁商业中心地区、中环（真北）商业中心地区、新天地地区；南京东路、南京西路、淮海中路、四川北路、西藏中路；吴淞口国际游轮港地区、上海火车站地区、上海南站地区、上海西站地区；淞宝地区、宝山滨江发展带、莘庄城区、嘉定新城核心区、嘉定中心城区（含州桥景区）、青浦新城、松江新城、南汇新城、金山新城、南桥新城、城桥镇、临港新城、川沙新城等重要新城（镇）	可适度使用动态灯光，或在平日进行不同照明模式的切换
动态光禁止区	住宅、学校、医院等区域	禁止使用动态光

三、景观照明管理通则

3.1　禁止性要求

3.1.1　禁止使用与交通、航运等标识信号灯易造成视觉上混淆的景观照明设施。

3.1.2　禁止设置容易对机动车、非机动车驾驶员和行人产生眩光干扰的景观照明设施。

3.1.3　禁止设置直接射向住宅、学校、医院方向的投光、激光等景观照明设施（经批准的临时性重大节庆活动除外）。

3.1.4　禁止使用严重影响植物生长的景观照明设施。

3.1.5　禁止设置影响园林、古建筑等自然和历史文化遗产保护的景观照明设施。

3.1.6　禁止在国家公园、自然保护区、天文台所在地区设置景观照明设施。

3.1.7　禁止使用高能耗探照灯等景观照明设施（经批准的临时性重大节庆活动除外）。

3.1.8　禁止在市、区人民政府确定的禁设区域或载体上设置景观照明设施。

3.1.9　禁止利用景观照明设施发布广告（经批准的临时性重大节庆活动除外）。

3.2　控制性要求

3.2.1　景观照明光色应与所在区域的环境相协调，严格控制彩光的使用。

3.2.2　建筑立面照明不宜使用大面积（大于单侧立面连续40%面积）的像素化照明手法。

3.2.3　景观照明设施应隐蔽，或表面色彩与所处建筑立面颜色统一；外露灯具外观应符合建筑风格。

3.2.4　对于景观照明的技术创新、艺术创意等，应在合适的区域，通过试点、试验、实践验证才能规模建设。

3.2.5　景观照明平均亮度不应超过区域规划要求。

3.2.6　景观照明需设置多种亮灯模式：核心区域应设置常态、节假日及深夜三种照明模式，其他区域和节点应设置常态和节假两种照明模式，常态模式能耗不宜高于全开启模式能耗的70%。

3.2.7　景观照明灯具效率不可低于75%，LED灯具效能应大于60lm/w，功率因数$\cos\varphi$不可低于0.9。

3.2.8　智慧照明要求：在核心区域、重要区域景观照明由市区两级控制中心在计算机网络全覆盖的控制基础上，通过通信技术，实现人、空间、照明设备之间的互联，满足资源优化分配和丰富夜景体验。综合照明设备的照明、信息发布等多种功能，提升服务的多样性；发展互动智能照明、增加民众的参与感。

3.3　一般区域限制要求（核心区域、重要区域、发展区域不受本条限制）

3.3.1　单体建构筑物景观照明平均亮度最高不应超过$10cd/m^2$。

3.3.2　单体建构筑物景观照明的单位面积能耗及照明功率密度不应大于$6.7W/m^2$。

3.3.3　严格控制使用动态、彩色照明方式。

3.3.4　不应采用多幢建筑物联动变化的照明方式。

四、规划控制导则

景观照明根据载体的性质、特点、材质的差异，对照明方式、色温、彩光和动态光等要素进行控制。

类　型		基本定位	照明方式	色温控制	彩光和动态光控制
现代建筑	办公建筑	适当照明	金属铝板立面宜中高色温、投光为主，楼梯间可以采取自然的内透光。石材立面宜中低色温、投光为主。玻璃幕墙立面宜内透光为主，单一光色为宜	中高色温	不宜动态，不宜彩光
	商业建筑	建议照明	商业部分采用内透光结合外部照明方式，可采用LED照明营造氛围	依据建筑风格选择色温	适度动态，适度彩光
	文化建筑	适当照明	根据建筑特色、功能，采用多种照明方式，不宜使用饱和色	依据建筑风格选择色温	适度动态，适度彩光
	综合建筑	适当照明	玻璃幕墙立面可采用内透光方式或突出幕墙框架的方式。重点表现顶部特征。石材立面宜采用投光照明方式。金属铝板立面注重表现建筑形态的细节	依据形态风格选择色温，玻璃幕墙建筑多以中高色温为主	不宜动态控制彩光
	教育建筑	适当照明	采用投光照明、内透光照明	一般采用中高色温；欧式风格的教育建筑宜采用中低色温	不宜动态，不宜彩光
	科研建筑	适当照明	宜采用自然内透结合外部投光	中高色温	不宜动态，不宜彩光
	体育建筑	建议照明	无赛事时采用整体投光或局部投光的方式；有赛事时配合不同赛事主题设置不同模式或光色	依据建筑理念风格选择色温	适度动态，适度彩光
	医疗建筑	严格控制照明	建筑出入口及标识应适当突出	中高色温	禁止动态，禁止彩光
	交通建筑	建议照明	宜采用整体投光或局部投光结合内透光的形式表现。机场、港口要严格控制溢散光	中高色温	不宜动态，控制彩光
	纪念建筑	建议照明	宜采用投光的照明方式	依据形态风格选择色温	不宜动态，控制彩光
	园林建筑	开放夜间旅游的建议照明	根据建筑特点采用相应照明方式	多种色温	不宜动态，适度彩光
	住宅建筑	严格控制照明	可适当采用顶部、楼道等部位点级照明	中低色温	不宜动态，不宜彩光

（续）

类 型		基本定位	照 明 方 式	色温控制	彩光和动态光控制
欧式建筑	欧式历史建筑	适当照明	采用投光方式为主，根据建筑表面材质的特性以及色泽选择光色	中低色温	不宜动态，适度彩光
	宗教建筑	建议照明	根据照明的对象选择合适的方式来表现建筑的特征	依据形态风格选择色温	不宜动态，控制彩光
	老洋房	适当照明	采用投光方式为主	中低色温	不宜动态，不宜彩光
	石库门建筑	适当照明	采用点缀式照明表现建筑门楣等细部的特征	中低色温	不宜动态，不宜彩光
传统建筑	传统商业建筑	建议照明	采用局部投光和顶部勾勒、勾边方式	中低色温	适度动态，适度彩光
	古典园林建筑	适当照明	采用多种照明方式	中低色温	不宜动态，适度彩光
	寺庙建筑	适当照明	采用投光方式为主	中低色温	不宜动态，不宜彩光
	古镇建筑群	建议照明	桥梁宜采用投光灯，两侧的亲水建筑可采用局部投光或室内自然内透方式	依据形态风格选择色温	适度动态，适度彩光
城市公共空间	公园	适当照明	可根据公园主题或游线安排，视需要设置夜间景观节点增加夜游乐趣。景观照明应确保照明设备和自然环境的融合，强调引导和安全性，控制眩光和光污染	中低色温	不宜动态，适度彩光
	广场	适当照明	以广场大型雕塑等城市家具为重点，形成视觉中心点，同时采用局部点缀的手法设置各区域灯光。不同的照明元素采用有区别的照明手法，并注意各个元素之间的相互统一协调	中高色温	不宜动态，适度彩光
	绿地	控制景观照明	根据绿地公共空间的不同主题，强调和突出主要特色，景观照明所营造的气氛应与绿地开放空间的功能及周边环境相适应；照明应有视觉中心的亮点；避免溢散光对行人，周围环境及园林生态的影响	中低色温	不宜动态，适度彩光
大型构筑物	跨江大桥	建议照明	应当突出桥梁的整体感和特色形态，可用多种照明方式，设置多种照明模式。采用投光方式，索塔投光可单色也可多色混合	中高色温	适度动态，适度彩光
	跨苏州河历史性桥梁	建议照明	使用局部投光照明方式	中低色温	不宜动态，适度彩光
	跨苏州河现代新建桥梁	建议照明	可使用投光、点或线的装饰等手法，光色不宜过多	中高色温	适度动态，适度彩光
	大型枢纽式立交桥	建议照明	使用局部投光照明方式	中高色温	不宜动态，不宜彩光

五、规划实施保障措施

5.1　统一思想提高认识

景观照明对扩大城市影响力，促进旅游、商业、地产、文化产业发展具有重要意义，是城市公共设施的组成部分，各级政府及相关部门应落实责任推进景观照明建设与运营管理。

5.2　细化规划落实计划

上海市绿化和市容管理局要根据本规划要求，指导各区管理部门编制辖区内景观照明控制性规划或实施方案。

上海市绿化和市容管理局要制订阶段性计划，协调各区和相关单位按计划时间节点实施。

2020年基本完成黄浦江两岸、苏州河两岸、世博会地区、人民广场区域、延安高架道路—世纪大道沿线、国际旅游度假区等区域的景观照明改造提升；2030年基本建立规划确定的景观照明框架；

2040年全面实现规划目标。景观照明建设应结合规划区域开发和改造建设时序同步规划、同步设计、同步实施。

5.3　落实责任分级管理

相关行政主管部门在审定城市基础设施、工业区、住宅区、环境绿化、附属公共设施工程等新建、改建、扩建方案时，应当征询景观照明管理机构的意见。

本规划中核心区域、重要区域、发展区域范围内地块转让过程中，应将景观照明建设、维护纳入转让要求。

本规划"三带"范围的景观照明实施方案须经市景观照明主管部门会有关部门审核；其他重要区域、发展区域内的景观照明实施方案须经所在区景观照明主管部门审核；一般区域景观照明建设由业主根据本规划和有关规范、标准组织实施，各区景观照明主管部门加强监督指导。

5.4　建立规划实施评估机制

上海市绿化和市容管理局要建立景观照明总体规划实施效果评估机制，组织专家和市民定期对核心区域、重要区域和发展区域景观照明实施效果进行评估，不断提升和优化规划及其实施方案。

5.5　建立机制保障投入

按照政府引导、企业参与的原则，建立公共财政与社会多元投入机制，筹措建设和维护经费，确保景观照明规划的正常实施。

市、区政府公共财政应对景观照明核心区、重要区域、发展区域内的景观照明设施建设、日常运营维护给予必要的政策和资金支持。

（2017年10月24日上海市人民政府印发）

杭州市城市照明管理办法

第一章　总　则

第一条　为规范城市照明建设和管理，保障城市生产生活安全，改善城市景观环境，展现城市独特韵味，根据《杭州市城市市容和环境卫生管理条例》《杭州市市政设施管理条例》等有关法律法规的规定，结合本市实际，制定本办法。

第二条　本市市区范围内城市照明的规划、建设、运行、维护以及相关的监督管理活动，适用本办法。

第三条　本市城市照明的建设和管理遵循保障安全、服务民生、节约能源、美化环境的原则。

城市照明建设应当与城市经济、社会、文化的发展相适应，满足人民群众生产生活需要，塑造城市独特形象，提升国际化水平。

第四条　市城市管理行政主管部门（以下简称市城市照明主管部门）负责全市城市照明管理工作，组织实施本办法；其所属的城市照明监督管理机构依照本办法的规定，具体负责城市照明设施的规划、建设、运行、维护和相关管理工作。

区人民政府应当确定有关行政主管部门（以下简称区城市照明主管部门）负责本行政区域内的城市照明管理工作，并可以根据实际情况确定本级的城市照明监督管理机构。

乡（镇）人民政府、街道办事处按照职责分工负责本辖区内的城市照明相关管理工作。

本市各级建设、城乡规划、国土资源、交通运输、城市绿化、园林、文物、旅游、公安、环境保护、财政等行政管理部门应当按照各自职责，做好城市照明相关工作。

第五条　市城市照明主管部门应当建立城市照明建设、运行、维护和管理的监督考核制度，对城市照明设施的建设情况、运行维护、照明能耗、照明效果等定期组织检查。

市城市照明主管部门应当建立投诉处理机制，受理社会公众对城市照明管理的投诉举报，做到及时处理，并在 7 日内将处理情况答复投诉人。

第六条　市城市照明主管部门应当会同建设、城乡规划、质量技术监督、节能等行政管理部门，制定本市城市照明设施的建设、运行、维护和能源节约的技术规范。

第七条　从事城市照明工程勘察、设计、施工、监理、运行、维护的单位，应当依法取得相应的资质；相关的从业人员应当依法取得相应的执业资格。

第八条　本市鼓励在城市照明建设、运行、维护中使用节能、环保的新技术、新工艺、新材料，推进城市照明管理的信息化和智能化。

第九条　本市鼓励社会资本参与城市照明建设、运行和维护。

第二章　规划和建设

第十条　市城市照明主管部门应当会同市城乡规划、建设、国土资源、交通运输、园林、旅游等行政管理部门，根据城市总体规划组织编制城市照明专项规划，经市人民政府批准后实施。

区城市照明主管部门可以根据城市照明专项规划，组织编制本行政区域内的区域城市照明设置规划、重要节点城市照明设置规划。

编制城市照明专项规划、区域城市照明设置规划和重要节点城市照明设置规划应当委托具备相应资质的单位实施。

第十一条　编制城市照明专项规划，应当结合城市自然环境、人文景观，按照城市总体规划确定的城市功能分区，对不同区域的照明效果提出要求，并划定城市黑天空保护区。

前款所称城市黑天空保护区是指因生态环境保护需要对人工光进行限制而划定的专门区域。

第十二条　下列区域应当设置功能照明设施：

（一）城市道路、桥梁、隧道、行人过街设施、游步道；

（二）穿越实行城市化管理的地区的公路；

（三）城市公共广场、公园、公共绿地、公共停车场；

（四）其他无功能照明可能存在安全隐患的公共场所。

第十三条　下列区域应当按照城市照明专项规划要求设置景观照明设施：

（一）西湖风景名胜区；

（二）京杭大运河、钱塘江沿线的建筑物、构筑物；

（三）繁华商业街、特色商业街；

（四）城市快速路、主干路两侧高层建筑物、构筑物；

（五）城市主要出入口沿线的高层建筑物、构筑物；

（六）大型桥梁、城市高架路等市政设施；

（七）城市标志性建筑物、构筑物；

（八）具有历史纪念意义的建筑物、构筑物；

（九）城市照明专项规划确定的其他区域。

第十四条　设置城市照明设施应当遵守下列规定：

（一）符合城市照明专项规划和相关技术规范的要求；

（二）符合照明亮度、发光强度控制要求，不影响居民正常生活，并与城市空间环境相协调，符合城市历史文化风貌；

（三）灯具造型和灯光照明效果不得与道路交通、航空、铁路等特殊用途信号相同或者相似；

（四）不得影响公共安全或者所依附的建筑物、构筑物的安全。

第十五条　在划拨或者出让国有建设用地使用权时，地块位于城市照明专项规划确定应当设置景观照明的重点区域内的，城乡规划行政主管部门应当在规划条件中予以明确，国土资源行政主管部门应当将规划条件纳入国有建设用地划拨决定书或者出让合同附件。

第十六条　建设项目的附属城市照明设施应当与主体工程同时设计、同时建设，并同时投入使用。

第十七条　施工图审查机构在实施建设项目施工图审查时，应当对配套建设的城市照明设施的设计是否符合工程建设强制性标准和本办法的规定进行审查。

第十八条　使用财政性资金建设城市照明设施的，建设单位应当在项目实施前向城市照明主管部门办理接收管理界定、登记手续。

第十九条　建设项目的附属城市功能照明设施的建设资金应当纳入项目经费预算，由建设单位按照项目资金来源予以保障。

第二十条　城市景观照明设施由下列单位和个人负责设置：

（一）公共设施和公共场所的城市景观照明设施由管理单位或者运营单位负责；

（二）新建、改建、扩建建筑物、构筑物的城市景观照明设施由建设单位负责；

（三）已交付使用的建筑物、构筑物的城市景观照明设施由所有权人或者使用权人负责。

第二十一条　城市景观照明设施的建设经费由设置单位和个人承担，市、区人民政府可以根据城市景观照明设施建设的需要给予适当补贴。城市景观照明设施建设经费补贴的具体办法由城市照明主管部门会同财政部门制定。

第二十二条　本市鼓励高层建筑物实施内透照明。城市照明专项规划规定应当设置内透照明设施的区域，新建高层建筑物应当按照要求设置内透照明设施，并按照城市景观照明管理的要求启闭。

第二十三条　在城市照明专项规划划定的城市黑天空保护区内，不得设置景观照明设施，设置的功能照明设施不得有上射光线。

第二十四条　城市照明设施的灯光不得直射居住建筑窗户。城市功能照明设施与居住建筑窗户距离较近的，应当采取遮光措施。

第二十五条　新建城市照明设施需要移交给城市照明监督管理机构进行维护和管理的，应当符合下列条件：

（一）符合本办法第十四条的规定；

（二）符合交通、消防等专业要求；

（三）工程技术档案资料完整；

（四）已通过竣工验收且验收报告签发期限未超过一年；

（五）其他进行维护和管理需要的条件。

移交城市照明设施的，建设单位应当与城市照明监督管理机构签订书面交接协议，并协助办理相关事项的变更手续。

第三章　运行和维护

第二十六条　城市道路附属功能照明设施由城市照明监督管理机构负责运行和维护。桥梁、隧道、行人过街设施、游步道、城市公共广场、公园、公共绿地、公共停车场的附属功能照明设施，由城市照明主管部门在界定、登记手续中确定的单位负责运行和维护。

城市功能照明设施的运行和维护单位，可以采取招投标等公开竞争方式委托具有相应资质的单位具体实施城市功能照明设施的日常养护，逐步实现社会化、专业化管理。

城市景观照明设施由产权单位负责运行和维护。城市景观照明设施纳入城市景观照明集中控制系统的，可以由集中控制系统的运营单位统一实施运行和维护。

第二十七条　市城市照明主管部门应当会同交通运输、公安、旅游、园林、城市绿化等行政管理部门，根据本市自然环境和季节更替特征、居民生活习惯等，编制城市照明设施的启闭方案，报市人民政府批准公布后实施。遇电力供应紧张、极端天气、日食、重大公共活动等情形，市城市照明主管部门可以决定临时启闭照明设施；临时启闭照明设施的，应当在24小时内向市人民政府报告，并及时向社会公布。

西湖风景名胜区、钱塘江沿线和京杭大运河沿线等区域设置的表演类型的城市景观照明设施，运行和维护单位应当按照城市照明设施启闭方案的要求，编制灯光表演方案报市城市照明监督管理机构备案，并向社会公布。

第二十八条　任何单位和个人不得实施下列行为：

（一）在城市照明设施上刻画、涂污；

（二）向城市照明设施射击或者投掷物体；

（三）在城市照明设施上堆放物料；

（四）擅自在城市照明设施上张贴、悬挂、设置宣传品、标语、灯饰灯景等其他物品；

（五）擅自在城市照明管线上方实施爆破、钻探、挖掘、焚烧等活动，或者倾倒具有腐蚀性的物质；

（六）擅自在城市照明设施上架设线缆、安置其他设施；

（七）擅自迁移、拆除、改动城市照明设施；

（八）擅自操作城市照明开关设施或者改变其运行方式；

（九）其他影响或者损坏城市照明设施的行为。

第二十九条　城市照明设施的运行和维护单位、日常养护单位应当加强城市照明控制系统的网络安全管理，防止非法入侵、数据篡改或者其他非法利用。

第三十条　因建设工程施工或者其他原因需要占用、迁移或者拆除城市照明设施的，建设单位应当依法办理行政许可手续。占用、迁移或者拆除城市照明设施的费用，以及因占用、迁移或者拆除城市照明设施而需要新建、改建或者恢复照明设施的费用，由建设单位承担。

因应急抢险对城市照明设施造成损坏的，应急抢险单位应当采取安全防护和临时照明措施，及时通知城市照明设施的运行和维护单位，并在应急抢险结束后10日内修复。

第三十一条 除市政公用设施建设和维护外，任何单位和个人不得接用城市功能照明设施的电源。

接用城市功能照明设施电源应当取得运行和维护单位的同意，并签订书面协议明确双方的权利和义务。

第三十二条 城市功能照明设施的日常养护单位应当按照合同约定和相关技术规范实施日常养护，并遵守下列规定：

（一）保持城市主干路功能照明的亮灯率达到98%，次干路、支路的亮灯率达到96%；

（二）向社会公布报修电话，接受24小时报修；

（三）城市照明设施发生一般故障的，在24小时内修复；发生严重故障的，采取应急照明措施并在5日内修复。

第三十三条 城市景观照明设施的产权单位或者营运单位应当保持城市景观照明设施的完整、功能良好和外观整洁，并保障运行安全。

城市景观照明设施纳入城市景观照明集中控制系统，以及按照城市照明专项规划要求实施内透亮灯的，市、区人民政府可以给予运行和维护费用补贴，具体办法由城市照明主管部门会同财政部门制定。

第三十四条 新建城市道路应当合理安排植物配型，减少植物自然生长对城市照明的影响。乔木中心与路灯杆的距离不得小于2米。

因树木生长遮挡路灯灯头，或者对道路照明设施造成损害的，绿化养护管理单位应当及时组织修剪。在发生火灾、水灾、台风等紧急情况下，树木危及城市照明设施运行安全的，城市照明设施的运行和维护单位可以采取紧急措施进行修剪或者砍伐，并在48小时内向城市绿化行政主管部门补办有关手续。

第三十五条 因重大节日、重大庆典等，需要在路灯杆上临时设置公益宣传、灯饰灯景或者其他装饰物的，应当取得运行和维护单位的同意。设置的公益宣传、灯饰灯景或者其他装饰物应当符合城市市容管理法律、法规、规章的规定，不得危害公共安全，不得影响照明效果。活动结束后，应当在3日内拆除、清理，恢复路灯杆原状。因设置临时装饰造成照明设施损坏的，应当承担修复费用。

第四章 能源节约

第三十六条 任何单位和个人不得在城市照明中有过度照明等超能耗标准的行为，不得在城市照明中使用不符合国家标准和规定的超能耗产品。

第三十七条 市城市照明监督管理机构应当依照城市照明专项规划，制定城市照明节能实施计划，严格控制城市景观照明的范围、亮度和能耗密度。

第三十八条 市城市照明监督管理机构应当定期检查、组织评估城市照明建设单位、维护和管理单位的照明节能控制措施，推广智能控制、可再生能源利用等先进的照明节能技术，提高城市照明建设单位、维护和管理单位的节能水平。

第三十九条 市城市照明主管部门可以根据节能技术发展和城市建设实际需要对城市照明实施节能改造。城市功能照明设施的节能改造应当在符合相关照明标准的前提下实施。

鼓励采用合同能源管理方式实施城市照明的节能管理。从事城市照明合同能源管理的单位，应当具备相应的资质。

第四十条 城市照明监督管理机构应当结合照明行业新技术、新材料、新工艺、新标准，对城市照明建设、维护和管理等单位开展节能培训。

第五章 法律责任

第四十一条 违反本办法规定的行为，法律、法规已有法律责任规定的，从其规定。

第四十二条 违反本办法第十三条规定，未按照规定设置城市景观照明设施的，由综合行政执法机关责令限期改正，可以处2000元以上2万元以下罚款。

第四十三条 违反本办法第二十三条规定，在城市黑天空保护区内设置景观照明设施，或者设置的功能照明设施有上射光线的，由综合行政执法机关责令限期改正；逾期不改正的，处2000元以上1万元以下罚款。

第四十四条 违反本办法第二十七条规定，未按照要求启闭城市照明设施的，由综合行政执法机关责令改正，处5000元以上2万元以下罚款。

第四十五条 违反本办法第二十八条第一项至第四项规定的，由综合行政执法机关责令限期改正；逾期不改正的，处200元以上2000元以下罚款。

违反本办法第二十八条第五项至第九项规定的，由综合行政执法机关责令限期改正，处200元以上2000元以下罚款；造成城市照明设施损坏的，处1万元以上3万元以下罚款。

第四十六条 违反本办法第二十九条规定，城市照明设施的日常养护单位疏于网络安全管理，导致城市照明设施被非法利用的，由综合行政执法机关责令改正；造成严重后果的，处5000元以上3万元以下罚款。

第四十七条 违反本办法第三十一条规定，擅自接用城市功能照明设施电源的，由综合行政执法机关责令限期改正，处 100 元以上 1000 元以下罚款。

第四十八条　相关行政管理部门及其工作人员在城市照明管理工作中玩忽职守、滥用职权、徇私舞弊的，由任免机关或者监察机关按照管理权限依法给予处分。

第六章　附　则

第四十九条　本办法所称城市照明，是指城市道路、隧道、广场、公园、公共绿地、河道、名胜古迹以及其他建筑物、构筑物的功能照明和景观照明。

功能照明是指通过人工光以保障人们出行和户外活动安全为目的的照明；景观照明是指在户外通过人工光以装饰和造景为目的的照明。

本办法所称城市照明设施，是指用于城市照明的配电室、变压器、配电箱、灯杆、灯具、地上地下管线、工作井、监控系统等设备和附属设施。

第五十条　本办法自 2018 年 2 月 1 日起施行。1998 年 11 月 9 日市人民政府令第 130 号公布的《杭州市夜景灯光设置管理办法》同时废止。

（2017 年 11 月 15 日杭州市人民政府发布）

南京市城市照明管理办法

第一章　总　则

第一条　为了加强城市照明管理，方便市民生活，美化市容环境，促进能源节约，根据国务院《城市道路管理条例》、《南京市市容管理条例》等法规规定，结合本市实际，制定本办法。

第二条　本市行政区域内的城市照明规划、建设、维护、运行及其相关管理等活动，适用本办法。

第三条　本办法所称城市照明，是指在本市实行城市化管理的区域内城市道路、广场、公园、公共绿地、名胜古迹以及其他建筑物、构筑物的功能照明和景观照明。

第四条　本市城市照明管理遵循统筹规划、合理布局、节能环保、建管养并重的原则。

第五条　市城市管理行政主管部门是本市城市照明的行政主管部门，负责指导、协调、监督全市的城市照明工作。区城市管理行政主管部门按照规定的职责，负责辖区内城市照明的监督管理工作。

城乡建设、财政、规划、交通运输、公安、文化广电新闻出版、绿化园林、旅游、经济和信息化等行政主管部门和电力企业，按照各自职责，共同做好城市照明相关管理工作。

第六条　鼓励和支持城市照明科学技术的研究，采用和推广新技术、新设备、新产品，开展绿色节能照明活动，实现城市照明的智能化监控和管理，提高城市照明的科技含量和管理水平。

城市管理行政主管部门应当优先发展城市功能照明，严格控制城市景观照明的范围、亮度和能耗密度，及时淘汰高耗能低效照明产品。

市、区人民政府按照国家和省、市的相关规定，对高耗能低效照明设施的改造给予资金支持。

第七条　任何单位和个人都有保护城市照明设施的义务，有权对违反本办法的行为进行制止、检举和控告。

对城市照明管理和设施保护做出贡献的单位和个人，城市管理行政主管部门按照有关规定给予奖励。

第二章　规划和建设

第八条　市城市管理行政主管部门应当会同市规划、城乡建设、交通运输等行政主管部门，依据城市总体规划，组织编制本市城市照明专项规划，报市人民政府批准后组织实施。

编制城市照明专项规划应当根据本市经济社会发展水平，结合城市自然地理环境、人文条件、交通安全要求，按照城市总体规划确定的城市功能分区，对不同区域的城市照明效果提出要求。

第九条　市城市管理行政主管部门会同市规划、城乡建设等行政主管部门，依据城市照明专项规划和有关标准规范，制定城市景观照明建设导则，向社会公布。

城市景观照明建设导则应当划定景观照明设置区域、限制设置区域和禁止设置区域，并对不同区域景观照明亮度或者照度、均匀度、眩光限制值、环境比及照明功率密度值（LPD）进行规定。

第十条　编制城市照明专项规划和城市景观照明建设导则，应当采取听证、论证等形式，公开听取专家和社会公众的意见。

第十一条　从事城市照明工程勘察、设计、施工、监理和管理、维护的单位应当具备相应的资质；相关专业技术人员应当依法取得相应的执业资格。

从事城市照明工程勘察、设计、施工、监理和管理、维护的单位以及相关专业技术人员，应当定期参加节能教育和岗位节能培训，提高城市照明节能水平。

第十二条　市城市管理行政主管部门应当会同有关部门依据城市照明专项规划，编制城市照明年度建设计划，纳入年度城建计划。

与城市道路、住宅区以及重要建筑物、构筑物配套的城市照明设施，应当按照城市照明专项规划建设，与主体工程同步设计、同步施工、同步验收，所需费用纳入建设成本。

施工图审查机构在审查建设单位报送的施工图设计文件时，应当一并审查是否按照城市照明专项规划配套建设城市照明设施。

新建、改建、扩建城市照明设施应当符合有关设施标准。在城市景观道路、历史文化街区、公共空间受限制地区，宜设置地下箱式变压器。

第十三条　按照城市照明专项规划应当设置城市景观照明设施而未设置的，城市管理行政主管部门应当督促设置，有关单位和个人应当予以配合。

第十四条　城市照明工程未经验收或者验收不合格的，不得交付使用。

建设单位组织竣工验收时，应当通知城市管理、城乡建设、电力等部门和单位参加。

第十五条　新建、改建、扩建的城市道路应当按照国家和省市有关标准规范安装功能照明，城市道路功能照明的装灯率应当达到百分之一百；未配套建设功能照明设施的城市道路，城市管理行政主管部门应当督促相关单位逐步配套完善。

城市功能照明设施现有管线应当按照规定敷设于地下。未敷设于地下的应当逐步进行改造。

第十六条　下列区域应当按照城市照明专项规划设置景观照明设施：

（一）城市主次干道两侧主要公共建筑物；

（二）机场、码头、车站、电视塔、大型桥梁、立交等公共建筑物、构筑物；

（三）商业街区、城市广场、景观河道、公园、公共绿地等公共区域；

（四）具有历史纪念意义的建筑物、构筑物；

（五）其他需要设置景观照明设施的建筑物、构筑物。

第十七条　设置城市景观照明设施应当遵守城市景观照明建设导则，并符合下列要求：

（一）符合光污染控制标准，与周围环境相协调。不得影响居民日常生产生活；

（二）不得影响公共安全或者所依附建筑物、构筑物、设施的结构安全；

（三）灯饰造型和灯光照明效果不得与道路交通、机场、铁路等特殊用途信号灯相同或者相似；

（四）采用符合建筑物特点的照明方法和方式，达到最佳景观照明效果；

（五）公园、景区、景点、山体、河道、湖泊沿岸及桥梁的景观照明设置，应当体现山水环境特色，重点突出亭、台、楼、榭、阁、塔等建筑物、构筑物；具有历史纪念意义的建筑物、构筑物，应当重点加强保护并体现名胜古迹风貌。

第十八条　城市管理行政主管部门应当组织建设城市照明集中控制系统，对城市照明实行分区、分时、分级照明节能控制。

对于单位和个人投资建设的城市景观照明设施，城市管理行政主管部门应当组织协调，逐步纳入城市照明集中控制系统管理。

第三章　维护和运行

第十九条　城市管理行政主管部门应当加强对城市照明设置和维护的监督管理，并履行下列城市照明维护和运行管理职责：

（一）建立健全城市照明信息统计监管系统，完善城市照明设施的基本信息和能耗情况统计制度；

（二）建立健全城市照明能耗监控制度，定期对城市景观照明能耗进行检查；

（三）督促城市道路功能照明设施维护单位履行职责义务；

（四）受理对城市照明设施管理和维护的投诉，依法查处破坏城市照明设施的行为；

（五）法律、法规和规章规定的其他职责。

第二十条　配套建设的城市道路功能照明设施工程竣工验收合格后，应当按照本市市政设施移交规定的条件和程序，向城市管理行政主管部门办理移交手续。工程未经验收或者验收不合格的，不予办理移交，由原建设单位负责维护管理。建设单位应当组织整改，符合要求后办理移交手续。

第二十一条　政府投资建设的城市照明设施可以采取招标投标等竞争方式确定维护单位。

其他城市照明设施，由产权单位负责维护。产权单位可以委托专业单位或者使用单位进行管理维护。

住宅小区内属于业主共用的照明设施的维护，按照共用设施设备管理相关规定执行。

第二十二条　城市道路功能照明设施严格执行质量保修制度。设施移交后在保修期内，建设单位应当承担质量保修责任。出现工程质量问题的，城市道路功能照明设施维护单位应当通知建设单位。建设单位应当对设施进行维修。

第二十三条　城市道路功能照明设施应当按照规定的时间开启和关闭，并根据季节和天气因素及时调整。

政府投资建设的城市景观照明设施，法定节假日以及其他全市重大节庆活动期间应当按照规定开启。具体启闭时间由市城市管理行政主管部门确定并向社会公布。

其他城市景观照明设施，产权单位或者管理单位可以参考政府投资建设城市景观照明设施的启闭时间开启和关闭，但不得影响周边居民生活和道路交通安全。

电力供应紧张期间，根据市人民政府的规定确定开启、关闭时间。

第二十四条　城市道路功能照明设施维护单位应当按照有关技术规范和合同约定进行维护，并履行下列职责：

（一）在照明设施的指定区域标注报修电话和责任人；

（二）保持照明设施安全、正常运行，亮灯率达到百分之九十九以上；

（三）定期对照明设施进行清洁；

（四）定期巡查、排查故障隐患，按照规定和合同约定的时限维修、更换照明设施，清理或者拆除废弃的照明设施；

（五）加强照明设施防盗工作；

（六）建立健全有关照明设施技术资料档案，逐步实现运行管理、档案资料管理的现代化、科学化和自动化；

（七）有关技术规范规定或者合同约定的其他职责。

第二十五条　政府投资的城市照明设施运行、维护费用应当纳入财政预算，保证管理、维护经费及电费的正常支出，并接受财政和审计行政主管部门的监督。

第二十六条　城市管理行政主管部门应当建立投诉处理机制，受理社会公众对城市照明管理的投诉举报，做到及时受理、移交、调解和查处，并在七日内将处理情况答复投诉人。

第二十七条　城市景观照明设施维护单位应当加强日常维护和安全运行管理，保持设施完整、功能良好和容貌整洁，保障安全运行和使用；对图案、文字、灯光显示不全或者污浊、陈旧以及设施损坏的，应当及时清洗、修复、更换。

第二十八条　城市道路功能照明设施附近的树木距带电物体的安全距离不得小于一米。

树木因自然生长而不符合安全距离标准或者遮挡城市道路功能照明光线的，城市道路功能照明设施维护单位应当依法报绿化园林行政主管部门批准后进行修剪；因不可抗力致使树木严重危及设施安全运行的，城市道路功能照明设施维护单位可以采取紧急措施进行修剪，并及时报告绿化园林行政主管部门。

第二十九条　建设工程临时占用、挖掘城市道路改变、移动、拆除原有城市道路功能照明设施或施工可能影响运行安全的，交通运输行政主管部门在审批时应当征求城市管理行政主管部门的意见。

第三十条　因交通事故或者其他原因损坏城市照明设施的，有关责任人应当妥善保护事故现场、防止事故扩大，立即通知相关部门和维护单位，并依法进行赔偿。

第三十一条　因抢险、救灾等紧急情况，需改变、移动、拆除城市道路功能照明设施的，城市管理行政主管部门和城市道路功能照明设施维护单位应当及时赶到现场，采取安全保障应急措施。

第三十二条　城市道路功能照明设施维护单位应当制定应急预案，并组织演练，确保紧急情况下功能照明的正常、安全运行。

城市道路功能照明设施维护专用车辆执行紧急抢修任务时，有关部门和单位应当提供便利。

第三十三条　任何单位和个人不得实施下列损害城市照明设施的行为：

（一）在城市照明设施上刻画、涂污、晾晒衣物；

（二）擅自在城市照明设施上张贴、悬挂、设置公益性宣传品、广告等物品；

（三）在城市道路功能照明设施一米以内，擅自植树、挖坑取土或者设置其他物体，或者倾倒含酸、碱、盐等腐蚀物或者具有腐蚀性的废渣、废液；

（四）擅自在城市功能照明设施上架设线缆、设置其他设施或者接用电源；

（五）擅自改变、移动、拆除城市功能照明设施；

（六）擅自操作城市照明开关设施或者改变其运行方式；

（七）其他可能影响城市照明设施正常运行的行为。

第四章　法律责任

第三十四条　违反本办法规定，其他法律、法规、规章已有处罚规定的，从其规定。

第三十五条　城市道路功能照明设施维护单位未达到养护管理标准、不能保证功能照明正常运行的，城市管理行政主管部门应当给予其警告，并可按照合同约定核减相应经费。

第三十六条　违反本办法第三十三条规定的，由城市管理行政执法部门责令纠正违法行为、采取补救措施，给予警告。有第一项至第三项行为之一的，并可处二百元以上五百元以下罚款；有第四项至第六项行为之一的，并可处五百元以上二千元以下罚款。

盗窃、故意毁损城市照明设施，构成违反治安管理规定行为的，由公安机关依法予以处罚；构成犯罪的，依法追究刑事责任。

第三十七条　城市管理行政主管部门和执法部门的工作人员违反本办法规定，滥用职权、徇私舞弊、玩忽职守的，依法给予行政处分；构成犯罪的，依法追究刑事责任。

第五章　附　则

第三十八条　本办法下列用语的含义：

（一）功能照明，是指通过人工光以保障公众出行和户外活动安全为目的的照明；

（二）景观照明，是指在户外通过人工光以装饰和造景为目的的照明；

（三）城市照明设施，是指用于城市照明的配电室、变压器、配电箱、灯杆、灯具、地上地下管线、工作井、监控系统等设备和附属设施。

第三十九条　本办法自 2016 年 7 月 20 日起施行。南京市人民政府 2002 年 10 月 27 日颁布的《南京市城市夜景灯光管理办法》和 2006 年 12 月 8 日颁布的《南京市城市公共照明设施管理规定》同时废止。

（2016 年 7 月 20 日南京市人民政府发布）

照明工程设计收费标准

Charging Standard for Lighting Engineering Design
（中国照明学会）

前　言

为了规范照明工程设计收费行为，维护发包人和设计人的合法权益，根据《中华人民共和国价格法》有关法律、法规，制定《照明工程设计收费标准》。

本标准适用于中华人民共和国境内新建、改建和扩建照明工程建设项目的设计收费。

本标准由中国照明学会提出并归口管理。

1　室内照明工程设计收费标准

1.1.1　室内照明工程分为功能性照明和环境艺术效果照明两类。

1.1.2　室内照明工程设计工作分为方案设计、初步设计、施工图设计三个阶段。

1.1.3　室内照明工程设计收费是指设计人根据发包人的委托，提供编制照明工程建设项目前期规划咨询报告和投标方案设计文件、方案深化设计文件和初步设计文件（含专业效果展示文件）、施工图设计文件、非标准设备设计文件、施工图预算文件等服务所收取的费用。

1.1.4　室内照明工程设计收费采取按照工程建设项目、建筑规模及复杂程度分档定额计费方法计算收费。

1.1.5　室内照明工程设计收费按照下列公式计算

1　设计收费＝投标方案费＋设计收费基准价×（1±浮动幅度值）

2　设计收费基准价＝基本设计收费＋其他设计收费

3　基本设计收费＝工程设计收费基价×专项调整系数×工程复杂程度调整系数

1.1.6　投标方案费是完成经发包人认可的中标方案设计文件的价格，在表 1.1.6 中查找确定。

表 1.1.6　室内照明工程设计投标方案计价表

序号	计费额（万元/每个场所）	场所照明类型
1	0	各类场所功能性照明
2	1.0	客房、高档办公室、小会议室、酒吧、电梯厅等场所的环境效果照明
3	2.0	大会议室、门厅、餐厅、展厅、报告厅、咖啡厅、休息厅、专卖店等场所的环境效果照明
4	3.0	总统套房、大宴会厅、多功能厅等场所的环境效果照明

1.1.7　设计收费基准价

设计收费基准价是按照本收费标准计算出的设计基准收费额，由发包人和设计人根据实际情况在规定的浮动幅度内协商确定照明工程设计收费合同额。

浮动幅度值系指因非工程技术因素并经设计人与发包人共同协商确定的设计收费总额的合理浮动值，浮动幅度值不宜大于 20%。

1.1.8　其他设计收费

其他设计收费是指根据照明工程专项设计实际需要或者发包人要求提供相关服务收取的费用，包括总体规划设计费、主体设计协调费、非标准设备设计文件编制费、施工图预算编制费、效果图制作费等。

1.1.9　工程设计收费基价

工程设计收费基价指在照明工程专项设计中提供编制实施方案、初步设计文件、施工图设计文件收取的费用，并相应提供设计技术交底、解决施工图中的设计技术问题、参加竣工验收等服务所收取的费用。

1.1.10　工程设计收费基价是完成基本服务的价格。工程设计收费基价在表 1.1.10 查找确定，计费额处于两个数值区间的，采用直线内插法确定工程设计收费基价。

表 1.1.10　室内照明工程设计收费基价表

序　　号	计费额（元/平方米）	场所规模 S（$\mathrm{m^2}$）
1	50	$S \leqslant 500\mathrm{m^2}$
2	40	$500\mathrm{m^2} < S \leqslant 1000\mathrm{m^2}$
3	30	$1000\mathrm{m^2} < S \leqslant 2000\mathrm{m^2}$
4	25	$2000\mathrm{m^2} < S \leqslant 3000\mathrm{m^2}$
5	20	$3000\mathrm{m^2} < S \leqslant 5000\mathrm{m^2}$
6	15	$S > 5000\mathrm{m^2}$

1.1.11　工程设计收费计费额

室内工程设计收费计费额，是照明工程建设项目深化设计方案概算中的安装工程费、设备与工器具购置费和联合试运转费之和。

1.1.12　工程设计收费调整系数

工程设计收费标准的调整系数包括专项调整系数和工程复杂程度调整系数。

1　专项调整系数是对不同类型照明工程建设项目的工程设计复杂程度和工作量差异进行调整的系数。计算工程设计收费时，专项调整系数在表 1.1.12-1 中查找确定。

表 1.1.12-1　室内照明工程设计收费专项调整系数表

序　　号	照明工程类型	专项调整系数
1	功能性照明设计	1
2	环境效果照明设计	1.5

2　工程复杂程度调整系数是对同一类型不同照明工程建设项目的工程设计复杂程度和工作量差异进行调整的系数。计算工程设计收费时，工程复杂程度按表 1.1.12-2 确定。

表 1.1.12-2 工程复杂程度表

序 号	照 明 类 型	复杂程度调整系数		
		0.8	1.0	1.3
1	功能性照明设计	短时停留场所	长时间视觉工作与精细视觉工作	—
2	环境效果照明设计	—	商场、专卖店、一般餐饮场所	会议厅、多功能厅、博展馆、美术馆、酒店

1.1.13 单独委托前期咨询与可行性研究的，按照相应类型投标方案费收取。

1.1.14 单独委托方案深化设计、初步设计、施工图设计的，按照其占基本服务设计工作量的比例计算工程设计收费。各阶段工作量比例按表 1.1.14 确定。

表 1.1.14 照明工程设计阶段工作量比例表

设 计 阶 段	工 作 内 容	工作量比例
方案深化设计	设计方案效果图（含主要场景模式的效果展示） 造价估算	10%~25%
初步设计	最终设计方案效果图（含不同场景模式的效果展示） 照明设备选型表 控制设备选型表 设计概算	35%~50%
施工图设计	施工说明 灯具安装平面图及安装大样图	30%
	配电管线平面图及系统控制图	10%

注：提供两个以上设计比选方案且达到深度要求的，从第三个比选方案起，每个方案按照方案设计费的 50% 加收方案设计费。

1.1.15 照明工程建设项目的工程设计由两个或者两个以上设计人承担的，其中对建设项目工程设计合理性和整体性负责的设计人，按照该建设项目基本设计收费的 5% 加收主体设计协调费。

1.1.16 编制工程施工图预算的，按照该建设项目基本设计收费的 10% 收取施工图预算编制费。

1.1.17 工程设计中采用设计人自有专利或者专有技术的，其专利和专有技术收费由发包人与设计人协商确定。

1.1.18 境外照明工程项目需要按照境外设计程序和技术质量要求由境内设计人进行设计的，工程设计收费由发包人与设计人根据实际发生的设计工作量，参照本标准协商确定。

1.1.19 由境外设计人提供设计文件，需要境内设计人按照国家标准规范审核并签署确认意见的，按照国际对等原则或者实际发生的工作量，协商确定审核确认费。

1.1.20 设计人提供设计文件的标准份数，前期咨询与规划方案、深化设计方案分别为 6 份，施工图设计、非标准设备设计、施工图预算分别为 8 份。发包人要求增加设计文件份数的，由发包人另行支付印制设计文件工本费。

1.1.21 其他服务收费，国家有收费规定的，按照规定执行；国家没有收费规定的，由发包人与设计人协商确定。

2 专项照明工程设计收费标准

2.1.1 专项照明工程分为农业照明、体育场馆专项照明、舞台演艺专项照明三类。

2.1.2 专项照明工程设计工作分为方案设计、初步设计、施工图设计三个阶段。

2.1.3 专项照明工程设计收费是指设计人根据发包人的委托，提供编制照明工程建设项目前期规划咨询报告和投标方案设计文件、方案深化设计文件和初步设计文件（含专业效果展示文件）、施工图设计文件、非标准设备设计文件、施工图预算文件等服务所收取的费用。

2.1.4 专项照明工程设计收费采取按照照明工程建设项目工程概算投资额分档定额计费方法计算收费。

2.1.5 专项照明工程设计收费按照下列公式计算

1 设计收费 = 投标方案费 + 设计收费基准价 × (1 ± 浮动幅度值)

2 设计收费基准价 = 基本设计收费 + 其他设计收费

3 基本设计收费 = 工程设计收费基价 × 专项调整系数 × 工程复杂程度调整系数

2.1.6 投标方案费是完成经发包人认可的中标方案设计文件的价格。在表 2.1.6 中查找确定。

表 2.1.6 专项照明工程设计投标方案计价表

序　号	计费额（万元/每个场所）	照明工程类型
1	1.0	农业照明
2	3.0	体育比赛场地照明
3	2.0	演播室照明
4	5.0	舞台演艺照明

2.1.7　设计收费基准价

设计收费基准价是按照本收费标准计算出的设计基准收费额，由发包人和设计人根据实际情况在规定的浮动幅度内协商确定照明工程设计收费合同额。

浮动幅度值系指因非工程技术因素并经设计人与发包人共同协商确定的设计收费总额的合理浮动值，浮动幅度值不宜大于20%。

2.1.8　其他设计收费

其他设计收费是指根据照明工程专项设计实际需要或者发包人要求提供相关服务收取的费用，包括主体设计协调费、非标准设备设计文件编制费、施工图预算编制费、效果图制作费等。

2.1.9　工程设计收费基价

工程设计收费基价指在照明工程专项设计中提供编制实施方案、初步设计文件、施工图设计文件收取的费用，并相应提供设计技术交底、解决施工图中的设计技术问题、参加竣工验收等服务所收取的费用。

2.1.10　工程设计收费基价是完成基本服务的价格。工程设计收费基价在表2.1.10中查找确定，计费额处于两个数值区间的，采用直线内插法确定工程设计收费基价。

表 2.1.10 专项照明工程设计收费基价表

序　号	计费额（万元）	收费基价（万元）
1	50	9（18%）
2	100	15（15%）
3	200	24（12%）
4	300	30（10%）
5	500	40（8%）
6	800	56（7%）
7	1000	60（6%）
8	2000	100（5%）

注：计费额超过2000万元的，以计费额乘以4%的收费率计算收费基价。

2.1.11　工程设计收费计费额

工程设计收费计费额，是照明工程建设项目深化设计方案概算中的安装工程费、设备与工器具购置费和联合试运转费之和。

2.1.12　工程设计收费调整系数

工程设计收费标准的调整系数包括专项调整系数和工程复杂程度调整系数。

1　专项调整系数是对不同类型照明工程建设项目的工程设计复杂程度和工作量差异进行调整的系数。计算工程设计收费时，专业调整系数在表2.1.12-1中查找确定。

表 2.1.12-1 专项照明工程设计收费专项调整系数表

序　号	照明工程类型	专项调整系数
1	农用照明设计	0.7
2	体育比赛场地照明设计	1.2
3	舞台及演艺照明设计	1.5

2 工程复杂程度调整系数是对同一类型不同照明工程建设项目的工程设计复杂程度和工作量差异进行调整的系数。计算工程设计收费时，工程复杂程度在表 2.1.12-2 中查找确定。

表 2.1.12-2 工程复杂程度调整系数表

序 号	照明工程类型	复杂程度调整系数		
		0.8	1.0	1.3
1	农业照明设计	捕鱼照明、蔬菜类养殖和花卉养殖温室	观赏植物养殖温室、实验育种温室	展览温室
2	体育比赛场馆照明设计	休闲娱乐场地、训练馆、训练场	举办正式比赛的体育馆、游泳馆和体育场	有电视转播的多功能体育馆、游泳馆、综合体育场
3	舞台及演艺照明设计	音乐厅、露天场地	话剧、戏曲、演播室	歌剧、芭蕾舞

2.1.13 单独委托前期咨询与可行性研究的，按照相应类型投标方案费收取。

2.1.14 单独委托方案深化设计、初步设计、施工图设计的，按照其占基本服务设计工作量的比例计算工程设计收费。各阶段工作量比例在表 2.1.14 中查找确定。

表 2.1.14 照明工程设计阶段工作量比例表

设 计 阶 段	工 作 内 容	工作量比例
方案深化设计	设计方案效果图（含主要场景模式的效果展示） 造价估算	10% ~ 25%
初步设计	最终设计方案效果图（含不同场景模式的效果展示） 照明设备选型表 控制设备选型表 设计概算	35% ~ 50%
施工图设计	施工说明 灯具安装平面图及安装大样图	30%
	配电管线平面图及系统控制图	10%

注：提供两个以上设计比选方案且达到深度要求的，从第三个比选方案起，每个方案按照方案设计费的50%加收方案设计费。

2.1.14 照明工程建设项目的工程设计由两个或者两个以上设计人承担的，其中对建设项目工程设计合理性和整体性负责的设计人，按照该建设项目基本设计收费的5%加收主体设计协调费。

2.1.15 编制工程施工图预算的，按照该建设项目基本设计收费的10%收取施工图预算编制费。

2.1.16 工程设计中采用设计人自有专利或者专有技术的，其专利和专有技术收费由发包人与设计人协商确定。

2.1.17 境外照明工程项目需要按照境外设计程序和技术质量要求由境内设计人进行设计的，工程设计收费由发包人与设计人根据实际发生的设计工作量，参照本标准协商确定。

2.1.18 由境外设计人提供设计文件，需要境内设计人按照国家标准规范审核并签署确认意见的，按照国际对等原则或者实际发生的工作量，协商确定审核确认费。

2.1.19 设计人提供设计文件的标准份数，前期咨询与规划方案、深化设计方案分别为6份，施工图设计、非标准设备设计、施工图预算分别为8份。发包人要求增加设计文件份数的，由发包人另行支付印制设计文件工本费。

2.1.20 其他服务收费，国家有收费规定的，按照规定执行；国家没有收费规定的，由发包人与设计人协商确定。

3. 室外照明工程设计收费标准

3.1.1 室外照明工程分为室外场地工作照明、道路照明、建筑景观照明、园林景观照明四类。

3.1.2 室外照明工程设计工作分为方案设计、初步设计、施工图设计三个阶段。

3.1.3 室外照明工程设计收费是指设计人根据发包人的委托，提供编制照明工程建设项目前期规划咨询报告和投标方案设计文件、方案深化设计文件和初步设计文件（含专业效果展示文件）、施工图设计文件、非标准设备设计文件、施工图预算文件等服务所收取的费用。

3.1.4 室外照明工程设计收费采取按照明工程建设项目工程概算投资额分档定额计费方法计算收费。

3.1.5　室外照明工程设计收费按照下列公式计算

1　设计收费 = 投标方案费 + 设计收费基准价 × (1 ± 浮动幅度值)

2　设计收费基准价 = 基本设计收费 + 其他设计收费

3　基本设计收费 = 工程设计收费基价 × 专项调整系数 × 工程复杂程度调整系数

3.1.6　投标方案费是完成经发包人认可的中标方案设计文件的价格。在表 3.1.6 中查找确定。

表 3.1.6　室外照明工程设计投标方案计价表

序　号	计费额（万元）	照明工程类型
1	0	室外场地功能照明
2	2.0（每条道路）	道路照明
3	5.0（每个单体）	单体建筑、桥梁景观照明
4	2～3.0（每个单体）	建筑群景观照明
5	1～1.5（每个单体）	公园、庭院式建筑景观照明

3.1.7　设计收费基准价

设计收费基准价是按照本收费标准计算出的设计基准收费额，由发包人和设计人根据实际情况在规定的浮动幅度内协商确定照明工程设计收费合同额。

浮动幅度值系指因非工程技术因素并经设计人与发包人共同协商确定的设计收费总额的合理浮动值，浮动幅度值不宜大于20%。

3.1.8　其他设计收费

其他设计收费是指根据照明工程专项设计实际需要或者发包人要求提供相关服务收取的费用，包括总体规划设计费、主体设计协调费、非标准设备设计文件编制费、施工图预算编制费、效果图制作费等。

3.1.9　工程设计收费基价

工程设计收费基价指在照明工程专项设计中提供编制实施方案、初步设计文件、施工图设计文件收取的费用，并相应提供设计技术交底、解决施工图中的设计技术问题、参加竣工验收等服务所收取的费用。

3.1.10　工程设计收费基价是完成基本服务的价格。工程设计收费基价在表 3.1.10 中查找确定，计费额处于两个数值区间的，采用直线内插法确定工程设计收费基价。

表 3.1.10　室外照明工程设计收费基价表

序　号	计费额（万元）	收费基价（万元）
1	50	9（18%）
2	100	15（15%）
3	200	24（12%）
4	300	30（10%）
5	500	40（8%）
6	800	56（7%）
7	1000	60（6%）
8	2000	100（5%）
9	5000	200（4%）

注：计费额超过 5000 万元的，以计费额乘以 3.8% 的收费率计算收费基价。

3.1.11　工程设计收费计费额

工程设计收费计费额，为照明工程建设项目深化设计方案概算中的安装工程费、设备与工器具购置费和联合试运转费之和。

3.1.12　工程设计收费调整系数

工程设计收费标准的调整系数包括专项调整系数和工程复杂程度调整系数。

1　专项调整系数是对不同类型照明工程建设项目的工程设计复杂程度和工作量差异进行调整的系数。计算工程设计收费时，专项调整系数在表 3.1.12-1 中查找确定。

2　工程复杂程度调整系数是对同一类型不同照明工程建设项目的工程设计复杂程度和工作量差异进行调整的系数。计算工程设计收费时，工程复杂程度在表 3.1.13-2 中查找确定。

表 3.1.12-1　室外照明工程设计收费专项调整系数表

序　号	照明工程类型	专项调整系数
1	室外作业场地照明设计	0.7
2	道路照明设计	0.8
3	建筑物、构筑物景观照明设计	1.0
4	广场、园林景观照明设计	0.9

表 3.1.13-2　工程复杂程度表

序　号	照明工程类型	复杂程度调整系数		
		0.8	1.0	1.3
1	室外作业场地照明设计	停车场、货运物流、堆场、码头、工地等	造船厂、加油站、水处理厂、石化厂等	—
2	道路照明设计	道路	隧道	交叉路口、高架路段、立交桥
3	建筑物、构筑物景观照明设计	雕塑、城墙轮廓照明等	普通建筑物、桥梁内透光照明、泛光照明等	地标建筑、古典建筑、超高建筑建筑化景观照明等
4	广场、公园、庭院式酒店景观照明设计	硬质广场、河道	喷泉广场、公园及其水体、山体等	古典式园林等

3.1.13　单独委托前期咨询与可行性研究的，按照相应类型投标方案费收取。

3.1.14　单独委托方案深化设计、初步设计、施工图设计的，按照其占基本服务设计工作量的比例计算工程设计收费。各阶段工作量比例按表 3.1.14 确定。

3.1.14　照明工程设计阶段工作量比例表

设计阶段	工作内容	工作量比例
方案深化设计	设计方案效果图（含主要场景模式的效果展示） 造价估算	10%～25%
初步设计	最终设计方案效果图（含不同场景模式的效果展示） 照明设备选型表 控制设备选型表 设计概算	35%～50%
施工图设计	施工说明 灯具安装平面图及安装大样图 配电管线平面图及系统图 控制原理图	40%

注：提供两个以上设计比选方案且达到深度要求的，从第三个比选方案起，每个方案按照方案设计费的 50% 加收方案设计费。

3.1.15　照明工程建设项目的工程设计由两个或者两个以上设计人承担的，其中对建设项目工程设计合理性和整体性负责的设计人，按照该建设项目基本设计收费的 5% 加收主体设计协调费。

3.1.16　编制工程施工图预算的，按照该建设项目基本设计收费的 10% 收取施工图预算编制费。

3.1.17　工程设计中采用设计人自有专利或者专有技术的，其专利和专有技术收费由发包人与设计人协商确定。

3.1.18　境外照明工程项目需要按照境外设计程序和技术质量要求由境内设计人进行设计的，工程设计收费由发包人与设计人根据实际发生的设计工作量，参照本标准协商确定。

3.1.19　由境外设计人提供设计文件，需要境内设计人按照国家标准规范审核并签署确认意见的，按照国际对等原则或者实际发生的工作量，协商确定审核确认费。

3.1.20　设计人提供设计文件的标准份数，前期咨询与规划方案、深化设计方案分别为 6 份，施工图设计、非标准设备设计、施工图预算分别为 8 份。发包人要求增加设计文件份数的，由发包人另行支付印制设计文件工本费。

3.1.21 其他服务收费，国家有收费规定的，按照规定执行；国家没有收费规定的，由发包人与设计人协商确定。

附录 编制说明

一、编制本收费标准的必要性

《照明工程设计收费标准》的编制是为了规范照明工程设计收费行为，维护发包人和设计人的合法权益，《照明工程设计收费标准》适用于中华人民共和国境内建设项目的照明工程设计收费。

二、编制标准的依据

根据《中华人民共和国价格法》以及有关法律、法规，主要参照了原国家计委与建设部制定的《工程勘察设计收费标准》（2002年修订本）。

三、几点说明

1 本标准按照照明工程应用进行分类。

2 本标准中的农业照明主要指蔬菜大棚、花木大棚和植物培养温室等建筑内用于植物生长的照明。

3 本标准针对具体的照明工程，不涉及城市或区域的照明规划。

4 本标准中工程设计收费基价的计费额包括照明工程实施所涉及设备材料和人工，主要包括：照明装置、配电设备及控制系统、必需的安装支架、现场施工的管线（不包含土建预留部分）、安装调试费（含脚手架、工具、水电费用）等。

5 内插法计算公式

设计收费计费基价处于两个数值区间的，采用内插法计算。

内插法计算公式如下：

$$Y = \frac{Y_2 - Y_1}{X_2 - X_1}(X - X_1) + Y_1$$

式中 X——实际计算额；

X_1——实际计算额所在区间下限；

X_2——实际计算额所在区间上限；

Y——所求收费基价；

Y_1——所求收费基价所在区间下限；

Y_2——所求收费基价所在区间上限。

例：求造价为240万元室外照明工程的设计收费基价：

$$Y = (24 - 15)/(300 - 200) \times (240 - 200) + 15 = 18.6(万元)$$

车库 LED 照明技术规范

Technical Specification of LED Lighting for Parking Garage
（中国照明学会）

前　言

车库，特别是地下车库为不间断照明场所，无人、无车的情况下很多车库的照明灯仍处于全部开启状态，电能浪费严重，照明灯具的光源损坏率高，维护成本大。为了实施绿色照明，保护环境，在满足驻车需求及人、车安全的同时，应充分发挥 LED 光源可控性的特点，实现按需照明的理念，更有效的节约能源，特制定本规范。

本规范由中国照明学会提出并归口管理。

1　范围

本规范规定了车库的照明、配电、控制、线路敷设、施工与验收等技术要求。

本规范适用于新建和改扩建的车库照明的设计、施工与验收等。

2　规范性引用文件

下列文件对于本规范的应用是必不可少的。凡是注日期的引用文件，仅所注日期的版本适用于本规范，凡是不注日期的引用文件，其最新版本（包括所有修改单）适用于本规范。

GB 7000.1　　　　灯具 第 1 部分：一般要求与试验

GB 50054　　　　低压配电设计规范

GB 50303　　　　建筑电气工程施工质量验收规范

GB 50617　　　　建筑电气照明装置施工与验收规范

GB 50034　　　　建筑照明设计标准

GB 50411　　　　建筑节能工程施工质量验收规范

GB 50067　　　　汽车库、修车库、停车场设计防火规范

JGJ 100　　　　　车库建筑设计规范

3　术语和定义

3.1　车库 parking garage

停放机动车、非机动车的建筑物。

3.2　机动车库 motor vehicle garage

停放机动车的建筑物。

3.3　非机动车库 non-motor vehicle garage

停放非机动车的建筑物。

3.4　地下车库 underground garage

室内地坪低于室外地坪高度超过该层净高 1/2 的车库。

3.5　复式机动车库 compound mechanical motor garage

室内有车道、有驾驶员进出的机械式机动车库。

3.6　敞开式机动车库 open motor garage

任一层车库外墙敞开面积超过该层四周外墙体总面积的 25%，且敞开区域均匀布置在外墙上且其长度不小于车库周长的 50% 的机动车库。

3.7　机械式机动车库 mechanical motor garage

采用机械式停车设备存取、停放机动车的车库。

3.8　全自动机动车库 fully automatic mechanical motor garage

室内无车道，且无驾驶员进出的机械式机动车库。

3.9　停车位 parking stall

车库中为停放车辆而划分的停车空间或机械式停车设备中停放车辆的独立单元，由车辆本身的尺寸加四周所需的距离组成。

3.10　坡道式出入口 entrance/exit of ramp

机动车库中通过坡道进行室内外车辆交通联系的部位。

3.11　车道 lane

在车行道路上供单一纵列车辆行驶的部分。

3.12　自行车停车架 bicycle stand/rack

停放自行车以便于管理、存取的构架。

3.13　复式自行车停车架 multi-tier bicycle stand/rack

在同一楼层内停放两层或两层以上自行车的构架。

4　照明技术要求

4.1　车库内照明亮度宜分布均匀，避免眩光，各部位照明标准值宜符合 GB 50034 的要求，当有特殊要求时，照明标准值可提高或降低一级，并符合表 4.1 的规定。

表 4.1　照明标准值

名　称		规定照度作业面	照度	眩光值	显色指数	功率密度限值（W/m²）	
			lx	UGR	Ra	现行值	目标值
机动车停车区域	行车道（含坡道）	地面	50	28	60	2.5	2
	停车位		30	28	60	2	1.8
非机动车停车区域	行车道（含坡道）	地面	75	—	60	3.5	3
	停车位		50	—	60	2.5	2
保修间、洗车间		地面	200	—	80	7.5	6.5
管理办公室、值班室		距地 0.75m	300	19	80	9	8
卫生间		地面	75	—	60	3.5	3

注：行车弯道处，照度标准值宜提高一级。

4.2　坡道式地下车库出入口坡道长度超过 10m 时，宜设过渡照明，白天入口处亮度变化可按 10∶1～15∶1 取值，夜间室内外亮度变化可按 2∶1～4∶1 取值。

4.3　车库内的人员疏散通道及出入口、配电室、值班室、控制室等用房均应设置应急照明，行车道宜设置应急照明。

4.4　复式机动车库、机械式机动车库、全自动机动车库车位照明灯具应考虑停车机械的影响，宜采用壁装方式。

4.5　复式自行车停车架上方距建筑顶板较近时，灯具宜采用壁装方式。

4.6　照明器材（含灯具、光源及其电器附件）的安全指标、性能指标和能效指标应符合相关国家规范的规定。

4.7　车库照明改造采用 LED 光源替换其他光源时，灯具应整灯替换。

4.8　车库照明用 LED 灯具控制宜具有高功率和低功率两档，高功率为灯具全功率运行，光输出应达到设计照度值的要求，低功率时的功率值宜为全功率值的 10%～20%。有人有车时高功率运行，无人无车时低功率运行。

4.9　LED 光源色温宜为 4000～6000K，全功率时，实测功率与标称功率的偏差不应大于 10%，整灯的光输出效能应大于 100lm/W。

4.10　全功率运行时，LED 灯具的输入功率因数应大于 0.85。

4.11　LED 光源和控制电源宜采用模块化设计，驱动电源、控制模块与 LED 光源模块宜采用一体化方式。

4.12　灯具安全性能应符合 GB 7000.1 的规定，地下车库安装的灯具防护等级不应低于 IP20，敞开式机动车库敞开区域灯具防护等级不应低于 IP54。

4.13　照明设备输入电流谐波限值和无线电骚扰特性，应符合 GB 17625.1《电磁兼容限值　谐波电流发射限值（设备每相输入电流≤16A)》、GB 17743《电气照明和类似设备的无线电骚扰特性的限值和测量方法》的规定。

4.14　每套灯具的导电部分对地绝缘电阻值应大于 2MΩ。

4.15　每套灯具的外引线不应小于 0.5mm²。

5　配电

5.1　供配电系统的电压等级应与其电气设备额定电压一致。

5.2　电气负荷等级应满足 JGJ 100《车库建筑设计规范》的规定。

5.3　照明灯具端电压不宜高于其额定电压值的 105%，也不宜低于其额定电压值的 90%。正常使用时的电压损失应在允许范围之内，并应考虑光源启动电流引起的电压损失。

5.4　三相照明线路各相负荷的分配宜保持平衡，最大相负荷不宜超过三相负荷平均值的 115%，最小相负荷不宜小于三相负荷平均值的 85%。

5.5　配电回路应装设短路保护、过负荷保护。

5.6　行车道和停车位应分不同回路配电。

5.7　照明单相分支回路保护电器电流整定值不宜超过 16A。配电应满足 GB 50054《低压配电设计规范》的要求。

5.8　照明线缆应选用铜芯电缆或电线，绝缘类型应按敷设方式及环境条件选择，电缆、电线相间额定电压不得低于回路的工作线电压，220/380V 配电系统采用 TN-S 型式，额定电压绝缘电线不应低于 450V/750V，电缆不应低于 0.6/1kV。

5.9　车库照明配电回路中，中性线截面不应小于相线截面，并应考虑谐波电流的效应。

6　控制

6.1　车库照明控制应做到灵活方便、技术先进、安全可靠、经济实用。

6.2　控制宜采用自动控制方式。

6.3　车库控制方案可选择下述方案：

a）行车道采用能转换高低功率的智能控制灯，灯具采用微波感应单灯控制技术；当有车有人活动时，智能灯全功率开启，满足照度标准的要求；当无车无人活动时，功率降低到额定值的 10%～20%，实现低照度状态，高低功率切换时间可调；

b）行车道采用能转换高低功率的智能控制灯，行车道灯采用链式感应控制方式，当第一个灯高功率点亮时，沿行车方向相应行车道灯顺序高功率点亮；

c）停车位采用红外等感应的智能控制灯，有人有车时点亮，无人无车时功率降低到额定值的 10%～20%；

d）停车位采用红外等感应的智能控制灯，有人有车时点亮，无人无车时延时 3 分钟左右熄灯，大型车库宜具有车位寻址功能；

e）具有车辆管理功能的车库智能照明系统，除上述基本控制功能外，可附加车辆进、出库数量存储记忆功能，车辆车位空位显示及入位导向功能，车位灯熄灭后蓝（绿）色光显示空位，红色光显示已占车位，车位寻址功能等。

6.4　地上车库照明灯具宜增加照度感应控制功能，自然光照度低于照度标准时，自动开启灯具并进行功率转换。

6.5　有条件的地下车库，可采用光导管技术，车库照明宜根据自然光照度进行控制。

7　线路敷设

7.1　新建车库电气线路宜穿导管暗敷设在顶板内。改建项目电气线路宜穿导管明敷设或在槽盒内保护敷设。

7.2　金属导管和槽盒应与 PE 线可靠连接，并采用防水、防腐措施。

7.3　金属导管严禁对口熔焊连接，镀锌钢管及壁厚小于等于 2mm 的钢导管不得套管熔焊连接。

7.4　专用接地卡做跨接的金属导管，两卡间连接线应采用铜芯软导线，且截面积不小于 4mm²。

7.5　灯具与接线盒应采用金属软管连接，地下车库宜采用防水防腐型可挠金属导管，两端锁母应与导管配套，安装后不得脱落，防护等级不应低于 IP55。

8　施工与验收

8.1　车库照明施工与验收应符合 GB 50303《建筑电气工程施工质量验收规范》和 GB 50617《建筑电气照明装置施工与验收规范》的规定。灯具安装完成后，按附录 B，填写车库照明灯具安装记录表。

8.2　导管敷设质量除符合本规范第 7 章的规定外，还应符合如下要求：

a）采用的导管应符合设计图纸要求，应现场抽测导管管径、壁厚，且符合国家制造标准的规定；

b）导管、接线盒应有出厂合格证、质量合格证明，接线盒还应有"CCC"认证证书。具有防水功能的接线盒应与设计图纸要求的防护等级一致；

c）钢导管应无压扁、内壁光滑、壁厚均匀；非镀锌钢导管应无严重锈蚀；镀锌钢导管镀锌层应覆盖完整、表面无锈斑；绝缘导管及配件应不碎裂、表面有阻燃标记和制造厂厂标，其阻燃性能应符合设计要求；

d）导管的金属支吊架应采用热浸镀锌等可靠的防腐处理措施，当导管支吊架与金属导管接触部位的材质不相同时，应有防止电化腐蚀的措施；

e）导管最小弯曲半径和弯扁度应符合表 8.1 的规定；

表 8.1　导管最小弯曲半径和弯扁度

项　　目			弯　曲　半　径
导管最小弯曲半径	暗配管		≥6D
	明配管	只有一个弯	≥4D
		二个弯及以上	≥6D
导管弯扁度			≤0.1D

注：D 为导管外径。

电缆管的弯曲半径不应小于所穿入电缆的最小允许弯曲半径；

f）明敷的导管应排列整齐，固定点间距均匀，安装牢固，在距终端、弯头中点或箱、柜等边缘 150mm～500mm 范围内设置管卡，中间直线段管卡间的最大距离应符合表 8.2 的规定；

表 8.2　管卡最大距离

敷设方式	导管种类	导管直径（mm）				
		15～20	25～32	40	50～65	65 以上
		管卡间最大距离（m）				
支、吊架或沿墙明敷	壁厚＞2mm 钢导管	1.5	2.0	2.5	2.5	3.5
	壁厚≤2mm 钢导管	1.0	1.5	2.0	—	—
	刚性绝缘导管	1.0	1.5	1.5	2.0	2.0

g）管路敷设超过下列长度应加装接线盒：

（Ⅰ）无弯时，40m；

（Ⅱ）有一个弯时，30m；

（Ⅲ）有二个弯时，20m；

（Ⅳ）有三个弯时，10m。

h）钢导管螺纹连接时，应使用通丝管箍，导管断口平齐且应在管箍中间对齐对紧，两端丝扣外露 2 至 3 扣。钢管进箱、盒时应套丝，丝扣外露 2 至 3 扣，其内外侧应装有锁母固定；

i）绝缘导管敷设应采用中型以上导管，管口应平整光滑，采用插接法连接时，连接处结合面应涂专用胶合剂，接口应牢固密封。绝缘导管不应在露天场所明敷设；

j）自接线盒引至灯具的金属软管，长度不宜大于 1.2m；

k）导管在穿越建筑物、构筑物等变形缝处，应设补偿装置。

8.3　金属槽盒敷设质量应符合如下要求：

a）采用的槽盒规格、型号应符合设计图纸要求；

b）槽盒应有出厂合格证、检测报告；

c）槽盒的金属支架应采用热浸镀锌等可靠的防腐处理措施；

d）槽盒敷设时，应安装牢固，无扭曲变形，相对挠度不应大于 1/200；

e）槽盒水平敷设时，固定点间距一般应为 1.5m～3m，且每段槽盒的直线段均应设置支吊架；垂直敷设时固定点间距不宜大于 2m；

f）距槽盒的首端、末端、连接处 200mm～300mm 及转弯处应设吊装支架；

g）槽盒的转弯、分支处，应采用专用配件，并应满足电缆弯曲半径的要求；

h）非镀锌槽盒连接板的两端应用专用接地螺栓跨接地线；当镀锌槽盒连接板的两端各有不少于 2 个有防松螺母或防松垫圈的连接固定螺栓时，可不做跨接地线；

j）槽盒连接板固定螺栓的螺母应在线槽外侧，螺栓附件应配套；

k）自槽盒引入、引出的金属导管应可靠接地；

k）槽盒内敷设的线缆不应有接头，接头应设在接线盒内；

l）垂直、倾斜或槽口向下敷设槽盒时应有防止线缆移动的措施；

m）槽盒内导线或电缆的总截面积不应超过槽盒内截面积的 40%；

n）槽盒直线长度超过 30m 应设有伸缩节；

o）槽盒端部（包括分支槽盒）均应与接地干线连接。

8.4 电线、电缆敷设质量符合如下要求：

a）采用的电线、电缆规格、型号应符合设计图纸要求；

b）电线、电缆应有出厂合格证、检测报告，列入国家强制性认证产品目录的应有 "CCC" 认证资料；

c）电线包装应完好，绝缘层应完整无损、厚度均匀；电缆外观应无损伤，不应有压扁、扭曲、铠装松卷、护层断裂等现象；

d）电线、电缆进场时，应对其每芯导体电阻值进行见证取样送检，由具有国家认可检验资质的检验机构进行检验，出具检验报告。每芯导体电阻值不应大于 GB 50411《建筑节能工程施工质量验收规范》的规定；

e）电线、电缆穿管前，应清除管内杂物和积水，管口应配有护口；

f）电线绝缘层颜色选择应正确，即相线 L1、L2、L3 分别为黄色、绿色、红色，中性线为淡蓝色，保护地线（PE）为黄绿双色；

g）电线和电缆的线间和线对地间的绝缘电阻值不应小于 0.5MΩ；

h）导线接头应在接线盒内进行，接头应采用导线连接器或缠绕涮锡法连接。导线接头应牢固、包扎紧密、绝缘及防潮良好。

8.5 灯具安装质量应符合如下要求：

a）采用的各种灯具规格、型号、防护等级应符合设计图纸要求。

b）灯具应有铭牌、出厂合格证、安装说明书、检验报告、"CCC" 认证资料。特制灯具应具有国家授权的检测机构出具的光学性能、电气性能及防护等级合格的检验报告，进口产品应有商检证明文件；

c）灯具及其配件应齐全，无机械损伤、变形、涂层剥落、灯罩破裂；

d）灯具内部配线应符合 GB 7000.1 的规定；灯具的绝缘电阻值不小于 2MΩ。

e）Ⅰ类灯具的金属外壳及其支架应可靠接地；

f）成排安装的灯具应保持一致，排列整齐；

g）灯具及其支架，应使用适配的金属螺栓固定牢固，不应使用木楔、塑料胀塞固定，且附件齐全；

h）振动场所安装的灯具应采取防振措施；

i）灯具安装不应有管道等物体遮挡。

8.6 照明通电试运行应符合如下要求：

a）通电试运行前，应对各回路绝缘电阻进行测试，绝缘电阻值不应低于 0.5MΩ；

b）灯具回路控制应符合设计要求且与照明控制箱、柜及回路的标识一致；

c）智能灯点亮顺序、高低功率切换及切换时间应符合设计或产品技术文件要求；

d）照明控制系统控制功能应符合设计要求；

e）通电试运行时间应为 24h，所有灯具均应开启，每 2h 记录运行状态 1 次，连续试运行时间内应无故障。

8.7 施工质量验收

导管敷设、金属槽盒敷设、电线、电缆敷设、灯具安装、照明系统通电试运行等质量验收应由监理工程师主持，施工单位项目技术负责人、质检员、施工员参加，并按附录 A、附录 B 的要求，按施工项目填写下列表格，并验收合格：

a）导管敷设质量验收表；

b）金属槽盒敷设质量验收表；

c）电线、电缆敷设质量验收表；

d）灯具安装质量验收表；

e）照明系统通电试运行质量验收表。

8.8 竣工验收

竣工验收应由建设单位项目负责人（总监理工程师）主持，施工单位项目经理、项目技术负责人和质检员、施工员、施工单位的质量或技术负责人以及设计单位的设计人员共同按以下要求进行。

查验 8.7.1a）~ e）质量验收表（附录 A 表 A.1），不合格者应重新验收，直至合格；

按附录 A 表 A.2 车库照明资料核查记录验收并合格；

按附录 A 表 A.3 车库照明观感质量检查并合格；

按附录 A 表 A.4 车库照明质量竣工验收记录，签字盖章。

8.9　电气系统验收文件和资料

验收文件和资料除采用附录 A 的相应表格外，还应提交以下文件和资料：

a）行政主管部门批准的相关文件；

b）工程竣工图；

c）设计变更文件、洽商记录；

d）设备、器具、材料等的合格证明文件和进场验收记录；

e）隐蔽工程记录；

f）绝缘电阻等测试记录；

g）车库照明灯具安装记录表（见附录 B）；

h）照明系统通电试运行记录；

i）工程质量、竣工验收相关资料。

附录 A （规范性附录）　车库照明质量验收表

表 A.1 　　　　　　　　　　质量验收记录表

工程名称			编号	
验收部位				
施工单位			项目经理	
施工执行规范名称及编号				
施工质量验收规范的规定			施工单位检查记录	监理（建设）单位验收记录
验收项目	1			
	2			
	3			
	4			
	5			

施工单位检查评定结果	专业工长（施工员）		施工班组长	
	项目专业质量检查员：　　　　　　　　年 月 日			
监理（建设）单位验收结论	专业监理工程师： （建设单位项目专业技术负责人）　　　　年 月 日			

表 A.2　车库照明资料核查记录

工程名称			施工单位		
序号	资料名称		份数	核查意见	核查人
1	设计变更文件、洽商记录				
2	设备、器具、材料等的合格证明文件和进场验收记录				
3	隐蔽工程记录				
4	电气绝缘电阻测试记录				
5	导管敷设质量验收记录				
6	金属槽盒敷设质量验收记录				
7	电线、电缆敷设质量验收记录				
8	灯具安装质量验收记录				
9	灯具安装记录表				
10	照明系统通电试运行记录				

结论：

总监理工程师：

施工单位项目经理：　　　　　　　　　（建设单位项目负责人）

　　　年　月　日　　　　　　　　　　年　月　日

表 A.3　车库照明观感质量检验记录

工程名称											施工单位		
序号	项目	质量状况											质量评价意见
1	导管敷设												
2	金属槽盒敷设												
3	灯具安装												

观感质量综合评价

检查结论

施工单位项目经理　　　　　　总监理工程师
　　　　　　　　　　　　　（建设单位项目负责人）
　年　月　日　　　　　　　　　年　月　日

注：质量状况，合格（√），不合格（×）。

表 A.4　车库照明竣工验收记录

工程名称					
施工单位		技术负责人		开工日期	
项目经理		项目技术 负责人		竣工日期	

序号	项目	验收记录	验收结论
1	质量控制资料核查	共　　　项 经审查符合要求　　　项	
2	观感质量验收	共抽查　　　项 符合要求　　　项 不符合要求　　　项	
3	综合验收结论		

参加验收单位	建设单位 （公章） 单位（项目）负责人： 年　月　日	监理单位 （公章） 总监理工程师： 年　月　日	施工单位 （公章） 单位负责人： 年　月　日	设计单位 （公章） 单位（项目）负责人： 年　月　日

附录 B （规范性附录） 档案资料

表 B　车库照明灯具安装记录表

工程名称					
施工单位				安装日期	
灯 具	电光源		型号	功率（W）	额定寿命（h）
				色温（K）	显色性（Ra）
	型号				
	配光				
	电器附件				
	防护等级（IP）				
	数量				
	生产厂家				
灯具图片			灯具现场安装照片		
备注					

安装人：	核查人：	归档日期：

现行照明应用标准一览表

标 准 编 号	标 准 名 称	发 布 部 门	实 施 日 期	状 态
06DX008-1	电气照明节能设计	建设部	2007-01-01	现行
08D800-4	民用建筑电气设计与施工-照明控制与灯具安装	住房和城乡建设部	2008-07-01	现行
14ST201-6	地铁工程机电设备系统重点施工工艺-动力、照明、接地	住房和城乡建设部	2015-01-01	现行
16D702-6 16MR606	城市照明设计与施工	住房和城乡建设部	2017-01-01	现行
17GL602	综合管廊供配电及照明系统设计与施工	住房和城乡建设部		现行
978-7-5066-5783-9	照明用 LED 系列标准宣贯教材			现行
CB 1246-1994	舰船用照明灯具通用规范	中国船舶工业总公司	1995-05-01	现行
CB 3381-2012	船舶涂装作业安全规程	工业和信息化部	2012-11-01	现行
CB/T 3545-2011	船舶电气平面图图形符号	工业和信息化部	2011-10-01	现行
CB/T 3821-2013	船舶通讯、照明用铅酸蓄电池	工业和信息化部	2013-12-01	现行
CB/T 3852.1-2008	船用照明灯具类型、参数和主要尺寸第1部分：舱顶灯	国防科学技术工业委员会	2008-10-01	现行
CB/T 3852.2-2008	船用照明灯具类型、参数和主要尺寸第2部分：篷顶灯	国防科学技术工业委员会	2008-10-01	现行
CB/T 3852.3-2008	船用照明灯具类型、参数和主要尺寸第3部分：投光灯	国防科学技术工业委员会	2008-10-01	现行
CB/T 3852.4-2008	船用照明灯具类型、参数和主要尺寸第4部分：探照灯	国防科学技术工业委员会	2008-10-01	现行
CB/T 3852.5-2008	船用照明灯具类型、参数和主要尺寸第5部分：挂灯	国防科学技术工业委员会	2008-10-01	现行
CB/T 3852.6-2008	船用照明灯具类型、参数和主要尺寸第6部分：手提灯	国防科学技术工业委员会	2008-10-01	现行
CB/T 3852.7-2008	船用照明灯具类型、参数和主要尺寸第7部分：壁灯	国防科学技术工业委员会	2008-10-01	现行
CB/T 3852.8-2008	船用照明灯具类型、参数和主要尺寸第8部分：台灯	国防科学技术工业委员会	2008-10-01	现行
CB/T 3852.9-2008	船用照明灯具类型、参数和主要尺寸第9部分：海图灯	国防科学技术工业委员会	2008-10-01	现行
CB/T 3857-2013	船用荧光照明灯具	工业和信息化部	2013-09-01	现行
CB/T 8522-2011	舾装码头设计规范	工业和信息化部	2011-06-01	现行
CECS 45-1992	地下建筑照明设计标准			现行

（续）

标准编号	标准名称	发布部门	实施日期	状态
CECS 56-1994	室内灯具光分布分类和照明设计参数标准		1993-03-01	现行
CECS：5694	室内灯具光分布分类和照明设计参数标准 CECS56：94			现行
CJ/T 457-2014	高杆照明设施技术条件	住房和城乡建设部	2014-12-01	现行
CJJ/T 227-2014	城市照明自动控制系统技术规范	住房和城乡建设部	2015-05-01	现行
CJJ/T 261-2017	城市照明合同能源管理技术规程	住房和城乡建设部	2017-07-01	现行
CJJ 45-2015	城市道路照明设计标准	住房和城乡建设部	2016-06-01	现行
CJJ 89-2012	城市道路照明工程施工及验收规程	住房和城乡建设部	2012-11-01	现行
CNCA 01C-022-2007	电气电子产品强制性认证实施规则 照明电器			现行
CNCA 01C-20022-2001	电气电子产品强制性认证实施规则 照明电器		2002-05-01	现行
CY/T 3-1999	色评价照明和观察条件	新闻出版署	1999-09-01	现行
DB11/T 1210-2015	工业照明设备运行节能监测	北京市质量技术监督局	2015-11-01	现行
DB11/T 1349-2016	城市照明节能管理规程	北京市质量技术监督局	2016-12-01	现行
DB11/T 388.1-2015	城市景观照明技术规范 第1部分：总则	北京市质量技术监督局	2015-11-01	现行
DB11/T 388.2-2015	城市景观照明技术规范 第2部分：设计要求	北京市质量技术监督局	2015-11-01	现行
DB11/T 388.3-2015	城市景观照明技术规范 第3部分：干扰光限制	北京市质量技术监督局	2015-11-15	现行
DB11/T 388.4-2015	城市景观照明技术规范 第4部分：节能要求	北京市质量技术监督局	2015-11-01	现行
DB11/T 388.5-2015	城市景观照明技术规范 第5部分：安全要求	北京市质量技术监督局	2015-11-01	现行
DB11/T 388.6-2015	城市景观照明技术规范 第6部分：供配电与控制	北京市质量技术监督局	2015-11-01	现行
DB11/T 388.7-2015	城市景观照明技术规范 第7部分：施工与验收	北京市质量技术监督局	2015-11-01	现行
DB11/T 388.8-2015	城市景观照明技术规范 第8部分：管理与维护	北京市质量技术监督局	2015-11-01	现行
DB11/T 542-2008	太阳能光伏室外照明装置术要求	北京市质量技术监督局	2008-12-01	现行
DB12/T 484-2013	LED道路和街路照明灯具技术规范	天津市市场和质量监督管理委员会	2013-10-01	现行
DB12/T 762-2017	废照明灯具回收、分类、存储和运输要求	天津市市场和质量监督管理委员会	2018-03-01	现行

（续）

标准编号	标准名称	发布部门	实施日期	状态
DB12/T 763-2017	废照明灯具拆解处理要求	天津市市场和质量监督管理委员会	2018-03-01	现行
DB13/T 1311-2010	城市夜景照明运行、维护与管理	河北省质量技术监督局	2010-11-25	现行
DB14/T 1020-2014	公路隧道节能照明设施验收与养护规范	山西省质量技术监督局	2014-12-01	现行
DB15/T 353.12-2009	内蒙古自治区建筑消防设施检验规程 第 12 部分：消防应急照明及疏散指示系统	内蒙古自治区质量技术监督局	2010-01-01	现行
DB21/T 1685-2008	太阳能光伏照明应用技术规程	辽宁省质量技术监督局	2008-12-01	现行
DB21/T 2136-2014	普通照明用 LED 系列室内灯具	辽宁省质量技术监督局	2014-05-07	现行
DB21/T 2205-2013	LED 照明工程安装与质量验收规程	辽宁省质量技术监督局	2014-01-12	现行
DB21/T 2576-2016	高速公路隧道 LED 照明调光控制规范	辽宁省质量技术监督局	2016-04-03	现行
DB22/T 2445-2016	节能技术改造及合同能源管理项目节能量审核与计算方法 第 1 部分：照明系统	吉林省质量技术监督局	2016-05-01	现行
DB22/T 2647-2017	公路隧道太阳能供电 LED 照明系统设计施工指南	吉林省质量技术监督局	2017-08-12	现行
DB23/T 1442-2011	LED 道路照明产品寒地安装与验收要求	黑龙江省质量技术监督局	2011-04-03	现行
DB31/ 539-2011	中小学校及幼儿园教室照明设计规范	上海市质量技术监督局	2011-09-01	现行
DB31/T 316-2012	城市环境（装饰）照明规范	上海市质量技术监督局	2012-12-01	现行
DB31/T 468.1-2009	采用 LED 技术的照明工程施工与验收规范 第 1 部分：施工规范	上海市质量技术监督局	2009-05-01	现行
DB31/T 468.2-2009	采用 LED 技术的照明工程施工与验收规范 第 2 部分：验收规范	上海市质量技术监督局	2009-05-01	现行
DB31/T 668.11-2012	节能技术改造及合同能源管理项目 节能量审核与计算方法 第 11 部分 照明系统	上海市质量技术监督局	2013-05-01	现行
DB33/T 987-2015	公路隧道照明节能控制系统应用 技术规程	浙江省质量技术监督局	2015-08-27	现行
DB34/T 1500-2011	矿用隔爆型照明保护器	安徽省质量技术监督局	2011-11-25	现行
DB34/T 5066-2017	城市道路照明养护技术标准	安徽省住房和城乡建设厅	2017-10-01	现行
DB35/T 1176-2011	道路照明用功率发光二极管	福建省质量技术监督局	2011-12-23	现行
DB35/T 1303-2012	LED 室内照明产品 总要求	福建省质量技术监督局	2013-03-01	现行
DB35/T 1305-2012	LED 道路照明驱动电源	福建省质量技术监督局	2013-03-01	现行
DB35/T 1307-2012	公路隧道照明用 LED 灯具	福建省质量技术监督局	2013-03-01	现行
DB35/T 1402-2013	室内照明用白光 LED 球泡灯	福建省质量技术监督局	2014-03-10	现行

（续）

标准编号	标准名称	发布部门	实施日期	状态
DB35/T 1403-2013	照明用多芯片集成封装 LED 筒灯	福建省质量技术监督局	2014-03-10	现行
DB35/T 1416-2014	室内照明用 LED 平板灯具技术规范	福建省质量技术监督局	2014-06-05	现行
DB35/T 1444-2014	普通照明用疝气放电灯	福建省质量技术监督局	2014-12-01	现行
DB35/T 1465-2014	户外照明用 LED 模块	福建省质量技术监督局	2015-02-02	现行
DB35/T 1494-2015	LED 道路智能照明控制系统技术规范	福建省质量技术监督局	2015-06-01	现行
DB35/T 1495-2015	矿井照明用 LED 灯具技术规范	福建省质量技术监督局	2015-06-01	现行
DB35/T 1617-2016	室内照明用 LED 吸顶灯具技术规范	福建省质量技术监督局	2017-02-11	现行
DB35/T 1647-2017	LED 室内智能控制照明技术规范	福建省质量技术监督局	2017-05-08	现行
DB35/T 1648-2017	普通照明光闪烁测试方法	福建省质量技术监督局	2017-08-04	现行
DB36/T 580-2010	室内照明 LED 球泡灯	江西省质量技术监督局	2010-11-01	现行
DB36/T 581-2010	室内照明 LED 管形灯	江西省质量技术监督局	2010-11-01	现行
DB36/T 596.1-2010	LED 照明工程施工与验收规范 第 1 部分：施工规范	江西省质量技术监督局	2010-12-01	现行
DB36/T 596.2-2010	LED 照明工程施工与验收规范 第 2 部分：验收规范	江西省质量技术监督局	2010-12-01	现行
DB36/T 596.3-2010	LED 照明工程施工与验收规范 第 3 部分：LED 道路照明工程施工与验收规范	江西省质量技术监督局	2010-12-01	现行
DB36/T 654-2012	室内照明 LED 面板灯	江西省质量技术监督局	2012-06-01	现行
DB36/T 740-2013	室内照明 LED 筒灯	江西省质量技术监督局	2014-02-01	现行
DB36/T 857-2015	公路隧道 LED 照明设计规范	江西省质量技术监督局	2015-12-01	现行
DB36/T 858-2015	公路隧道 LED 照明灯技术条件	江西省质量技术监督局	2015-12-01	现行
DB36/T 859-2015	公路隧道 LED 照明施工验收规范	江西省质量技术监督局	2015-12-01	现行
DB37/T 1173-2009	城市道路照明设施养护维修服务规范	山东省质量技术监督局	2009-03-01	现行
DB37/T 1576-2010	普通照明用发光二极管通用技术条件	山东省质量技术监督局	2010-03-01	现行
DB37/T 1801-2011	城市照明智能监控系统技术规范	山东省质量技术监督局	2011-02-01	现行
DB37/T 741-2007	61W-260W 照明用自镇流荧光灯能效限定值及能效等级		2007-12-01	现行
DB37/T 814-2015	照明系统电能利用监测规范	山东省质量技术监督局	2015-10-22	现行
DB41/T 1450-2017	道路智能照明系统技术要求	河南省质量技术监督局	2017-12-30	现行
DB41/T 799-2013	无线智能照明控制装置	河南省质量技术监督局	2013-07-08	现行
DB42/T 566-2009	LED 道路照明灯具	湖北省质量技术监督局	2009-10-24	现行
DB44/T 1002-2012	普通照明用氙气放电灯	广东省质量技术监督局	2012-09-15	现行
DB44/T 1329-2014	道路照明用 LED 电源/控制装置 性能要求	广东省质量技术监督局	2014-07-18	现行
DB44/T 1330-2014	普通照明用 LED 控制装置性能要求	广东省质量技术监督局	2014-07-18	现行
DB44/T 1336-2014	电梯照明用 LED 照明设计标准	广东省质量技术监督局	2014-07-18	现行

（续）

标准编号	标准名称	发布部门	实施日期	状态
DB44/T 1337-2014	汽车库 LED 照明设计标准	广东省质量技术监督局	2014-07-18	现行
DB44/T 1338-2014	汽车隧道 LED 照明设计标准	广东省质量技术监督局	2014-07-18	现行
DB44/T 1395-2014	集中供电式道路照明用 LED 模块的电气接口规范	广东省质量技术监督局	2014-11-14	现行
DB44/T 1489-2014	室内 LED 照明产品光舒适度通用技术要求	广东省质量技术监督局	2015-03-02	现行
DB44/T 1493.2-2015	LED 道路照明远程管理技术规范 第 2 部分：电力线载波控制模块	广东省质量技术监督局	2015-11-03	现行
DB44/T 1493.3-2015	LED 道路照明远程管理技术规范 第 3 部分：应用层通信协议	广东省质量技术监督局	2015-11-03	现行
DB44/T 1582-2016	手扶拖拉机照明和灯光信号装置	广东省质量技术监督局	2015-07-16	现行
DB44/T 1620-2015	地铁场所用 LED 照明设计标准	广东省质量技术监督局	2015-10-01	现行
DB44/T 1622-2015	地铁场所照明用 LED 灯应用技术规范	广东省质量技术监督局	2015-10-01	现行
DB44/T 1624-2015	LED 照明产品环境声明 Ⅲ 型环境声明	广东省质量技术监督局	2015-10-01	现行
DB44/T 1625-2015	LED 照明产品环境声明 PCR 文件格式要求	广东省质量技术监督局	2015-10-01	现行
DB44/T 1626-2015	LED 照明产品环境声明 EPD 报告格式要求	广东省质量技术监督局	2015-10-01	现行
DB44/T 1627-2015	LED 照明产品能效要求	广东省质量技术监督局	2015-10-01	现行
DB44/T 1629-2015	电梯照明用 LED 灯应用技术规范	广东省质量技术监督局	2015-10-01	现行
DB44/T 1632-2015	道路照明用 LED 电源/控制装置 可靠性测试方法	广东省质量技术监督局	2015-10-01	现行
DB44/T 1637-2015	LED 照明模块热特性测量方法	广东省质量技术监督局	2015-10-01	现行
DB44/T 1639.1-2015	半导体照明标准光组件总则 第 1 部分 层级划分	广东省质量技术监督局	2015-10-01	现行
DB44/T 1644-2015	广东省 LED 室内照明产品评价标杆体系管理规范	广东省质量技术监督局	2015-11-03	现行
DB44/T 1895-2016	半导体照明器件色差一致性在线快速评估方法	广东省质量技术监督局	2016-12-29	现行
DB44/T 1897-2016	LED 室内照明产品重大缺陷快速评估方法	广东省质量技术监督局	2016-12-29	现行
DB44/T 1898-2016	LED 道路照明工程技术规范	广东省质量技术监督局	2016-12-29	现行
DB44/T 1900-2016	LED 路灯隧道灯照明应用效果模拟评测与计算方法	广东省质量技术监督局	2016-12-29	现行
DB44/T 974-2011	隧道照明用无极灯	广东省质量技术监督局	2012-04-01	现行
DB50/T 480-2012	汽车照明信号控制低速容错 CAN 数据传输节点系统技术条件	重庆市质量技术监督局	2013-03-31	现行

（续）

标准编号	标准名称	发布部门	实施日期	状态
DB51/T 1460-2012	户外照明用碳素结构钢制灯杆通用规范	四川省质量技术监督局	2013-01-01	现行
DB51/T 2118-2016	中小学校及幼儿园教室照明设计规范	四川省质量技术监督局	2016-03-01	现行
DB53/T 576.1-2014	太阳能照明系统 第1部分：配置与设计	云南省质量技术监督局	2014-07-01	现行
DB53/T 576.2-2014	太阳能照明系统 第2部分：施工与验收	云南省质量技术监督局	2014-07-01	现行
DB53/T 598-2014	县级城市市容管理 城市照明	云南省质量技术监督局	2014-09-01	现行
DB61/T 549-2012	公路隧道照明用 LED 灯具通用技术条件	陕西省质量技术监督局	2012-05-10	现行
DB61/T 938-2014	公路隧道 LED 照明设计规范	陕西省质量技术监督局	2015-01-01	现行
DB62/T 2574-2015	太阳能光伏室外照明装置通用技术条件	甘肃省质量技术监督局	2015-04-01	现行
DB63/T 811-2009	户外太阳能光伏电源照明系统技术要求和试验方法	青海省质量技术监督局	2009-08-01	现行
DB65/T 3370-2012	太阳能 LED 道路照明系统技术条件	新疆维吾尔自治区质量技术监督局	2011-10-10	现行
DBJ/T 13-85-2016	福建省 LED 夜景照明工程安装与质量验收规程	福建省住房和城乡建设厅	2017-02-01	现行
DBJ61/T 107-2015	西安市城镇道路太阳能光伏 LED 路灯照明技术规范	陕西省住房和城乡建设厅	2016-02-12	现行
DG/T J08-2214-2016	道路照明工程建设技术规程	上海市住房和城乡建设管理委员会	2017-01-01	现行
DG/T J08-2215-2016	道路照明设施运行养护标准	上海市住房和城乡建设管理委员会	2017-02-01	现行
DL/T 5161.17-2002	电气装置安装工程 质量检验及评定规程 第17部分：电气照明装置施工质量检验	国家经济贸易委员会	2002-12-01	现行
DL/T 5390-2014	发电厂和变电站照明设计技术规定	国家能源局	2015-03-01	现行
GA/T 16.65-2012	道路交通管理信息代码 第65部分：机动车照明灯开启状态代码	公安部	2012-07-31	现行
GA/T 16.76-2012	道路交通管理信息代码 第76部分：道路照明条件代码	公安部	2012-07-31	现行
GA/T 488-2004	道路交通事故现场勘查车载照明设备通用技术条件	公安部	2004-10-01	现行
GB/T 10072-2003	照明用电子闪光装置技术条件	中国机械工业联合会	2004-01-01	现行

（续）

标 准 编 号	标 准 名 称	发 布 部 门	实 施 日 期	状 态
GB/T 10485-2007	道路车辆外部照明和光信号装置环境耐久性	国家发展和改革委员会	2007-12-01	现行
GB/T 10681-2009	家庭和类似场合普通照明用钨丝灯 性能要求	国家质量监督检验检疫总局	2010-02-01	现行
GB/T 13379-2008	视觉工效学原则 室内工作场所照明	国家标准化管理委员会	2009-01-01	现行
GB/T 13786-1992	棉花分级室的模拟昼光照明	国家技术监督局	1993-06-01	现行
GB 14196.1-2008	白炽灯安全要求 第1部分：家庭和类似场合普通照明用钨丝灯	国家质量监督检验检疫总局	2010-04-01	现行
GB 14196.2-2008	白炽灯安全要求 第2部分：家庭和类似场合普通照明用卤钨灯	国家质量监督检验检疫总局	2010-04-01	现行
GB/T 16275-2008	城市轨道交通照明	国家质量监督检验检疫总局	2009-06-01	现行
GB 16844-2008	普通照明用自镇流灯的安全要求	国家质量监督检验检疫总局	2009-07-01	现行
GB/T 16895.28-2017	低压电气装置 第7-714部分：特殊装置或场所的要求 户外照明装置	国家质量监督检验检疫总局	2018-02-01	现行
GB 16895.30-2008	建筑物电气装置 第7-715部分：特殊装置或场所的要求 特低电压照明装置	国家质量监督检验检疫总局	2010-02-01	现行
GB/T 16915.7-2017	家用和类似用途固定式电气装置的开关 第2-6部分：外部或内部标识和照明用消防开关的特殊要求	国家质量监督检验检疫总局	2018-02-01	现行
GB/T 17006.4-2000	医用成像部门的评价及例行试验 第2-3部分：暗室安全照明状态稳定性试验	国家质量技术监督局	2000-12-01	现行
GB/T 17263-2013	普通照明用自镇流荧光灯 性能要求	国家质量监督检验检疫总局	2014-11-01	现行
GB/T 17558-1998	照相闪光照明光源 光谱分布指数（ISO/SDI）的测定	国家质量技术监督局	1999-06-01	现行
GB 17743-2007	电气照明和类似设备的无线电骚扰特性的限值和测量方法	国家标准化管理委员会	2009-11-01	现行
GB/T 17743-2017	电气照明和类似设备的无线电骚扰特性的限值和测量方法	国家质量监督检验检疫总局	2018-07-01	即将实施
GB 17945-2010	消防应急照明和疏散指示系统	国家质量监督检验检疫总局	2011-05-01	现行
GB 18100.1-2010	摩托车照明和光信号装置的安装规定 第1部分：两轮摩托车	国家质量监督检验检疫总局	2012-01-01	现行
GB 18100.2-2010	摩托车照明和光信号装置的安装规定 第2部分：两轮轻便摩托车	国家质量监督检验检疫总局	2012-01-01	现行
GB 18100.3-2010	摩托车照明和光信号装置的安装规定 第3部分：三轮摩托车	国家质量监督检验检疫总局	2013-01-01	现行

（续）

标准编号	标准名称	发布部门	实施日期	状态
GB 18408-2015	汽车及挂车后牌照板照明装置配光性能	国家质量监督检验检疫总局	2016-07-01	现行
GB/T 18595-2014	一般照明用设备电磁兼容抗扰度要求	国家质量监督检验检疫总局	2015-06-01	现行
GB 19043-2013	普通照明用双端荧光灯能效限定值及能效等级	国家质量监督检验检疫总局	2013-10-01	现行
GB 19044-2013	普通照明用自镇流荧光灯能效限定值及能效等级	国家质量监督检验检疫总局	2013-10-01	现行
GB/T 19119-2015	三轮汽车和低速货车 照明与信号装置的安装规定	国家质量监督检验检疫总局	2015-10-01	现行
GB 19510.5-2005	灯的控制装置 第5部分：普通照明用直流电子镇流器的特殊要求	国家质量监督检验检疫总局	2005-08-01	现行
GB 19510.6-2005	灯的控制装置 第6部分：公共交通运输工具照明用直流电子镇流器的特殊要求	国家质量监督检验检疫总局	2005-08-01	现行
GB 19510.7-2005	灯的控制装置 第7部分：航空器照明用直流电子镇流器的特殊要求	国家质量监督检验检疫总局	2005-08-01	现行
GB 19510.8-2009	灯的控制装置 第8部分：应急照明用直流电子镇流器的特殊要求	国家质量监督检验检疫总局	2010-12-01	现行
GB/T 20132-2006	船舶与海上技术 客船低位照明 布置	国家质量监督检验检疫总局	2006-10-01	现行
GB/T 20146-2006	色度学用 CIE 标准照明体	国家质量监督检验检疫总局	2006-11-01	现行
GB/T 20147-2006	CIE 标准色度观测者	国家质量监督检验检疫总局	2006-11-01	现行
GB/T 20148-2006	日光的空间分布 CIE 一般标准天空	国家质量监督检验检疫总局	2006-11-01	现行
GB/T 20149-2006	道路交通信号灯 200mm 圆形信号灯的光度特性	国家质量监督检验检疫总局	2006-11-01	现行
GB/T 20150-2006	红斑基准反应光谱及标准红斑剂量	国家质量监督检验检疫总局	2006-11-01	现行
GB/T 20151-2006	光度学 CIE 物理光度系统	中国轻工业联合会	2006-11-01	现行
GB/T 20418-2011	土方机械 照明、信号和标志灯以及反射器	国家质量监督检验检疫总局	2012-01-01	现行
GB/T 20949-2007	农林轮式拖拉机 照明和灯光信号装置的安装规定	国家质量监督检验检疫总局	2007-11-01	现行
GB/T 21091-2007	普通照明用自镇流无极荧光灯 性能要求	国家质量监督检验检疫总局	2008-05-01	现行

（续）

标准编号	标准名称	发布部门	实施日期	状态
GB 21554-2008	普通照明用自镇流无极荧光灯 安全要求	国家质量监督检验检疫总局	2009-03-01	现行
GB/T 22505-2008	粮油检验 感官检验环境照明	国家质量监督检验检疫总局	2009-01-20	现行
GB 22791-2008	自行车 照明设备	国家质量监督检验检疫总局	2010-03-01	现行
GB/T 22879-2008	纸和纸板 CIE 白度的测定，C/2°（室内照明条件）	国家质量监督检验检疫总局	2009-09-01	现行
GB/T 22907-2008	灯具的光度测试和分布光度学	国家质量监督检验检疫总局	2009-09-01	现行
GB/T 23142-2008	高压钠灯用预置功率控制器	国家质量监督检验检疫总局	2009-09-01	现行
GB/Z 23153-2008	照明电器产品中有害物质检测样品拆分要求	国家质量监督检验检疫总局	2009-09-01	现行
GB/T 23272-2009	照明及电子设备用钨丝	国家质量监督检验检疫总局	2009-11-01	现行
GB/T 23863-2009	博物馆照明设计规范	国家质量监督检验检疫总局	2009-12-01	现行
GB 24460-2009	太阳能光伏照明装置总技术规范	国家质量监督检验检疫总局	2010-12-01	现行
GB 24819-2009	普通照明用 LED 模块 安全要求	国家质量监督检验检疫总局	2010-11-01	现行
GB/T 24823-2009	普通照明用 LED 模块 性能要求	国家质量监督检验检疫总局	2010-05-01	现行
GB/T 24823-2017	普通照明用 LED 模块 性能要求	国家质量监督检验检疫总局	2018-05-01	即将实施
GB/T 24824-2009	普通照明用 LED 模块测试方法	国家质量监督检验检疫总局	2010-05-01	现行
GB/T 24826-2016	普通照明用 LED 产品和相关设备 术语和定义	国家质量监督检验检疫总局	2017-05-01	现行
GB/T 24827-2015	道路与街路照明灯具性能要求	国家质量监督检验检疫总局	2016-04-01	现行
GB 24906-2010	普通照明用 50V 以上自镇流 LED 灯 安全要求	国家质量监督检验检疫总局	2011-02-01	现行
GB/T 24907-2010	道路照明用 LED 灯 性能要求	国家质量监督检验检疫总局	2011-02-01	现行
GB/T 24908-2014	普通照明用非定向自镇流 LED 灯 性能要求	国家质量监督检验检疫总局	2015-08-01	现行

（续）

标准编号	标准名称	发布部门	实施日期	状态
GB/T 24909-2010	装饰照明用 LED 灯	国家质量监督检验检疫总局	2011-02-01	现行
GB 24931-2010	全地形车照明和光信号装置的安装规定	国家质量监督检验检疫总局	2011-01-01	现行
GB/T 24969-2010	公路照明技术条件	国家质量监督检验检疫总局	2010-12-01	现行
GB/T 25125-2010	智能照明节电装置	国家质量监督检验检疫总局	2011-02-01	现行
GB/T 25959-2010	照明节电装置及应用技术条件	国家质量监督检验检疫总局	2011-05-01	现行
GB/T 26189-2010	室内工作场所的照明	国家质量监督检验检疫总局	2011-06-01	现行
GB/Z 26207-2010	泛光照明指南	国家质量监督检验检疫总局	2011-06-01	现行
GB/Z 26210-2010	室内电气照明系统的维护	国家质量监督检验检疫总局	2011-06-01	现行
GB/Z 26212-2010	室内照明不舒适眩光	国家质量监督检验检疫总局	2011-06-01	现行
GB/Z 26213-2010	室内照明计算基本方法	国家质量监督检验检疫总局	2011-06-01	现行
GB/Z 26214-2010	室外运动和区域照明的眩光评价	国家质量监督检验检疫总局	2011-06-01	现行
GB 26688-2011	电池供电的应急疏散照明自动试验系统	国家质量监督检验检疫总局	2011-12-01	现行
GB 26755-2011	消防移动式照明装置	国家质量监督检验检疫总局	2011-11-01	现行
GB 26783-2011	消防救生照明线	国家质量监督检验检疫总局	2011-11-01	现行
GB/T 26849-2011	太阳能光伏照明用电子控制装置 性能要求	国家质量监督检验检疫总局	2011-12-15	现行
GB/T 26943-2011	升降式高杆照明装置	国家质量监督检验检疫总局	2012-05-01	现行
GB/T 28012-2011	报废照明产品 回收处理规范	国家质量监督检验检疫总局	2012-02-01	现行
GB/T 28693-2012	农林拖拉机和机械 照明和光信号装置的要求	国家质量监督检验检疫总局	2013-01-01	现行
GB/T 28780-2012	机械安全 机器的整体照明	国家质量监督检验检疫总局	2013-03-01	现行

（续）

标准编号	标准名称	发布部门	实施日期	状态
GB/T 2900.65-2004	电工术语 照明	国家质量监督检验检疫总局	2004-12-01	现行
GB 29144-2012	普通照明用自镇流无极荧光灯能效限定值及能效等级	国家质量监督检验检疫总局	2013-06-01	现行
GB/T 29455-2012	照明设施经济运行	国家质量监督检验检疫总局	2013-10-01	现行
GB/T 30036-2013	汽车用自适应前照明系统	国家质量监督检验检疫总局	2014-07-01	现行
GB/T 30104.101-2013	数字可寻址照明接口 第101 部分：一般要求 系统	国家质量监督检验检疫总局	2014-11-01	现行
GB/T 30104.102-2013	数字可寻址照明接口 第102 部分：一般要求 控制装置	国家质量监督检验检疫总局	2014-11-01	现行
GB/T 30104.103-2017	数字可寻址照明接口 第103 部分：一般要求 控制设备	国家质量监督检验检疫总局	2018-11-01	即将实施
GB/T 30104.201-2013	数字可寻址照明接口 第201 部分：控制装置的特殊要求 荧光灯（设备类型0）	国家质量监督检验检疫总局	2014-11-01	现行
GB/T 30104.202-2013	数字可寻址照明接口 第202 部分：控制装置的特殊要求 自容式应急照明（设备类型1）	国家质量监督检验检疫总局	2014-11-01	现行
GB/T 30104.203-2013	数字可寻址照明接口 第203 部分：控制装置的特殊要求 放电灯（荧光灯除外）（设备类型2）	国家质量监督检验检疫总局	2014-11-01	现行
GB/T 30104.204-2013	数字可寻址照明接口 第204 部分：控制装置的特殊要求 低压卤钨灯（设备类型3）	国家质量监督检验检疫总局	2014-11-01	现行
GB/T 30104.205-2013	数字可寻址照明接口 第205 部分：控制装置的特殊要求 白炽灯电源电压控制器（设备类型4）	国家质量监督检验检疫总局	2014-11-01	现行
GB/T 30104.206-2013	数字可寻址照明接口 第206 部分：控制装置的特殊要求 数字信号转换成直流电压（设备类型5）	国家质量监督检验检疫总局	2014-11-01	现行
GB/T 30104.207-2013	数字可寻址照明接口 第207 部分：控制装置的特殊要求 LED 模块（设备类型6）	国家质量监督检验检疫总局	2014-11-01	现行
GB/T 30104.208-2013	数字可寻址照明接口 第208 部分：控制装置的特殊要求 开关功能（设备类型7）	国家质量监督检验检疫总局	2014-11-01	现行

（续）

标准编号	标准名称	发布部门	实施日期	状态
GB/T 30104.209-2013	数字可寻址照明接口 第209部分：控制装置的特殊要求 颜色控制（设备类型8）	国家质量监督检验检疫总局	2014-11-01	现行
GB 30255-2013	普通照明用非定向自镇流LED灯能效限定值及能效等级	国家质量监督检验检疫总局	2014-09-01	现行
GB/T 3027-2012	船用白炽照明灯具	国家质量监督检验检疫总局	2012-11-01	现行
GB/T 30464-2013	农林拖拉机和机械 道路行驶用照明、光信号和标志装置的安装规定	国家质量监督检验检疫总局	2014-10-01	现行
GB 30734-2014	消防员照明灯具	国家质量监督检验检疫总局	2015-04-01	现行
GB/T 31112-2014	普通照明用非定向自镇流LED灯规格分类	国家质量监督检验检疫总局	2015-08-01	现行
GB/T 31275-2014	照明设备对人体电磁辐射的评价	国家质量监督检验检疫总局	2015-04-01	现行
GB 31276-2014	普通照明用卤钨灯能效限定值及节能评价值	国家质量监督检验检疫总局	2015-09-01	现行
GB/T 31348-2014	节能量测量和验证技术要求 照明系统	国家质量监督检验检疫总局	2015-07-01	现行
GB/T 31831-2015	LED室内照明应用技术要求	国家质量监督检验检疫总局	2016-01-01	现行
GB/T 31831-2015E	LED室内照明应用技术要求	国家质量监督检验检疫总局	2016-01-01	现行
GB/T 31832-2015	LED城市道路照明应用技术要求	国家质量监督检验检疫总局	2016-01-01	现行
GB/T 31832-2015E	LED城市道路照明应用技术要求	国家质量监督检验检疫总局	2016-01-01	现行
GB/T 32038-2015	照明工程节能监测方法	国家质量监督检验检疫总局	2016-04-01	现行
GB/T 32481-2016	隧道照明用LED灯具性能要求	国家质量监督检验检疫总局	2016-09-01	现行
GB/T 32872-2016	空间科学照明用LED筛选规范	国家质量监督检验检疫总局	2016-11-01	现行
GB/T 33720-2017	LED照明产品光通量衰减加速试验方法	国家质量监督检验检疫总局	2017-12-01	现行
GB/T 34034-2017	普通照明用LED产品光辐射安全要求	国家质量监督检验检疫总局	2018-02-01	现行

（续）

标准编号	标准名称	发布部门	实施日期	状态
GB/T 34075-2017	普通照明用 LED 产品光辐射安全测量方法	国家质量监督检验检疫总局	2018-02-01	现行
GB/Z 34447-2017	照明设备的锐边试验装置和试验程序 锐边试验	国家质量监督检验检疫总局	2018-05-01	即将实施
GB/T 34846-2017	LED 道路/隧道照明专用模块规格和接口技术要求	国家质量监督检验检疫总局	2018-11-01	即将实施
GB/T 35255-2017	LED 公共照明智能系统接口应用层通信协议	国家质量监督检验检疫总局	2018-07-01	即将实施
GB/T 35259-2017	纺织品 色牢度试验 试样颜色随照明体变化的仪器评定方法（CMCCON02）	国家质量监督检验检疫总局	2018-07-01	即将实施
GB/T 35269-2017	LED 照明应用与接口要求 非集成式 LED 模块的道路灯具	国家质量监督检验检疫总局	2018-07-01	即将实施
GB/T 35626-2017	室外照明干扰光限制规范	国家质量监督检验检疫总局	2018-07-01	即将实施
GB/T 35846-2018	发光二极管照明用玻璃管	国家质量监督检验检疫总局	2019-01-01	即将实施
GB/T 3978-2008	标准照明体和几何条件	国家质量监督检验检疫总局	2009-03-01	现行
GB 4785-2007	汽车及挂车外部照明和光信号装置的安装规定	国家发展和改革委员会	2008-06-01	现行
GB 4785-2007/XG1-2009	《汽车及挂车外部照明和光信号装置的安装规定》国家标准第 1 号修改单	国家标准化管理委员会	2009-11-01	现行
GB 4785-2007/XG2-2015	《汽车及挂车外部照明和光信号装置的安装规定》国家标准第 2 号修改单	国家质量监督检验检疫总局	2016-07-01	现行
GB 50034-2013	建筑照明设计标准	住房和城乡建设部	2014-06-01	现行
GB 50582-2010	室外作业场地照明设计标准	住房和城乡建设部	2010-12-01	现行
GB 50617-2010	建筑电气照明装置施工与验收规范	住房和城乡建设部	2010-06-01	现行
GB/T 51268-2017	绿色照明检测及评价标准	住房和城乡建设部	2018-05-01	即将实施
GB 5697-1985	人类工效学照明术语	国家标准局	1986-09-01	现行
GB/T 5700-2008	照明测量方法	国家标准化管理委员会	2009-01-01	现行
GB/T 5702-2003	光源显色性评价方法	国家质量监督检验检疫总局	2003-06-01	现行
GB 7000.18-2003	钨丝灯用特低电压照明系统安全要求	国家质量监督检验检疫总局	2004-02-01	现行
GB 7000.19-2005	照相和电影用灯具（非专业用）安全要求	国家质量监督检验检疫总局	2005-08-01	现行

（续）

标准编号	标准名称	发布部门	实施日期	状态
GB 7000.2-2008	灯具 第2-22部分：特殊要求 应急照明灯具	国家质量监督检验检疫总局	2009-01-01	现行
GB 7000.203-2013	灯具 第2-3部分：特殊要求 道路与街路照明灯具	国家质量监督检验检疫总局	2015-07-01	现行
GB 7000.7-2005	投光灯具安全要求	国家质量监督检验检疫总局	2005-08-01	现行
GB/T 7002-2008	投光照明灯具光度测试	国家质量监督检验检疫总局	2009-05-01	现行
GB/T 7771-2008	特殊同色异谱指数的测定 改变照明体	国家质量监督检验检疫总局	2009-05-01	现行
GB 7793-2010	中小学校教室采光和照明卫生标准	国家质量监督检验检疫总局	2011-05-01	现行
GB/T 7922-2008	照明光源颜色的测量方法	国家质量监督检验检疫总局	2009-03-01	现行
GY/T 5061-2007	广播电影电视工程技术用房一般照明设计规范		2008-02-01	现行
HG/T 20586-1996	化工企业照明设计技术规定	化学工业部	1996-03-01	现行
HJ 2518-2012	环境标志产品技术要求 照明光源	环境保护部	2012-10-01	现行
JB/T 10836-2008	可燃性粉尘环境用电气设备用外壳和限制表面温度保护的电气设备粉尘防爆照明开关	国家发展和改革委员会	2008-07-01	现行
JB/T 11191-2011	爆炸性气体环境用荧光灯	工业和信息化部	2012-04-01	现行
JB/T 11469-2013	低速汽车后牌照板照明装置配光性能	工业和信息化部	2013-09-01	现行
JB/T 11626-2013	可燃性粉尘环境用电气设备 用外壳和限制表面温度保护的电气设备粉尘防爆照明（动力）配电箱	工业和信息化部	2014-07-01	现行
JB/T 11729-2013	工业机械电气设备及系统 整体照明装置要求	工业和信息化部	2014-07-01	现行
JB/T 12846-2016	手扶拖拉机照明及灯光信号装置	工业和信息化部	2016-09-01	现行
JB/T 6749-2013	爆炸性环境用电气设备 防爆照明（动力）配电箱	工业和信息化部	2014-07-01	现行
JB/T 6750-1993	厂用防爆照明开关	机械工业部	1994-01-01	现行
JG/T 467-2014	建筑室内用发光二极管（LED）照明灯具	住房和城乡建设部	2015-05-01	现行
JGJ/T 119-2008	建筑照明术语标准	住房和城乡建设部	2009-06-01	现行
JGJ 153-2016	体育场馆照明设计及检测标准	住房和城乡建设部	2017-06-01	现行
JGJ/T 163-2008	城市夜景照明设计规范	住房和城乡建设部	2009-05-01	现行
JGJ/T 307-2013	城市照明节能评价标准	住房和城乡建设部	2014-02-01	现行

（续）

标准编号	标准名称	发布部门	实施日期	状态
JJF 1261. 22-2017	普通照明用自镇流荧光灯能源效率计量检测规则	国家质量监督检验检疫总局	2017-12-26	现行
JT/T 557-2004	港口装卸区域照明照度及测量方法	交通部	2004-09-01	现行
JT/T 609-2004	公路隧道照明灯具	交通部	2005-02-01	现行
JT/T 750-2009	内部照明标志	交通运输部	2009-11-01	现行
JT/T 939.1-2014	公路 LED 照明灯具 第1部分：通则	交通运输部	2015-04-05	现行
JT/T 939.2-2014	公路 LED 照明灯具 第2部分：公路隧道 LED 照明灯具	交通运输部	2015-04-05	现行
JT/T 939.5-2014	公路 LED 照明灯具 第5部分：照明控制器	交通运输部	2015-04-05	现行
JTG/T D70/2-01-2014	公路隧道照明设计细则	交通运输部	2014-08-01	现行
MH 3145.86-2001	民用航空器维修标准 第3单：地面维修设施 第86部分：维修设施照明		2001-12-01	现行
MH/T 6108-2014	民用机场机坪泛光照明技术要求	中国民用航空局	2014-12-01	现行
MT/T 1123-2011	矿用隔爆型照明信号综合保护装置	国家安全生产监督管理总局	2011-09-01	现行
NB/T 20204-2013	核电厂水下照明装置技术条件	国家能源局	2013-10-01	现行
NB/T 34002-2011	农村风光互补室外照明装置	国家能源局	2011-10-01	现行
NB/T 35008-2013	水力发电厂照明设计规范	国家能源局	2013-10-01	现行
NY/T 1913-2010	农村太阳能光伏室外照明装置 第1部分：技术要求	农业部	2010-09-01	现行
NY/T 1914-2010	农村太阳能光伏室外照明装置 第2部分：安装规范	农业部	2010-09-01	现行
QB/T 1037-1991	普通照明光源生产能耗定额	轻工业部	1991-12-01	现行
QB/T 1552-1992	照明灯具反射器油漆涂层技术条件	轻工业部	1993-03-01	现行
QB/T 2054-2008	局部照明灯泡	国家发展和改革委员会	2008-07-01	现行
QB/T 2939-2008	家用及类似电器照明用灯泡	国家发展和改革委员会	2008-07-01	现行
QB/T 2940-2008	照明电器产品中有毒有害物质的限量要求	国家发展和改革委员会	2008-07-01	现行
QB/T 4057-2010	普通照明用发光二极管 性能要求	工业和信息化部	2010-10-01	现行
QB/T 4146-2010	风光互补供电的 LED 道路和街路照明装置	工业和信息化部	2011-04-01	现行
QB/T 5207-2017	照明产品中添加氪-85、钍-232 限值要求	工业和信息化部	2018-04-01	即将实施
QB/T 5209-2017	装饰照明用集成式 LED 灯 性能要求	工业和信息化部	2018-04-01	即将实施
QX/T 210-2013	城市景观照明设施防雷技术规范	中国气象局	2014-02-01	现行
RFJ 1-1996	人民防空工程照明设计标准		2005-07-01	现行
SC/T 8110-1997	渔船舱室照明	农业部	1998-05-01	现行

（续）

标准编号	标准名称	发布部门	实施日期	状态
SH/T 3192-2017	石油化工装置照明设计规范	工业和信息化部	2018-01-01	现行
SHS 06008-2004	照明装置维护检修规程		2004-06-21	现行
SJ/T 11395-2009	半导体照明术语	工业和信息化部	2010-01-01	现行
SJ/T 11580-2016	普通照明用 LED 模块（LED 部件）接口规则	工业和信息化部	2016-06-01	现行
SJ/T 11665-2016	电子信息行业人工照明设计标准	工业和信息化部	2017-01-01	现行
SJ 20098-1992	单刀双掷和双刀双掷瞬动单灯照明按钮开关详细规范		1993-05-01	现行
SJ 20099-1992	4 灯整体安装双刀双掷和 4 刀双掷照明按钮开关及指示器组件详细规范	中国电子工业总公司	1993-05-01	现行
SJ 51512/1-1997	KAN37 型照明按钮开关详细规范		1997-10-01	现行
SL 641-2014	水利水电工程照明系统设计规范	水利部	2014-06-19	现行
SN/T 3325.1-2012	进出口照明器具检验规程 第 1 部分：LED 光源	国家质量监督检验检疫总局	2013-07-01	现行
SN/T 3325.2-2013	进出口照明器具检验规程 第 2 部分：普通照明用 LED 模块	国家质量监督检验检疫总局	2014-03-01	现行
SN/T 3325.3-2013	进出口照明器具检验规程 第 3 部分：自镇流 LED 灯	国家质量监督检验检疫总局	2014-06-01	现行
SN/T 3326.1-2012	进出口照明器具检验技术要求 第 1 部分：自镇流荧光灯的能效	国家质量监督检验检疫总局	2013-07-01	现行
SN/T 3326.3-2012	进出口照明器具检验技术要求 第 3 部分：双端荧光灯的能效	国家质量监督检验检疫总局	2013-07-01	现行
SN/T 3326.4-2013	进出口照明器具检验技术要求 第 4 部分：镇流器的能效	国家质量监督检验检疫总局	2014-06-01	现行
SN/T 3326.5-2013	进出口照明器具检验技术要求 第 5 部分：LED 灯的能效	国家质量监督检验检疫总局	2014-06-01	现行
SN/T 3326.7-2013	进出口照明器具检验技术要求 第 7 部分：单端荧光灯的能效	国家质量监督检验检疫总局	2014-06-01	现行
SN/T 3326.8-2014	进出口照明器具检验技术要求 第 8 部分：高压钠灯的能效	国家质量监督检验检疫总局	2014-11-01	现行
SN/T 3326.9-2016	进出口照明器具检验技术要求 第 9 部分：太阳能光伏照明装置	国家质量监督检验检疫总局	2016-10-01	现行
T/CECS 501-2018	建筑 LED 景观照明工程技术规程	中国工程建设标准化协会	2018-05-01	即将实施
T/CIES 001-2016	车库 LED 照明技术规范	中国照明学会		现行
T/CIES 002-2016	照明工程设计收费标准	中国照明学会	2017-02-16	现行
T/ZALI 0001-2016	道路照明用 LED 灯关键部件互换技术规范	浙江省照明电器协会	2016-10-15	现行
TB 10089-2015	铁路照明设计规范	国家铁路局	2016-04-01	现行

（续）

标 准 编 号	标 准 名 称	发 布 部 门	实 施 日 期	状态
TB 1126-1999	机车控制与照明电路标准电压	铁道部	2000-06-01	现行
TB/T 2011-1987	机车司机室照明测量方法	铁道部	1988-07-10	现行
TB/T 2141-1990	铁路旅客列车车内照明卫生要求	铁道部	1990-12-01	现行
TB/T 2142-1990	铁路旅客列车车内照明照度测量方法	铁道部	1990-12-01	现行
TB/T 2275-1991	铁路隧道照明设施与供电技术条件	铁道部	1992-07-01	现行
TB/T 2325.1-2013	机车、动车组前照灯、辅助照明灯和标志灯 第1部分：前照灯	铁道部	2013-07-01	现行
TB/T 2325.2-2013	机车动车组前照灯、辅助照明灯和标志灯 第2部分：辅助照明灯和标志灯	铁道部	2013-07-01	现行
TB/T 2917-1998	铁道客车电气照明技术条件	铁道部	1998-11-01	现行
TB/T 3085.3-2005	铁道客车车厢用灯 第3部分：双端荧光灯用照明灯具		2006-01-01	现行
TB/T 3229-2010	铁路线路作业移动式照明设备	铁道部	2010-12-01	现行
TB/T 3414-2015	动车组应急照明	国家铁路局	2016-03-01	现行
TB/T 494-1997	铁路照明照度标准	铁道部	1998-01-01	现行
TY/T 1002.1-2005	体育照明使用要求及检验方法第1部分：室外足球场和综合体育场	国家体育总局	2005-12-01	现行
TY/T 1002.2-2009	体育照明使用要求及检验方法 第2部分：综合体育馆	国家体育总局	2009-04-01	现行
YY 0627-2008	医用电气设备 第2部分：手术无影灯和诊断用照明灯安全专用要求	国家食品药品监督管理局	2009-12-01	现行
YY 0763-2009	医用内窥镜 照明用光缆	国家食品药品监督管理局	2011-06-01	现行
YY 0792.1-2016	眼科仪器眼内照明器 第1部分：通用要求和试验方法	国家食品药品监督管理局	2018-01-01	现行
YY 0792.2-2010	眼科仪器 眼内照明器 第2部分：光辐射安全的基本要求和试验方法	国家食品药品监督管理局	2012-06-01	现行
YY/T 0932-2014	医用照明光源 医用额戴式照明灯	国家食品药品监督管理局	2015-07-01	现行

（根据网络公共资料整理）

第三篇　照明工程篇

3.1

室内照明工程

故宫博物院雕塑馆室内照明工程

1. 项目简介
设计单位：清华大学（建筑学院）
施工单位：北京赛恩源机械电子有限公司
获奖情况：第十一届中照照明奖照明工程设计奖一等奖

2. 项目详细内容
北京故宫博物院是在明、清两代皇宫及其收藏的基础上建立起来的国家级综合性博物馆。慈宁宫是中国古代宫殿建筑之精华，始建于1536年，明清两朝曾为皇太后的住所。慈宁宫改造为雕塑馆，是故宫近年规划的最大常设展览馆。照明设计利用人工光与天然光的精心配比，保持传统的清代宫廷室内氛围，兼顾雕塑文物和建筑空间的呈现。为此进行了天然光的量化分析，研发了仿窗纸视觉感受的特造玻璃，以及最小化室内干扰，并能适应不同雕塑需求的特造灯具。

改造为雕塑馆的慈宁宫为典型的清代皇家建筑群，中轴对称式的院落布局，正殿朝南，用于展示雕塑精品；其南侧的东、西庑分别展示石雕佛像和古代陶俑。保留天然光，通过模拟确定各雕塑文物（曝光量要求不同）的合理位置。利用人工光与天然光的精心配比，保持传统的清代宫廷室内氛围，兼顾雕塑文物和建筑空间的呈现。三尊高大佛像为正殿的空间焦点，照明构图遵照其曾立于户外的历史原貌。悬吊于室内的碳纤维灯具支架，减轻了照明系统荷载。从上部空间入电的方式保护了原有地面。安装于10m高的灯具支架整合了多组照明系统，包括照亮藻井、天花、墙面、匾额等既有室内装饰的系统，以及悬吊且可平行移动的雕塑照明系统。通过亮度比例的控制，营造细腻而丰富的视觉层次。展厅空间从上至下亮度递减，雕塑与背景墙面的亮度比例控制为5∶1。特造灯架将空间分为上、下两部分，上部展现建筑装饰，下部作为雕塑的背景。通过大量试验，模仿古代窗纸特造了"纸玻璃"，既在室内保留了天然光的感觉，又严格控制天然光的数量，隔绝紫外线，消除展柜表面的反射眩光。玻璃厚度7.52mm，双层3mm数码陶瓷打印玻璃使用1.52mm PVB中间层合成，可见光透光比为0.2%。从"纸玻璃"表面感受到的色温和强度的呼吸变化，暗示着朝向、时间与天气信息，将美学的审视、历史的思考与现实的感悟紧密结合起来。特造管状灯具与特造"纸玻璃"实现了人工光与天然光的完美配合。专门研发了一款灵活整合射灯模组的管状灯具，直径63.5mm，最小化灯具对于空间的影响，实现从统一高度照亮各种雕塑。所有2W、3000K的LED模组（10°或30°），可在管内任意位置安装，角度可调，可单支调光。灯具长度根据展柜长度定制。LED模组完全缩在管内，暗光反射器和防眩格栅的使用，最大程度地避免眩光。通过天然光的年曝光量计算，确定对光敏感文物的合理位置。通过LED模组的调光，实现安全的照明水平。

3. 实景照片

北京通州太极禅室内照明工程

1. 项目简介

设计单位：中辰远瞻（北京）照明设计有限公司/北京中辰筑合照明工程有限公司

施工单位：石颐道禾（北京）建筑设计有限公司

获奖情况：第十一届中照照明奖照明工程设计奖一等奖

2. 项目详细内容

太极禅是一家可进行多种活动的俱乐部，例如练习太极、禅修等。它的空间在设计理念上秉承着对中国传统文化代表"道家"和"释家"文化的继承和延展，将环保理念与高科技相结合，打造集古典气质与现代风韵于一身的全新太极禅生活空间。一动一静，一修身一养心。室内是新中式风格，所以对其进行的照明设计也是以强调这种风格以期营造出一个含蓄、宁静、可控的光环境。

1）照明设计理念、方法等的创新点

为了达到亲近自然的氛围，我们用亮度突出，也用国画装饰的天花。安装在半透明的天花后面的成组的 T5 LED 灯具，在一天中可以控制天花的亮度（调光）和色温（开关组）来模拟自然光。

在 VIP 教室，天花中心就是宛如天光的发光体。四个灯头一组，模仿自然光方位的变化忘记时光流逝的感受。

2）照明设计中的节能措施

（1）透光幕墙采用分回路控制，定义了不同的亮度模式，每天只有部分时间为全亮时间段。

（2）空间中的立面照明满足了亮度需求，不需要下照光。

（3）项目中全部采用高光效的优质 LED 灯具产品，并通过合理的设计减少了灯具数量，达到了 $10W/m^2$ 的 LPD 值。

3）设计中使用的新技术、新材料、新设备、新工艺

室内所有的墙面都覆以半透明幕布，并挂有国画作为装饰。通过积极地与建筑设计师和室内设计师沟通，预留出一个 10cm 的间隙来安装浅性洗墙灯。最后形成的发光幕墙，不但让顾客可以更好地欣赏作品，而且这种垂直向上的照明方式让人们感觉宁静，从而更容易进入冥想状态。

榫头和榫眼的结构，是中国传统建筑与家具设计中独有的风格，它以室内装饰的身份应用于本项目中。通过将线型灯具隐藏在装饰后面，用光将这一结构雕刻出美丽的影子。

4）照明设计中使用的环保安全措施

项目的设计避免浪费任何能源，所有的装饰灯具都完美地搭配了室内装饰风格并满足了多功能的视觉需求。

本项目花园中竹子婆娑的竹影在发光幕墙上的浮现，让人感受到禅学中的自然。

3. 实景照片

人民日报全媒体办公中心室内照明工程

1. 项目简介

设计单位：北京光湖普瑞照明设计有限公司

施工单位：北京国泰建设集团有限公司

获奖情况：第十二届中照照明奖照明工程设计奖一等奖

2. 项目详细内容

人民日报全媒体办公中心位于新媒体大厦 10 层，建筑面积 $3200m^2$，是全媒体平台的物理呈现与主要载体。全新的记者办公空间相较于传统的办公环境有明显设计突破。"全媒体"的概念在空间中得以贯彻和体现。空间中的立面与平面等多处位置均可看到记者办公需要的各种显示屏幕。这就对空间的光环境设计提出了较高的要求：提高水平照度的同时，尽量做到对垂直照度的严格控制，以便避免光线对屏幕产生影响，造成反光。同时，在 $3200m^2$ 的空间中，涵盖了核心指挥区、开场式办公、社领导办公室、活动办公区、咖啡区、采访室、会议室，以及冥想区等多种业态，这就要求照明设计师具备协调综合性空间连贯性的设计水平。

1）照明设计理念、方法等的创新点

设计理念：在全媒体办公空间中，体验灯光带给人们的视觉享受。

设计方法：体现"全媒体"的设计理念，提高水平照度的同时，尽量做到对垂直照度的严格控制，以便避免光线对屏幕产生影响，造成反光。

创新点：在控光方面，运用了防眩光挡板、灯具角度控制遮光板和精准的灯具反射器等多种手段，来实现光线的精准控制，最大限度减少逸散光。

2）照明设计中的节能措施

对于空间的亮度，进行了严格的规划。只在工作区域达到 500lx 的写字要求，走廊、咖啡区维持较低的照度。

光源选择了节能的 LED 光源。

对于灯具的控制方式，采取了分时控制和智能控制结合的方式。在必要点，点亮必要的灯具；在不需要点亮或不需要全亮时，会通过控制系统实现关闭或维持 50% 的亮度。

3）设计中使用的新技术、新材料、新设备、新工艺

本项目的最大挑战就是对垂直照度的控制，也就是对灯具的光束角度有较高要求。通过在轨道灯上运用控光角度更好的遮光板，以达到对光线的精准控制。

4）照明设计中使用的环保安全措施

采用了最新节能环保的高亮 LED 光源的灯具，并对空间的整体亮度进行了合理的划分，把整个区域的亮度划分为不同的亮度级别。

3. 实景照片

南京牛首山佛顶宫室内照明工程

1. 项目简介

设计单位：上海艾特照明设计有限公司

施工单位：深圳市洪涛装饰股份有限公司/苏州金螳螂建筑装饰股份有限公司

获奖情况：第十二届中照照明奖照明工程设计奖一等奖

2. 项目详细内容

南京牛首山项目位于南京市南郊风景区江宁区境内，整个佛顶宫总建筑面积近 10 万 m²，主体建筑共 9 层，地下利用矿坑建设了6层，规模宏大、建筑奇伟。佛顶宫室内设计大量采用了各种中国传统的营造技艺，选择佛教不同发展阶段的石窟文化元素作为创作素材，旨在打造一个天人合一的佛教文化艺术宫。

1）照明设计理念、方法等的创新点

牛首山的灯光设计目标是配合室内设计单位，以专业的灯光设计打造一个既满足各空间功能照明需求，又充分表现室内空间特点，并根据各空间的不同，营造出独特的宗教艺术氛围效果，给游客和信众提供独特的游览和观礼体验。同时，灯光设计还需合理利用最先进的照明产品和技术，为项目提供专业的照明节能设计方案。

2）照明设计中的节能措施

（1）考虑到佛顶宫项目的地理位置以及光照情况，照明设计师们经过计算论证及模拟，在建筑顶部预留出一定面积的采光洞，在日照充足的情况下，充分利用自然采光为整个禅境大观提供照明，真正做到建筑绿色照明节能。

（2）项目整体空间90%采用LED光源，相比传统光源节省电力消耗50%以上，再加上优质的电源驱动在电源的转化率方面可以达到90%以上，更加减少了在传输及转化上损耗的电能。

（3）通过智能系统的整体监控软件最细可以做到对于每一盏灯的功耗统计，而有了真实数据的支撑就可以更为直观地体现节能减排的实际效果。

3）设计中使用的新技术、新材料、新设备、新工艺

（1）小穹顶的建筑设计采用自然采光的概念，在日照充足的条件下，依靠自然照明来维持整个游览空间的照度要求；日照不足及晚上，通过人工照明进行补光，以满足游客的一般参观游览需求。

（2）结合大观镂空铝板装饰吊顶，照明设计师们选用发光软膜作为背景，试图通过光阴的交织对比，营造出树影婆娑的自然景观。由于顶部镂空铝板分布的随机性，即中心区域镂空铝板图案规则且较为稀疏，周边区域镂空铝板图案多样且较为密集，照明设计师经过反复的计算论证及灯光实验，最终选定条形投光灯与点光源相结合的发光软膜照明手法，中心镂空铝板稀疏处采用点光源发光软膜照明，以展现细腻的图案变化，周边采用条形投光灯发光软膜照明，模拟大面积天光色彩变化。为了真实模拟夜晚自然天光环境，照明设计师还采用点光源照明灯具，按照星座点位设计排布的点光源，既营造出深邃宁静的夜空，又为照明平添了些许趣味性。

（3）考虑到千佛殿结构的特殊性，对于灯具维修和保护极为困难，故千佛殿大部分灯具采用LED光源和DALI驱动器，LED光源相比传统光源节省电力消耗50%以上，再加上优质的电源驱动在电源的转化率方面可以达到90%以上，更加减少了在传输及转化上损耗的电能，达到节能目的。由于千佛殿的特殊造型，立面佛像及飞天只能从舍利塔三层平台上进行采用LED 4°角超窄光束投光灯远距离投射。

（4）对舍利采用近距离LED射灯重点照明，避免紫外和红外对舍利的伤害，舍利藏宫顶面采用间接照明表现莲花瓣造型顶面，并采用LED点光源模拟天穹星光。佛像和立面采用投光照明。舍利藏宫的主游线在满足空间基本行走需求下，大部分艺术品重点照明以下照式为主，部分天花及立面增加灯带二次反射照明来呈现空间氛围。

3. 实景照片

禅境大观

千佛殿 常态

银川韩美林艺术馆室内照明工程

1. 项目简介

设计单位：北京良业环境技术有限公司

施工单位：北京良业环境技术有限公司

获奖情况：第十一届中照照明奖照明工程设计奖二等奖

2. 项目详细内容

1）照明设计理念、方法等的创新点

该艺术馆将成为贺兰山岩画景区的有机组成部分，作为岩画参观流线的结束点，表达出现代艺术与传统和大自然的对话，集中展示了韩美林以岩画为题材的绘画、书法、雕塑、陶瓷、染织等各个门类的艺术精品，整个展馆展陈规矩方整的主展厅与更开放、空间更丰富的互动展区有机结合为一体。不仅在空间尺度上给人不同的感受，更融合了对韩美林艺术作品不同格调的理解。在多元化空间中引入日光与山景，真正做到空间功能与空间形态的完美结合。

照明灯光配置紧紧抓住以上特征，根据韩美林各种作品的特点进行照明设计，采用 LED 灯具对各种展品进行展示。特殊的透光材料，在保证光线的高透射率的同时，增加光的漫射和聚光投射，解决了 LED 灯具常见的发光表面亮度过高的问题，很好地控制了眩光，同时对展品的照明突出重点。

2）照明设计中的节能措施

（1）高效光源的选用：设计方案中选用新型固态光源 LED。其特点：高亮度点光源、可辐射各种色光和白光、0 ～ 100% 光输出（电子调光）、寿命长（长时间维持高亮度）、耐冲击和防振动、无紫外（UV）和红外（IR）辐射、低电压下工作（安全）、日常运行费用较低，所以是一种既节能又安全的光源。

（2）节能灯具的选用：灯具的效率和配光对节能影响很大，合理的选用灯具可使耗电量下降，大大降低运行费用。选用利用系数高的灯具、选用配光合理的灯具，根据不同的展品选用合适配光的灯具，使有效光通都落到有效的被照面上。

在控制方面，实现人走灯灭的方式，长时间没人参观的区域灯光会自动暗下来，有效控制耗电量和灯具寿命。

3）设计中使用的新技术、新材料、新设备、新工艺

本项目灯具采用国际知名品牌 CREE 芯片的 LED 灯具，灯具配光更合理，灯具光效更高，同时采用特殊散热结构使灯具寿命更长。

根据不同的展品配置合适的 LED 色温和显色指数，对白光 LED、色参数的要求，如选择蓝光 LED 芯片的主波长为 455nm，辐射功率为 110mW，荧光粉的选择配比等都做了系统的试验，各种不同色彩在 LED 光源照射下，对展品色彩还原性得到了良好体现，并最终确定。

灯具透镜的选择，对其选用材料、透光率等指标进行多次试验并确定。

3. 实景照片

上海万达瑞华酒店室内照明工程

1. 项目简介

设计单位：万达酒店设计研究院有限公司

施工单位：亚泰装饰工程有限公司、金螳螂装饰股份有限公司、和成装饰工程有限公司

获奖情况：第十二届中照照明奖照明工程设计奖二等奖

2. 项目详细内容

1）照明设计理念、方法等的创新点

瑞酷吧位于酒店十八层，白天为米其林法餐，夜间法餐结束后为酒吧。为满足这两种不同的使用功能需求，在灯光设计之初，就考虑到灯光的灵活多变性。

进入电梯厅，为保持灯光效果的纯净，突出表现地面透光玉石丰富的灯光色彩，摒弃除吊顶微弱装饰灯光外的所有照明及装饰灯光，使得电梯厅非常有视觉冲击力，也在地面透光玉石的泛光映射下极富表现力。

瑞酷大厅，法餐场景时，天花筒灯调节至用餐桌面以满足用餐照度要求，周围环境光则调暗，以制造出浪漫的法餐环境。当法餐结束，灯光氛围在现场 DJ 的音乐变换中也同时变化：天花舞台灯光启动，图案灯和激光灯在烟雾机的作用下，光影和色彩交互变换；天花、地面、吧台内的 LED 灯光根据音乐节奏随意组合色彩和调节明暗。

夜幕降临，室外的露台天空吧，墙面雕刻玻璃花纹在灯光的渲染下渐渐显现，透光吧椅内的灯光也烘托了气氛，和整个上海外滩融为一体。

2）照明设计中的节能措施

酒店大堂铜顶天花在打样初期，采用了两种不同功率卤素的测试，大功率筒灯满足照度要求，比较均匀，但是耗电量较大，不利于节能要求；小功率的筒灯为达到照度需要增加一倍的数量，破坏了天花铜顶造型的完整性。为了满足节能和照度同时达标，对几种不同品牌 LED 筒灯进行反复测试，最后采用了进口可调光的 LED 筒灯。

3）设计中使用的新技术、新材料、新设备、新工艺

日餐位于酒店五层，日餐入口通道以四季为主题，利用影像技术，演绎了春、夏、秋、冬四季的主题。

当客人进入餐厅入口通道，天花感应器与投影机连接，四季的影像逐渐变化，与客人多维互动。此区域的重点是影像的无缝对接，经过前期的反复试验和调试，确定了投影机的数量和安装位置，最终无缝对接，图像清晰自然。

走廊端景处的银色樱花树，也可以随着四季的色彩变换同步变换着颜色，地面的樱花倒影根据音乐动态地抽枝发芽。

当餐厅歇业时，投影机影像关闭，天花两侧暗藏灯带调亮，暗藏的射灯也开启，提供功能照明的需要。

4）照明设计中使用的环保安全措施

泳池灯具厂家最初送样的为大功率卤素灯，考虑到在实际使用中耗电量大，也存在安全隐患，设计师要求调整为 LED 光源水下灯，经过反复试验效果，在达到建筑照明标准的前提下，选择合适的功率和色温，避免了水下眩光对人眼造成的影响，安全上也得到了保障。

3. 实景照片

KTV

日餐散座

全日餐

青海省美术馆室内照明工程

1. 项目简介

设计单位：北京中辰筑合照明工程有限公司

施工单位：北京中辰筑合照明工程有限公司

获奖情况：第十二届中照照明奖照明工程设计奖二等奖

2. 项目详细内容

1）照明设计理念、方法等的创新点

（1）选用高品质 LED 展陈灯具，根据层高和展品类型，合理配置数量

一层展厅按照展陈空间尺寸，层高约为 3.6m，四周有效展墙长度约 94m，按每 0.6m 1 套灯具配置，共需约 156 套。根据美术馆展品布展规律，展品间距为 0.6～1.5m，结合层高，主要以射灯为主，洗墙灯数量为射灯的 30%，即洗墙灯为 36 套。其余 120 套为射灯，射灯分为窄配光、中配光和宽配光，其比例为 1：2：2。

二层展厅层高约为 2.8m，四周有效展墙长度约 106m。按每 0.6m 1 套灯具配置，共需约 176 套。考虑层高较低，展品以书法作品为主，则主要配置洗墙灯，射灯数量配置为洗墙灯的 30%，即射灯为 40 套。射灯分为中配光和宽配光（层高问题，窄配光射灯基本用不上），其比例为 1：1。其余 136 套为洗墙灯。

三层展厅层高约为 4.2m，四周有效展墙和中间活动展墙长度约 188m，按每 0.65m 1 套灯具配置（因层高较高），共需约 289 套。配置方法同一层。

（2）选用合适的灯具，解决二层中庭高约 9m 展墙的照明问题

贯通一二层中庭的大展墙，宽约 17m，高 9m。此处馆方将长久展陈超大幅山水画《望昆仑》。我们配置了 Iguzzini 的大功率洗墙灯，通过照度计算，设定 31W 洗墙灯 38 套，以达到均匀洗亮展墙的效果。

（3）采用现场面板控制和手持遥控相结合的控制方式

从便于美术馆工作人员布展、调试，以及经济实用等方面考虑，采用现场面板控制（在遥控器上对面板设置了锁定键，避免观众乱按而导致灯光关闭）和手持遥控相结合的控制方式，可以对每面展墙的轨道（设置为一个回路）进行开关电控制，而每盏灯上都带有单灯调光旋钮。

2）照明设计中的节能措施

（1）全部采用高效进口（ERCO、Iguzzini）LED 轨道射灯、洗墙灯，功率因数均大于 0.92，且单灯自带调光（10%～100%）。

（2）发挥轨道射灯可移动的特性，多布置轨道而少配置灯具。

（3）按展墙分回路控制，做到同一展厅里无展览展墙可随时关灯。

3）设计中使用的新技术、新材料、新设备、新工艺

（1）同一款射灯可通过不同透镜（或反射器）实现不同的配光效果。

（2）根据美术馆内不同展厅作用，合理配置灯型和数量，经济适用。

（3）解决 9m 高展墙的照明效果，且均匀度极高。

3. 实景照片

北京清秘阁室内照明工程

1. 项目简介

设计单位：U + 设计机构

施工单位：山东大羽设计工程有限公司

获奖情况：第十二届中照照明奖照明工程设计奖二等奖

2. 项目详细内容

1）照明设计理念、方法等的创新点

对于经营文房、书画为主的场所，水墨的空灵意境最适合表现空间照明的感觉。本案用低色温布满整个空间，仅在吹

拔发光墙时设置可调节的色温，配合自然光的色温变化，色温简化处理，重点在亮度设计上做文章。

本案尝试把亮度和水墨的语言做对应性研究，再用于照明的空间塑造。国画里有墨分五色之说，即焦、重、浓、淡、清，每种对应特定的感觉和效果。我们把光分五度，即曝、光、柔、暗、虚，与墨之五色对应。

以人的视觉任务和情感为本，从人眼位置、视角及移动轨迹等来考虑光的分布和灯的布置。

A. 吹拔处的发光墙，用不同配光、色温的投光灯单向投光，形成均匀渐变、又有色温变化的灯光效果。

B. 匾额照明，定制条形灯具和门簪形式相结合，晚上重点照亮匾额。

C. 临街窗台内侧定制灯槽结构，通过微孔缝透光向上照亮窗和天花，是外立面照明的重要组成部分。

2）照明设计中的节能措施

（1）通过照明方式、手法实现节能

A. 大量的立面照明，优化视野中的光分布，实现少用灯。

B. 平面照明仅在工作面及交通节点有，其他次要区域靠墙面二次反光照亮。

C. 适当运用对比，用较少的光，创造较明亮的视觉感受。

D. 合理设置回路。

（2）通过使用高品质的器材实现节能

A. 使用高光效的灯具。

B. 使用调光设备。

3）设计中使用的新技术、新材料、新设备、新工艺

二层木板上的地埋灯，在雅集模式下开启，同时用半透光灯罩罩在地埋灯上，就变成了一个灯笼。而不用再另扯线到灯具。

吹拔处发光墙的透光部分使用（内含竖筋的）阳光板，外裱宣纸的工艺，在发光表面出现细腻的阴影线和纸本身的机理，远看效果很柔和，近看细节很耐看。

4）照明设计中使用的环保安全措施

环保措施：室外照明通过眩光控制、亮度控制，避免光污染。

安全措施：

A. 台阶、水池边都有提醒的照明，避免事故发生。

B. 低压灯具的电器位置就近安装，且适当增大线径，确保低水平的电压降。

C. 每个回路串联的灯具数量在国标限定以内，确保线路安全。

3. 实景照片

3.2

演播室、演出场地照明工程

江西广播电视台全媒体演播室照明工程

1. 项目简介

设计单位：德国 FLINT SKALLEN/广州斯全德灯光有限公司

施工单位：广州斯全德灯光有限公司

获奖情况：第十一届中照照明奖照明工程设计奖一等奖

2. 项目详细内容

江西广播电视台全媒体演播室是一个通过虚拟全景、实时互动、4G 加卫星连接世界化的 6 讯道高标清全媒体交互式演播室，它运用高清视音频技术、通信技术、互联网技术，综合各种媒体的传播交流形式，可实现节目的全媒体采集、制作与发布以及不同数字终端用户的广泛参与互动；同时采用大屏和多屏结合、前后景虚实结合、机器人视频系统等先进技术手段，配以完善的演播室景区设计，极大地美化了演播室的视觉效果，从而实现节目内容及整体视觉传达上的统一，节目播出效果得到全面提升。

全媒体演播室由六个播送区域组成，分别兼有高清的播送功能，所以在光源的配置上也是按 HD 来配置的。在照明设备的选型上采用了国际一流的飞利浦 LED 成像灯、LED 聚光灯和 LED 平板灯，先进的灯光设备为获得高质量的人物画面提供了优秀的技术平台。灯光设计的亮点有：①灯光配比合理、布光细腻。摄像机在任何角度拍摄时画面中的主持人都不会有阴影产生。②在灯光照射的亮度上有多级调节，在播送的前期、中段、结尾都可以做出很多的轻微调整，在主持人的正面、侧面、后面都不会出现阴影，播出画面干净，立体感强。③整个演播室设备层采用单层葡萄架加椭圆吊挂结合舞美设计，经济实用，整洁大方，能够满足任何一个布光点，以达到灯光的最佳效果。④采用了高亮度 120W RGBW 全彩 LED 混色技术，可实现无级混色，并有 HSIC 颜色配置功能的 LED 灯具，此灯具不但可调色温，还可以根据演播的主题对局部环境进行精雕细琢，达到更完美的视频效果。

江西广播电视台全媒体演播室建设体现了国际先进水平，展示了江西广电人敢超先进、敢争一流的精神风貌，将先进设备的价值转化为广电人的实际能力，通过新平台新技术的手段，提高了广播电视的宣传效果和感染力。

3. 实景照片

中央电视台 E03 演播室照明工程

1. 项目简介

设计单位：佑图物理应用科技发展（武汉）有限公司

施工单位：佑图物理应用科技发展（武汉）有限公司

获奖情况：第十一届中照照明奖照明工程设计奖一等奖

2. 项目详细内容

本项目为中央电视台新台址 E03 演播室灯光系统深化设计和总集成。其功能定位的要求是，能够承担大型高清晰度电视综艺节目的直播及录播制作任务。

本次总体灯光系统设计、配置和布局与国际接轨，是基于计算机网络化控制技术上开发的一套先进系统，运用大量先进可靠的工业过程控制及网络传输技术。

本系统考虑到演播室灯光的灵活应用，采用意大利进口 TRABES 品牌电动葫芦及先进的多功能水平复合吊杆，安装简单，维护方便，使演播室整体美观整洁；控制系统不光具有设备的控制功能，还具有精密的监控反馈和行之有效的设备运行管理功能，同时，还具有安全的应急保障系统。

演播室灯光控制信号传输系统采用了基于多模光纤的千兆快速以太网作为主干网络，配合以太网、DMX512 网络技术为基础的信号传输网络，实现网内资源的共享；使将来的主操作台与遥控台实现双电脑全追踪系统技术；具有良好的系统可靠性和扩充性，目前电脑灯控台可以控制高达 4096 个 DMX 地址；具有完善的计算机辅助设计系统。

3. 实景照片

云南亚广影视传媒中心 $800m^2$ 新闻综合演播室照明工程

1. 项目简介

设计单位：云南广播电视台/广州方达舞台设备有限公司/
　　　　　杭州亿达时代灯光设备有限公司/北京星光影视设备科技股份有限公司

施工单位：广州方达舞台设备有限公司/杭州亿达时代灯光设备有限公司
　　　　　北京星光影视设备科技股份有限公司

获奖情况：第十二届中照照明奖照明工程设计奖一等奖

2. 项目详细内容

云南亚广影视传媒中心 $800m^2$ 新闻综合演播室是云南广播电视最大的新闻综合演播室，主要承载着《云南新闻》等电视新闻节目的直播和录制。演播室舞美采用多景区设计，抛弃以亚克力灯箱为主的设计，以可染色的实景为主，整个场景光比控制更加方便自如。演播室采用安全可靠的智能网络系统对灯具进行控制，主持人主光、辅助光、逆光以及所有景区的染色等全部采用四色或七色混成高品质的不同色温的白光和色光节能环保的 LED 成像灯完成，完全保证主持人肤色和大屏幕背景色彩的正常还原。电视画面更加优美。

3. 实景照片

《中国出了个毛泽东》大型实景演出照明工程

1. 项目简介

设计单位：浙江大丰实业股份有限公司

施工单位：浙江大丰实业股份有限公司

获奖情况：第十二届中照照明奖照明工程设计奖一等奖

2. 项目详细内容

《中国出了个毛泽东》大型实景演出是超大型的室外演出舞台。灯光系统设计科学、合理、全面，完全满足了这种超大型室外演出全天候复杂环境的需求。工程充分考虑现场大型户外山区环境，以移动式舞台、移动式观众席等舞台机械技术为支撑，运用3D全息投影、Grand MA网络结构、光纤信号传输、远距离实时监控、防水灯具等技术手段，构建了一个大型可靠的灯光系统。控制系统选用全新的网络结构，灯光控制台和服务器ON PC软件实时备份，实现多种控制组合设定，包含多用户模式、相互备份模式；通过NPU（网络处理单元）的参数扩展，版图上电源及信号点，采用定制的动力电源＋光纤电缆传输方式，把电源和信号传输结合在一条线上，再利用卷线器的收放，跟随的版图移动，每个信号点位可通过灯光控制台来反馈显示，展示一台气势磅礴的壮美演出。

3. 实景照片

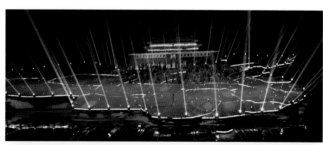

江苏广电城新闻开放演播室照明工程

1. 项目简介

设计单位：江苏省广播电视总台电视技术部

施工单位：杭州亿达时灯光设备有限公司

获奖情况：第十一届中照照明奖照明工程设计奖二等奖

2. 项目详细内容

江苏省广播电视总台新闻开放演播室于 2016 年正式投入使用，占地约 600m²。演播室体现全景化、全媒体、全高清、交互式的特点，共分为主播播报、直播连线、资讯播报、导控室背景、访谈、社交媒体共 6 个主景区，每个景区既可单独使用，也可以多景区联合使用，丰富了节目呈现形式。目前《江苏新时空》《新财经》《网罗天下》《通天下》等节目已进入演播室制作。

演播室采用全 IP 化的灯光控制系统，主备双调光台热备份系统。采用全新的 7 色 LED 成像灯作为人物主面光，通过对成像灯镜筒、光栅的调试，实现了人物的远距离精确布光。结合 LED 平板灯、LED PAR 灯，作为人物布光主要手段。调光台可对演播室舞美灯箱进行控制，LED 灯箱采用 ARGB 四种色彩，通过混色系统实现极丰富的色彩，增强演播室氛围效果。演播室灯具具备 RDM 协议，可从调光台观察灯具状态，并远程设置地址码等功能。大部分灯具设备支持色温调节，配合大屏、摄像机、舞美灯箱等多因素制定色温统一为 5000K，演播室各景区人物补光照度平均为 700lx。

3. 实景照片

星光影视园 $3600m^2$ 演播室照明工程

1. 项目简介

设计单位：北京星光影视设备科技股份有限公司

施工单位：北京星光影视设备科技股份有限公司

获奖情况：第十一届中照照明奖照明工程设计奖二等奖

2. 项目详细内容

本项目定位为可录制综艺节目、举办大型颁奖晚会、拍摄影视剧等节目的多功能演播室。$3600m^2$ 演播室长度为 66.8m。宽度为 48.2m，设备层高度为 19.5m，整个演播室所有方位均可设为舞台区域，以满足不同节目类型的需求。

演播室机械吊挂系统主要有三种设备，以满足不同类型节目的需求。多功能水平吊杆 65 根，其特点是布灯灵活，使用方便，主要满足常规类节目的需要，如公司年会、宴会、舞美景片并不复杂的文艺晚会等；移动式单点吊机 120 台，其特点是吊机可沿轨道方向随意移动，适合吊挂大型的、不规则的、复杂的舞美吊架，满足大型的综艺晚会节目的需要；可移动电动葫芦，单台电动葫芦最大荷载为 1t，适合吊挂重型设备，如线阵列音箱、大型 LED 屏幕等。

灯光控制全部采用基于 TCP/IP 信号的网络系统，在灯光导播室与演播室内采用千兆光纤双环网络传输信号，网络信号直接传输至灯具位置，再由流动式 NET/DMX512 编码解码器转成 DMX512 信号送至灯具或其他设备终端。所有吊杆等吊挂设备均留有 3 路网络接口，充分留有冗余以备线路故障时可用，保证节目录制安全。

3. 实景照片

浙江国际影视中心 2500m² 演播室照明工程

1. 项目简介

设计单位：浙江广播电视集团/佑图物理应用科技发展科技（武汉）有限公司

施工单位：佑图物理应用科技发展科技（武汉）有限公司

获奖情况：第十二届中照照明奖照明工程设计奖二等奖

2. 项目详细内容

浙江广电集团国际影视中心 2500m² 演播厅灯光系统集成项目，目标定位为建成一个功能完善、性能稳定、技术先进、安全可靠、节能环保的国内一流的专业演播厅灯光系统，能满足各类大型电视综艺节目的灯光制作需求。演播室从吊挂系统、信号系统、供电系统、智能监控系统多方面着手，实现了全方位舞美置景、全链路网络信号、大容量灯光集控、多点位接入控制、分布式灯光供电、立体化信号监控等创新。演播室的灯光配电系统、机械吊挂系统、网络控制及管理等方面追求可靠、实用、耐用，注重功能性、实用性与外观优雅造型的完美统一，在实际使用中操作简单，便于维护；设置有备份及安全保护，确保节目制作的安全可靠。演播室紧密结合广电技术发展趋势和自身业务需求，最大限度地满足了灯光师艺术创作的自由发挥。建成后先后录制《王牌对王牌》和《中国新歌声》第二季两档具有较高收视率和影响力的大型综艺节目。

3. 实景照片

广东广播电视台 1600m² 演播室照明工程

1. 项目简介

设计单位：广东广播电视台/广州斯全德灯光有限公司

施工单位：广州斯全德灯光有限公司

获奖情况：第十二届中照照明奖照明工程设计奖二等奖

2. 项目详细内容

本项目为广东广播电视台 1600m² 演播室灯光系统集成，包括调光及网络控制系统、机械吊挂系统（含单点吊）、灯光配电系统、演播室工作场灯照明系统、内通及监控系统、综合布线系统等。演播室吊挂系统由灯光设备层吊挂基础结构、行走旋转吊杆、多功能复合水平吊杆、设备层可移动单点吊点、电动葫芦、铝合金 TRUSS 灯光架和全数字位置闭环布光控制系统组成，形成了灵活、方便的吊挂控制系统。控制系统双备份：主、副电脑灯控制台和主、副调光台通过网络数据交换系统可以无缝链接，实时热备份，杜绝死机和系统瘫痪。网络双保险：主干采用光纤网络环型结构；主副调光控制台单独链接调光柜，不依赖网络柜，杜绝网络设备死机和系统瘫痪。演播室能够承担大型高清晰度电视综艺节目的直播及录播任务。

3. 实景照片

中央电视台第九演播室 $1000m^2$ 照明工程

1. 项目简介

设计单位：广东华晨影视舞台专业工程有限公司

施工单位：广东华晨影视舞台专业工程有限公司

获奖情况：第十二届中照照明奖照明工程设计奖二等奖

2. 项目详细内容

中央电视台第九演播室灯光吊挂系统采用了三联轴矩阵吊挂形式，一台 800kg 提升设备可分别切换到每个轴上或三个轴的任意组合，每轴有三个可无级移动的绳盘吊点，整个演播室吊点组成矩阵形式，各吊点又可方便无级移位，吊杆可横竖及角度任意使用，满足各种复杂的吊挂需求。这样既满足了局部较重的吊挂需求，又共享了提升设备、节省了能源，是一套全新的矩阵吊点的吊挂系统。演播室全部采用节能环保的三动作机械 LED 聚光灯，控制系统网络采用双环网设计，网络及 DMX 系统使用光纤链路。灯光网络系统采用以太网络信号传输方式，通过控制台，可很方便地设置流动智能转接盒，灵活调配演播室控制信号的使用。

3. 实景照片

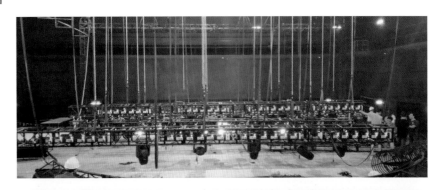

3.3

室外照明工程（单体）

哈尔滨大剧院夜景照明工程

1. 项目简介

设计单位：栋梁国际照明设计（北京）中心有限公司

施工单位：北京东方富海照明工程设计有限公司

获奖情况：第十一届中照照明奖照明工程设计奖一等奖

2. 项目详细内容

1）照明设计理念、方法等的创新点

基于对观景点上的景观、自然中的自然形、环境中的建筑空间环境的整体理解，制定了夜间灯光环境的设计策略。在保证使用功能光的前提下，实现用光塑形，用色温辨空间冷暖，用光带引导视线流动的光影诗意化表达方式。归纳起来，我们采用了造型的光、流动的光、浮起的光、溢出的光四种用光的概念来说明建筑布光的逻辑。同时在景观布光和室内照明的设计上制定了用光的基本原则。

2）照明设计中的节能措施

较大范围的沼泽地缓冲了远处城市对大剧院建筑的亮度影响。除去路灯光外，基地的照度不过 1～2lx，建筑的外观材质为浅灰色铝板，反射率在 0.6 左右，通过实验，20lx 以下的投射照度足以将其造型显现出来。设计平均照度定在 10lx 左右，投光面部分的亮度在 5cd/m² 左右。未投光部分除了环境光的影响外，没有亮度，但暗处的建筑面与边缘也承担了体型与轮廓的塑造。完成后的检测确认了这个设定，同时视觉感受也证明了亮度设定的正确性。为了区分室内外的冷暖感觉差异，选择了色温 4200K 的陶瓷金卤光源。

建筑立体感的体现靠光影的互衬，投光的面积有意识地控制在 60% 的表面面积上，同时控制亮度在设定范围内，其余的留给了影子。局部天际线投光稍强，除了城市尺度的指引目的也暗示出对外部开放的天庭空间的存在。实施过程中的调光涉及对亮度的现场判断，人眼对不同亮度的感受随时间有自适应的调节功能，有时会影响对实际亮度对比的判断，这时用相机等工具的屏幕显示反而能帮助客观判断相互的光比关系。

找到载体与空间的逻辑关系后，用简约的光表达也是对投资和节能的贡献，在此意义上照明设计就是环境设计，我们期待在不同季节里灯光和环境的紧密融合。

3）设计中使用的新技术、新材料、新设备、新工艺

介于湿地风景区面积广大，栈道极长，栈桥的灯光特制了太阳能发光系统的点光，其目的在于减少管线的敷设成本，以及解决被水淹没的危险。将太阳能小点安装于扶手外侧，太阳电池板安装于脚下侧板位置，以减少建设方的维护及减少施工的复杂性。

4）照明设计中使用的环保安全措施

设备的安装以不影响外饰面的完整为前提，灯位顺应了结构的逻辑，灯具选用考虑了防眩光，在细节构造上也采取了防眩光措施。灯槽内的灯具安装位置保证在不同的角度不漏光源且均匀连续，这些细节直接与光环境的品质相关联，施工过程中进行了反复核查。

例如：外立面的主投光点与景观相结合，将灯具隐藏于微景观的背面对建筑进行投光。

3. 实景照片

舟山普陀大剧院夜景照明工程

1. 项目简介

设计单位：浙江永麒照明工程有限公司

施工单位：浙江永麒照明工程有限公司

获奖情况：第十一届中照照明奖照明工程设计奖一等奖

2. 项目详细内容

1）照明设计理念、方法等的创新点

照明设计理念："个性化、人性化、艺术化、系统化"

■ 个性化的灯光布局、造型、色彩和构图；

■ 人性化的视觉舒适度和愉悦度；

■ 艺术化的灯光主题和氛围；

■ 系统化：艺术和科技，设计和实践，实施和运营的系统化考虑。

城市 LED 灯光景观作品的设计须使观赏者在视觉上得到享受，情绪上受到感染，与周围环境和谐统一，进一步起到美化空间、营造文化的作用。

我们的设计要满足的是舟山普陀大剧院的需求，我们要服务的对象也是舟山普陀大剧院这片土地。整个光影用现代、自然的设计风格，通过海浪、水波、鱼群等元素完美、柔和地展现了"海洋之光"的设计主题，极好地诠释了建筑作为区域文化中心的地位。四季、水墨、莲花等元素又将普陀的自然风光、海洋文化和佛教文化完美地呈现在观众面前，展现出普陀的地理位置所蕴含的独特气质。

照明设计方法："五行元素"，即师法自然、传承人文、艺术创想、科技未来、情感效应。

照明设计亮点：普陀大剧院光艺术作品的设计方案，在充分了解建筑内涵的基础上，完美结合建筑的幕墙结构，整个项目的 43000 多套灯具隐藏在幕墙外层六角形连接杆内侧，朝向白色里层幕墙投光，在技术上为在非规则曲面建筑上大规模使用多点式间接光的光艺术作品，该作品成功地实现了以点现面，却只见面不见点的光艺术效果，使得光与建筑浑然一体。

2）照明设计中的节能措施

（1）**按照节能环保要求确定照明方案**

A. 合理确定照度/亮度指标：根据效果要求，确定所需的照度或亮度标准值，采用智能控制系统，以及采取静态、动态等各种场景组合状态达到节能 30％以上。

B. 合理确定照明方式：根据普陀大剧院场馆的结构特点，选择将灯具安装在横梁上的安装方式，减少了能量浪费，同时减少了眩光。灯光景观兼顾了广场的功能照明。

（2）**开关灯控制系统节能设计**

根据不同时间点、日期，自动开关灯：灯光场景可以分为平日、一般节日、重大节日等，在平日，将只开一些基本场景，亮度也降低。同时在一天的不同时段，灯光的亮度及开启的灯具数量都不一样，这样的节能效果非常明显。

（3）灯具节能设计

采用高光效 LED：本项目 LED 光效较高，完全满足招标书要求。LED 灯具功率连续调制，是一种先进的场景节能技术。

3. 实景照片

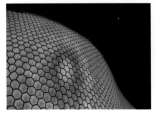  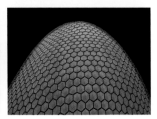

北京保利国际广场夜景照明工程

1. 项目简介

设计单位：豪尔赛照明技术集团有限公司/北京对棋照明设计有限公司

施工单位：豪尔赛照明技术集团有限公司

获奖情况：第十一届中照照明奖照明工程设计奖一等奖

2. 项目详细内容

1）照明设计理念、方法等的创新点

保利国际广场 T1 塔楼的夜景照明，意在用灯光塑造出建筑自身的形象特点，彰显超 5A 级写字楼的高端品质，打造"新地标"的夜晚形象。

T1 塔楼的立面特点为凹凸有致的菱形单元，建筑设计概念中赋予其具有中国传统元素的"折纸灯笼"概念，因此建筑设计方比较倾向于利用灯光强调菱形部分。

在此基础之上，考虑到立面藏灯等问题，利用菱形横向结构部分安装线型灯具，结合菱形自身的转折，在常亮的模式下可以形成晶莹剔透的"钻石切面"的效果，"钻石灯笼"的设计理念由此而来。在动态模式下，通过线型灯具的分段控制，可以形成丰富的动态效果和图案组成，不仅可以拥有多种场景模式，而且还能达到节能的目的。

T2 和 T3 塔楼作为 T1 塔楼的配楼，其照明亮度明显弱化，仅以投光灯和下照筒灯作为照明方式。

2）照明设计中的节能措施

保利国际广场 T1 塔楼立面照明灯具以 LED 线型投光灯为主。灯具的功率总和为 119.8kW，占到总功率的绝大部分。因此在平日模式之下，通过对每一只灯具进行分段控制灯具的亮灭，不仅可以形成丰富的图案组合，而且减少了灯具的开启数量，从而大大减少了能源的消耗。

3）设计中使用的新技术、新材料、新设备、新工艺

T1 塔楼的立面照明通过灯光控制和利用建筑立面元素，可以创造出非常丰富的场景模式，并且还能够满足"见光不

见灯"的要求。

立面照明所使用的线型投光灯，根据灯具安装位置到受光面距离的不同，所选取的灯型也不同。在灯具与受光面所围合的等腰三角形区域内，两边靠近三角形底端的位置所使用的投光灯为 36W、45°中等发光角度的灯具，投射三角形中央及偏上部分的为 54W、15°窄发光角度的灯具，因此在受光面上可以形成亮度均匀的照明效果。

4）照明设计中使用的环保安全措施

（1）灯具选择：本项目中对于 LED 灯具进行了大量的应用，同时对于灯具的尺寸也进行了严格的把控，以利于灯具的隐藏安装。所有室外灯具的防护等级不低于 IP65，线路上均设置漏电保护装置。

（2）灯具维护：景观及近人尺度灯具均作双重绝缘措施，灯具维护及检修工作由专门的技术人员定期开展。

（3）眩光控制：T1 塔楼处金卤地埋灯进行了偏光处理，减少对过路行人的干扰。景观灯具通过控制出光角度和加装防眩光罩，避免干扰光以及溢散光的问题。

（4）灯具安全问题：隐藏式安装灯具充分考虑了灯具的散热问题，功率较小且通风散热措施良好。

3. 实景照片

深圳市平安金融中心夜景照明工程

1. 项目简介

设计单位：Lighting Planners Associates Inc（LPA）

施工单位：北京富润成照明系统工程有限公司

获奖情况：第十二届中照照明奖照明工程设计奖一等奖

2. 项目详细内容

平安国际金融中心作为深圳地标性建筑，地处福田商业核心区域。建筑完成高度为 592.5m，由 118 层塔楼及 9 层裙楼组成，建成后将成为深圳第一高楼。平安国际金融中心项目完工后，115 层以及 116 层将作为观光塔，届时深圳市民可在此远眺观景，体验一览众山小之感。

1）照明设计理念、方法等的创新点

在该项目中，考虑到其作为深圳市地标性建筑的重要作用及未来的商业用途，在设计中广泛应用了中国元素。如建筑塔尖采用斜切式钻石折叠；观光平台采用手风琴式折叠，犹如一把打开的折扇，美轮美奂；裙房立面运用内外交错凹凸及变角度有序的叠加，在韵律中做倾斜的渐变，为深圳平安国际金融中心增添了更多的艺术美感。

此外，建筑外立面照明基于建筑结构"折纸"元素，将其塑造成如钻石般闪亮的地标图腾，并引领深圳经济的发展。塔楼上部照明犹如城市月光，架起冰冷都市与大自然的联系，主立面媒体幕墙作为人与城市沟通的媒介，呈现丰富多彩的建筑表情，斜切折叠区域的照明犹如钻石闪亮的棱角；塔楼中部设备层照明承上启下；裙楼照明犹如阳光洒在凹凸交错间，形成迷人眼的绚烂。

2）照明设计中的节能措施

多品牌、多种类照明设备整合于一个大型智能控制系统。

整套系统采用通信协议为 TCP/IP 的以太网结构传输控制信号，并采用星形拓扑结构通过级联的方式将网络扩展，该种方式也是目前以太网广泛采用的结构及级联的方式。照明的分控设备输出信号均采用标准的 DMX512 通信协议，如此满足了可以将第三方 DMX512 调光类型的照明产品完全纳入到该控制系统中；开关类型的照明产品，则采用安装于照明配电箱中的 I/O 控制设备去控制各开关回路的通断，由此以实现整体照明的统一控制。本项目利用照明整体控制系统，在后期照明效果调试中将大厦外立面的所用灯具的发光强度进行统一的调整，不但使各种类灯具的发光效果相互协调，还使得本建筑立面照明与周边环境亮度相互调节。这样做可以肯定不是所有灯具都是完全开启的，从而达到节能效果。

3）设计中使用的新技术、新材料、新设备、新工艺

超高层建筑立面照明设备体量庞大，某一灯具或回路出现故障，仅凭肉眼很难准确定位故障点，为后期检修工作带来极大的不便，因此在本项目中运用了对整体立面照明设备的工作、故障状态的监控及反馈功能，监控人员可以在监控屏幕上轻而易举地观察到建筑所有位置的任何故障点的反馈信息，从而快速、准确地定位并进行故障维护，极大地降低了高空作业的危险性。这种做法在超高层建筑项目中非常有借鉴意义。

4）照明设计中使用的环保安全措施

为施工安全及整体施工进度考虑，塔身上部媒体幕墙部分灯具均在幕墙加工厂的单元板块上预先安装，并根据幕墙施工整体进度与幕墙单元板块一同现场安装。如此一来，大幅度减少了现场高空作业的工作量，降低了高空作业的危险系数。

3. 实景照片

南昌万达城万达茂夜景照明工程

1. 项目简介

设计单位：深圳市千百辉照明工程有限公司

施工单位：深圳市大观照明有限公司

获奖情况：第十二届中照照明奖照明工程设计奖一等奖

2. 项目详细内容

1）设计主题

淡墨染青花，烟雨戏玲珑。设计理念：通过精准控光表现陶瓷的特有光泽。光色应用：平时用 4000K 为主体现陶瓷的纯净质感，节假日增加低饱和度的青色、蓝色，通过微色差的流动和晕染渲染文化建筑的商业氛围。

2）照明设计中的创新意识

A. 应用电子变焦投光灯来表现立面，形成晕染、流动、变色等效果。

B. 创新点灯安装方式，用了灯体和控制节点分离的方式保证幕墙完整，形成呼吸式的节奏变化，为建筑增添灵动感。

3）设计中使用的新技术、新材料

A. 新技术：点灯灯体和控制节点分离，通过空心螺杆走线和固定灯体。

B. 新材料：电子变焦投光灯。

4）照明设计中使用的环保安全措施

A. 采用高效光源和照明元器件，灯具全部采用 LED 光源，低能耗，选用通过国家认证的高效节能产品。

B. 采用先进的节能控制技术，万达最新研发的慧云智能照明控制系统，实现对建筑不同部位的效果，按照平时、节假日，进行不同时间段控制，达到节能效果。

C. 室外安装的灯具安装避免光污染（不能直射空中及住户）和防眩光装置。对于室外投光灯，采用截光型灯具或者增加防眩光装置。

D. 夜景照明灯具及配套电器、开关电源、控制器等电气设备禁止安装在可燃材料表面。

E. 开关电源、各种控制器必须按照施工设计规范要求安装在金属外壳的箱体内，不得埋在地面和墙体内。

F. 灯具的电缆电线接头应端子连接或涮锡连接，并做防水处理。

G. 为了保证安装强度和防止雨水腐蚀，灯具安装支架、固定螺钉应全部为不锈钢材质。

3. 实景照片

西北角鸟瞰

上海漕河泾科汇大厦夜景照明工程

1. 项目简介

设计单位：上海一昱建筑装饰工程有限公司

施工单位：上海中天照明成套有限公司

获奖情况：第十二届中照照明奖照明工程设计奖一等奖

2. 项目详细内容

1）照明设计理念、方法等的创新点

设计理念：一个立方体，一个倒影。

整个大厦是一个方正的对称体，11F 将大厦拦腰分成上下两部分，11F 形成一个反射 11F 层的反射面，将 2F ~ 10F 和 12F ~ 20F 的效果形成对称，形成倒影。

2）照明设计中的节能措施

整栋大楼采用 LED 灯具，其中 792 套低功率高亮度 LED 芯片的窗框灯具，84 套大功率 LED 线性投光灯，总功率仅 9.1kW，低用电量实现了整个大楼的室外泛光照明效果。

（1）尽可能地降低 LED 窗框灯具功率。

（2）减少 LED 全彩灯的布灯数量，间隔分布，非连续性安装。

（3）避免光污染。

（4）采用智能照明控制系统，分别采用光控和时控、手动控制面板相结合的控制方式，一是尽可能满足不同节假日的效果要求，另外根据平常日出日落时间，自动调节室外泛光照明的开关灯时间，最大程度地实现了节能效果。

3）设计中使用的新技术、新材料、新设备、新工艺

（1）采用了低功率 360° 出光的 LED 窗框灯具，是进口的新设备，实现了窗框四面的全亮效果。窗框所选择的灯具设计极简，功能强大，构造了与众不同的光影旋律，实现无尽的图形组合。

（2）新工艺：根据现场施工条件，窗框灯具控制系统设备为便于今后维修及窗框铝板空间限制，将控制设备统一放置室内控制箱内集中控制。

（3）采用模块智能照明系统，包括时钟控制、光感控制、手动控制面板等相结合的控制方式，从而实现了泛光照明灯具开关的人性化管理和响应国家提倡的节能减排政策。

3. 实景照片

上海北外滩白玉兰广场夜景照明工程

1. 项目简介

设计单位：豪尔赛科技集团股份有限公司/大公照明设计顾问有限公司

施工单位：豪尔赛科技集团股份有限公司

获奖情况：第十二届中照照明奖照明工程设计奖一等奖

2. 项目详细内容

1) 照明设计理念、方法等的创新点

建筑照明和灯光展示的有效结合，借助不同的照明方式，既保障了不同视点观赏需求，同时也令建筑照明的场景更为丰富。

四座建筑载体，依据建筑风格的不同，采用了不同的照明处理手法，有效融合在一起，动静结合，色调互通，形成有效的整体。

顶部通过漫反射的形式，突出顶部天际尺度夜景效应，漫反射的形式通过照明的强化，与沿江立面的直视灯光有效融合在一起，并未产生突兀感。

2) 照明设计中的节能措施

夜景照明方式，相对于传统的泛光照明形式，变更为灯光逐层表达的形式，强调了顶部照明的层次，丰富了立面变化的形式。

通过灯光控制，在非重大节假日期间，开启顶部部分灯光，既可以形成夜景照明天际线效果，同时也可以减少能耗。

主要场景下，灯具亮灯程序为动态变化或局部点亮，电量消耗为全亮状态的 1/3 ~ 1/2，不仅实现了良好的视觉效果，也能够实现节约的照明状态。

3）设计中使用的新技术、新材料、新设备、新工艺

灯具安装结合幕墙，将灯具巧妙地安装在立面上，在 320m 高的建筑上，白天并不会观察到灯具的存在；基础照明灯具，由幕墙结构通过穿孔板的形式照射，同时穿孔板也是比较理想的防眩光附件，在最大程度上避免了眩光的产生；点阵屏安装于铝型材内，巧妙地解决了灯具的固定方式，同时能够将电源线及信号线隐蔽敷设于铝型材内，为高层建筑的灯具安装提供了新的思路；通过模拟计算及现场试验，确立了点阵屏的间距，在成本控制和照明效果之间，找到了平衡点。

4）照明设计中使用的环保安全措施

直接照明结合间接照明，最大限度地让灯光发挥作用，为白玉兰广场的地标效应奠定基础。本项目中绝大部分的灯具所采用的都是 LED 光源的灯具，对灯具功率和尺寸都进行了控制，以利于灯具的隐藏安装。所有室外灯具的防护等级不低于 IP65，线路上均设置漏电保护装置。

立面灯具可通过控制器，在不同的场景模式间切换，以满足不同的夜景观以及时间段的需求，达到节能的目的。

3. 实景照片

中国宋庆龄少年科技培训中心夜景照明工程

1. 项目简介

设计单位：北京中辰筑合照明工程有限公司/北京维特佳照明工程有限公司

施工单位：北京中辰筑合照明工程有限公司

获奖情况：第十二届中照照明奖照明工程设计奖一等奖

2. 项目详细内容

1）照明设计理念、方法等的创新点

经过与建筑设计沟通及现场周边环境勘探后确定，本设计方案主要是一个"活"字活，"古活切"，水流声。

（1）生存、有生命的、能生长。

（2）形声、从水流声。【动】

（3）有生气、生动、活泼。【形】

（4）很、非常。【副】

森活：建筑周边环境绿化比较好，行走在本项目位置中，如同置身在森林里一般。

水活：项目北边临近玉渊潭，潭中碧波荡漾改变了周边的气候环境。

润活：建筑设计过程中采用与环境融合很好的材料——陶板，不仅与环境很好地融合起来，也体现了中国传统文化的特点。

生活：生活是一种状态，有生命力的，是活动的。

儿童时段是最活泼可爱、天真无邪、接受能量最强、成长最迅速的黄金时段。本次方案从微观层面出发，选择呼吸和细胞分裂过程为本次方案的主题意向。

2）照明设计中的节能措施

（1）本次方案95%以上的照明灯具是高光效、长寿命的 LED 产品，减少灯具数量，降低灯具功率。

（2）主楼楼顶围合窗台，照明灯具采用中段中空（解码器留位）、两端镜像有效分布方法，保证两侧效果一致，且降低灯具功率。

（3）使用不可调灯具实现渐变效果，降低灯具功率。

（4）在控光方面采用合理的光束角，尽量减少外溢光。

3）设计中使用的新技术、新材料、新设备、新工艺

（1）既可节能又可有多种照明模式。

（2）根据特殊的照明载体——陶板，定制灯具的色温（2000K、高显色性），实现更加真实、完美的照明效果。

（3）使用精确计算定制灯具，实现调光渐变的照明效果，节约了近60%的成本。

（4）根据窗户的不同宽度定制多种长度且光源两侧镜像布置、中空的灯具，实现每个窗户灯具相同功率，且实现了灯光照射窗户左、右、上三边（窗户立面尽量少光）即窗框结构照明效果。

（5）体现设计理念灯具均是 RGB 全彩可控产品，具有在线编程、无限升级、灵活多变的特点。

4）照明设计中使用的环保安全措施

（1）所有安装于硬铺装内的地埋灯均铺设排水管，将渗漏积水排走，保证灯具正常使用和寿命。

（2）轻小灯具均是与建筑表面材料直接固定，减少对内部结果及防水结构的破坏，并对施工点做完整的防水处理。

（3）人员可触及范围内灯具（除地面安装灯具）均使用 DC 24V 安全电压供电，避免漏电产生危险。

（4）所有照明设计均采用无污染、环保材料加工制作，避免相关危害。

3. 实景照片

昆明滇池国际会展中心夜景照明工程

1. 项目简介

设计单位：北京良业环境技术有限公司

施工单位：北京良业环境技术有限公司

获奖情况：第十一届中照照明奖照明工程设计奖二等奖

2. 项目详细内容

1）照明设计理念、方法等的创新点

照明设计理念：

整体照明设计重点表现建筑的形态，整个展馆以"孔雀开屏"的造型展现七彩云南的地域文化及特征。

建筑的立面自然起伏形成波浪形态，寓意滇池的波澜壮阔之势。照明方案设计以舒展、汇聚为主题，巧妙地结合建筑立面结构，充分尊重、体现建筑设计之初衷，通过灯光营造浓厚的地域特色，提升建筑在夜间的视觉效果与建筑形象，旨在塑造出"南方丝绸之路"与"美丽春城幸福昆明"的灯光意境，夜景灯光设计成为该区域一景。

照明设计创新点：

（1）为解决展馆大面积网架的不同钢架规格给整体的控制方式和灯具的安装带来的难度，特别采用了 TRAXON Washer Allegro AC XB RGB 投光灯。该款灯具配光更精准，光效更高，并可无极调光。

（2）展馆的整个建筑的照明控制系统通过 e：cue 的 Lighting Control Engine（LCE，照明控制引擎）的控制系统实现夜景效果的完美控制。通过对建筑灯光的调节性使得网架结构的明暗变化成为可能，并实现孔雀开屏、彩虹飞翔、四季飞花、波浪涟漪的效果。

（3）采用 e：cue 的 Lighting Control Engine（LCE，照明控制引擎）对照明系统中各个回路、每套 LED 灯具、每个像素点进行实时监控，监测工作状态，控制灯具开启时间、亮度级别等，发生故障时进行系统定位报信，快速排除故障点，使整个系统具备高效的运营状态。

（4）建筑立面上的灯具以 6～10 个为一组的方式进行安装，并隐藏在层板下部，灯具与建筑融为一体，以方便灯具安装过程中电线电缆及灯具接头的隐蔽处理，真正做到"见光不见灯"。

2）照明设计中的节能措施

项目中分不同实施阶段（方案设计阶段、初步设计阶段、施工图设计阶段、实施阶段）采取不同的节能措施：

（1）方案设计阶段采用分区设计，分时段不同模式设计，以选用高光效、低能耗的 LED 灯具产品为主；

（2）初步设计阶段通过专业软件进行照度及亮度模拟，精细化控制设计，采用智能照明控制系统来实现节能；

（3）施工图设计阶段根据现场样板段进行分场景试灯，结合样板段优化实施方案和施工图设计；

（4）实施阶段现场进行灯具调试，合理分区分场景调整亮度，减少能耗及节约运营成本。

采用以上多项综合节能措施后，最终达到了高效的节能目标。

3. 实景照片

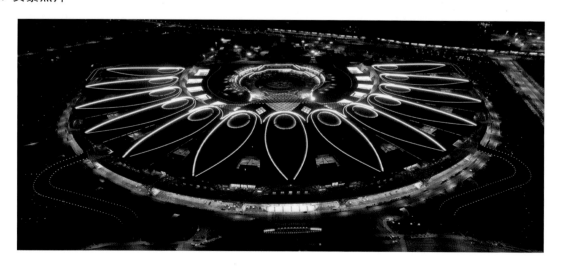

常州宝林禅寺夜景照明工程

1. 项目简介

设计单位：龙腾照明集团有限公司

施工单位：龙腾照明集团有限公司

获奖情况：第十一届中照照明奖照明工程设计奖二等奖

2. 项目详细内容

1）照明设计理念、方法等的创新点

设计理念创新点：此次项目以充分体现建筑本身的设计理念为基准，突出庄重、大气的照明风格，提升整体照明的品质，严格控制灯具配光，贯彻建筑设计古典与现代相交融的设计构思，用灯光的手法展现建筑独具特色的古典气质和大气磅礴的夜景氛围，向世界展现中国佛教文化。

设计方法创新点：其照明统一整体规划，灯具方面采用国内知名品牌，配光科学，光效更高。通过建筑与灯光的整体融合，使得常州宝林禅寺更加亮眼，彰显地位。

2）照明设计中的节能措施

本项目采用智能照明控制系统，对电源及其他系统进行总体控制、定时控制、场景控制。

（1）通过科学计算、合理布局，严格控制灯光的使用，对各区域实施合理的照度，防止能源的浪费。

（2）按照照明功能划分区域和时间段，对各区域进行时段控制，根据需要可以分成 18：00 ~ 22：00、22：00 ~ 00：00、00：00 ~ 07：00，各时段灯光形式有所变化，达到节能的目的。

（3）采用自动控制和手动控制相结合、现场控制与远端控制相结合的方法控制灯的开关，利用现代传感技术、调光控制技术，科学合理地设置照度。

（4）阴雨天、庆典、节日等特殊时段的开关灯时间单独设置，可以采用定时控制、光电感应控制、人员占用传感器控制等方式。

3）设计中使用的新技术、新材料、新设备、新工艺

（1）建筑立面灯光所用灯具根据建筑白天呈现的颜色定制，与建筑融为一体，真正做到"见光不见灯"。

（2）项目顶部运用投光灯，提升建筑的现代感。

（3）项目中所有灯具采用 LED 光源，节约能源。

（4）重点体现出建筑的轮廓与建筑形式的美感，辅以适当的泛光照明突出建筑的立面效果，同时表现温馨、多彩的夜景气息。

4）照明设计中使用的环保安全措施

（1）全部采用高效节能的 LED 产品，无污染，灯具多采用 36V 以下安全电压，所有灯具配线均使用防火阻燃硅胶套和陶瓷防火接头，LED 灯具采用压铸散热扇，保证使用寿命和安全。

（2）合理设计供配电系统，协调高低压线路，控制供电半径，做到分项分类合理配电，在确保安全可靠基础上，保障不同用电系统的正常运行。

（3）设置智能化控制系统。

3. 实景照片

成都阿里巴巴西部基地夜景照明工程

1. 项目简介

设计单位：北京三色石环境艺术设计有限公司

施工单位：四川普瑞照明工程有限公司

获奖情况：第十一届中照照明奖照明工程设计奖二等奖

2. 项目详细内容

1）照明设计理念、方法等的创新点

（1）设计起意："月光下的竹子"——在月色的映射下，清风拂动，竹影似真似幻，灯光将建筑语言升华，利用动静的铺陈，把夜景推向高潮。

（2）灯光反映建筑本身的主题和美，凸显建筑的神韵，结合建筑的不同使用功能，整体和谐统一，局部对比呼应。

（3）见物不见光。大部分采用间接照明，灯具最大化隐藏，减少外露灯具。

（4）灯具选择精细化。灯具角度定制化、精准化，灯具小型化。

（5）低位照明为主，减少眩光干扰，提升灯光舒适性。

（6）塔楼屋顶采用大功率洗墙灯，突显建筑天际线。

（7）用 LED 灯串做成大规模 LED 屏幕，突显商业氛围。

2）照明设计中的节能措施

（1）产品节能

A. 整个项目全部采用节能光源，90% 以上采用节能 LED 光源灯具；

B. 本项目所使用 LED 芯片均采用德国 OSRAM，大大减少了维护费用；所有 LED 灯具驱动均采用恒流技术，延长了 LED 灯具的使用寿命，同时也将能耗降至最低；

C. 灯具最少化，写字楼塔楼建筑灯具少；

D. 灯具大部分为自发光，达到每个灯具的最大效能。

（2）控制节能

设计中使用照明智能控制系统进行统一管理，合理规划照明时间与照明区域，避免不必要的能源浪费。其中，19：30～22：30 为观景模式，22：30～0：00 为节能模式，0：00 以后为印象模式。

3）照明设计中使用的环保安全措施

（1）采用 TN-S 系统，接地电阻不大于 1Ω，在配电箱内设浪涌保护器，以提高安全等级。

（2）灯具内增加针对感应雷击及静电（ESD）的专用防护元器件，突波电流可最高达 800A（8/20μs），在恶劣天气情况下，避免灯具给供电系统带来安全隐患。

（3）近人灯具使用带过温过载保护的电子镇流器，可有效保护灯具使用中的安全。

（4）建筑外立面上 LED 灯具均采用低压灯具，放置漏电造成的伤害。

（5）配电箱主回路设计浪涌保护，每个回路均设计漏电保护，有效保护人员安全及提高供电可靠性。

（6）所有灯具金属外皮、安装支架外皮、配电箱壳体等均接到 PE 线上。

3. 实景照片

西安中西部商品交易中心夜景照明工程

1. 项目简介

设计单位：上海碧甫照明工程设计有限公司

施工单位：陕西天和照明设备工程有限公司

获奖情况：第十一届中照照明奖照明工程设计奖二等奖

2. 项目详细内容

1）照明设计理念、方法等的创新点

设计理念："光舞丝路新起点，开启古都新征程"

本案照明设计以"灯光穿越历史，重启丝绸之路"为主题：

（1）丝绸之路——古今穿越

用冷色灯光传达现代建筑冷峻的威仪、梦幻的时代感，用暖色光表现悠久的历史、永恒的财富，表现对历史的尊重，对未来的展望。

（2）丝绸之路——虚实穿越

通过灵动虚无的线形灯光元素，表现建筑群的外围，而通过多种灯光的光效组合，着力强调核心的筒体建筑和U形弧面，表现建筑的虚实交映。

（3）丝绸之路——视线穿越

通过不同设计策略，引导人们的视线和行为穿透场地外围，将人气汇集到场地中心。深夜，建筑立面的灯光全部关闭，只剩U形建筑周边的泛光灯隐隐闪烁，还在缓慢而深沉地印刻着建筑的未来。

设计以穿越"丝绸之路"为切入点，而西安作为古代丝绸之路的起点，也是今天"一带一路"版图中至关重要的一环。作为位于西安港务区的重要地标性建筑，中西部交易中心的照明设计通过灯光的虚实呼应，冷暖交汇与动静变化，在夜晚再现"丝绸之路"欣欣向荣、繁荣昌盛的贸易情景，构筑"一带一路"宏伟规划蓝图的壮志雄心。

2）照明设计中的节能措施

（1）产品节能

本项目响应国家"绿色环保节能"政策，以LED灯具为主，使用率90%，其他高效率灯具为辅。

本项目所使用LED芯片均采用德国OSRAM，大大减少了维护费用；所有LED灯具驱动均采用恒流技术，保证了电源模块对LED芯片的完美保护，极大地保护了LED的使用寿命，同时也可将能耗降至最低。

（2）控制节能

本项目的强电部分采用智能开关控制系统进行控制，对每个回路都采用智能开关模块进行控制，每类灯具都是独立的回路进行定时开关控制（如周一至周日开灯时间为19：30～21：00；周六、周日开灯时间为19：00～21：30；重大节假日开灯时间为19：00～22：30）。

本项目的弱电部分采用LED照明场景控制系统，对LED灯具进行不同模式控制：平日模式、假日模式、重大节假日模式场景的控制，以及丰富的场景变换、编辑等，使实际消耗功率大大小于额定功率，进一步达到节能目的。

3. 实景照片

河北天洋城太空之窗夜景照明工程

1. 项目简介

设计单位：天津大学建筑设计研究院

施工单位：北京金时佰德技术有限公司

获奖情况：第十一届中照照明奖照明工程设计奖二等奖

2. 项目详细内容

1) 照明设计理念、方法等的创新点

在遥远的银河系居住着一个神秘的外星种族，数千年来，它们一直在遥望地球。事实上，它们不但在遥望，而且一直在记录人类探索星球的历程。为激励并鼓励我们重新迸发探索宇宙的渴望，外星人派遣了一艘线条优美的宇宙飞船——梦东方号来到地球，缓缓降落在中国河北燕郊。在太空飞船内部是一间未来仿真舱，人类可以被邀请进入舱内登上移动平台，移动平台可以将人类送至一个倒置的穹顶上，他们在这里会被邀请参加让人惊心动魄的穿越星际飞行。为了更好地完成太空之旅的体验，还原真实的太空光环境，并尽可能赋予其更多的主题和更丰富的情绪，从飞船的入口、舷窗、引擎到船尾在夜间都按照科幻作品中对宇宙飞船的刻画来设计。

设计中通过对船体原动线及项目运行中的真正动线进行研究，利用灯光巧妙地完成了夜间人流的导引，并由此产生了登船、启程、太空遨游、穿越时空之门、开启未来星之旅等场景，为本设计增添了故事性和趣味性。

登船：夜幕降临，我们的未来星球之旅即将开始。梦东方号太空飞船已经准备就绪，停靠在未来发射中心。舱门缓缓开启，一道刺眼的强光从舱内射出，指引人类进入太空飞船。

启程：在太空飞船内，探索未来世界的神秘科技，在友好的外星人的指引下，飞船发射升空，飞向未来星球。

太空遨游：透过船顶的天窗，我们可以看到浩瀚宇宙的壮阔星空，无数的行星在我们眼前划过，月亮离我们远去，太阳在向我们招手。在黑暗的宇宙中以光的速度飞向未来星。一路上外星人向我们讲述了地球人从未知晓的关于木星、金星、冥王星等外星球的故事，外太空的神秘面纱渐渐随风逝去。

穿越时空之门：忽然间，在远处前方的黑暗里一束光若隐若现，神秘而令人期待。飞船向着光明加速推进。前方越来越亮，黑暗渐渐地消失了，人们被笼罩在一道道光幕中，接受启开时光之门前的洗礼，忘却世间的纷繁嘈杂。迈过光幕，一个全新的科幻世界全然映入眼帘。

开启未来星之旅：Ladies and gentlemen，欢迎来到未来星，体验万年后的未来世界。

2) 照明设计中的节能措施

(1) 本项目灯具选择 LED 高效光源产品。

(2) 通过投光照明重点刻画建筑核心构件，优化灯具配光，减少光溢散，最大限度地提高光能使用效率。

(3) 系统灯具均采用直流 24V 的供电电压，以减少电源到灯具的线路损耗、高效率的 AC-DC 变换器，降低电源损耗、PWN 灰度控制技术，保持 LED 处于高效率稳定工作点。

(4) 照明系统采用时控、智能控制和手动控制的方式。设置平日、节假日、重大节日等不同的开灯控制模式，营造不同气氛的夜景效果，同时节约能源。

3. 实景照片

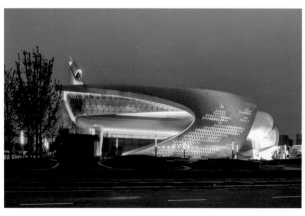

厦门海峡交流中心夜景照明工程

1. 项目简介

设计单位：深圳市大雅源素照明设计有限公司

施工单位：深圳市金照明实业有限公司

获奖情况：第十一届中照照明奖照明工程设计奖二等奖

2. 项目详细内容

1）照明设计理念、方法等的创新点

（1）设计理念

"城在海上，海在城中"，将灯光与周围环境融为一体的照明设计理念，选用低耗能的照明产品，恰当地表达夜景，并不对人造成任何不舒服的眩光干扰。

（2）设计创新点

A. 通过对办公楼、大剧院、商业裙楼的照明位置、亮度及光色控制，形成有层次感的夜间照明效果。

B. 所有照明产品均与环境相融合，同时保证了人在白天看不见灯，所有灯具都被巧妙地隐藏了起来。晚上在任何角度不眩光。

C. 在光的方向及强度控制上，选用合适的灯具配光曲线，对光的控制更加高效。

D. 夜景灯光的动态效果有效地表达建筑的力度感和升腾感。

E. 根据建筑特点，我们选用一线品牌的灯具，控光好。

2）照明设计中的节能措施

（1）产品节能

厦门海峡交流中心 B 地块大量采用 LED 节能灯具。

（2）控制节能

A. 理念与方法的节能比选用节能灯具更为重要。将"城在海上，海在城中"的理念应用于本项目照明设计，在夜晚景观设计的语境中表现为人工光介入自然空间的方式，其极端表现为"最少介入"，做到了有节制、有控制。

B. 通过无线通信网络、计算机控制系统、地理信息系统实现遥控、遥信、遥测等管理功能，把整个项目的照明区域分为普通区域、重要节点及关键部位，实现平日、节日、重大节假日不同的场景效果。通过多级控制，在满足需要的前提下最大限度达到节能效果，做到"少而不简、多而不繁"。

C. 计算机系统可远程获取照明回路的电气参数，包括电压、电流等，并且能任意对某个回路的景观灯进行开启、关断等操作，若出现没有达到漏电开关保护动作的少量漏电，系统将在相应的标识位置上提示，以便及时维修，避免积少成多。

3. 实景照片

南宁绿地中心夜景照明工程

1. 项目简介

设计单位：上海麦索照明设计咨询有限公司

施工单位：广西蔡氏照明工程有限公司

获奖情况：第十一届中照照明奖照明工程设计奖二等奖

2. 项目详细内容

1）照明设计理念、方法等的创新点

（1）在照明设计上用竖向灯光线条体现立面简洁现代的形象，表达硬朗的直线条及体块，突显建筑的商务气质。顶部采用内透照明的手法，形成一个透亮的视觉中心，突显建筑的体量感。并通过相同的元素与手法与其他办公楼形成群体效应，共同形成强烈的建筑整体形象。

（2）商业部分立面使用曲线的表皮，造型具备特殊性、醒目、惊艳，视觉冲击力强。灯光进行针对性的表达强调，力求在设计上表达对美学空间的品位与态度。内部空间用灯光强调横向立面，形成规则通亮的内部空间。制造空间话题，以达到吸引人的效果，并最终以一个城市艺术品的姿态呈现在大众面前。

（3）坚持"环保、低碳、科技"的照明设计理念，选用低耗能的 LED 照明产品，恰当地表达夜景。LED 的低能耗、超长寿命，极大地降低了后期维护和运营成本。

（4）结合幕墙结构进行产品定制，灯具和建筑融为一体，同时保证了白天和夜间效果。

（5）通过采用小功率 LED 芯片和增加磨砂透光罩，对灯具的发光强度进行控制，使光线柔和舒适，不产生任何不舒服的眩光。

2）照明设计中的节能措施

（1）摒弃布灯多多益善的方式，严格控制布灯密度，既避免过度用灯，又能体现设计意图。

（2）使用高效性、低能耗的 LED 芯片作为光源，对每个灯具的功率及系统效率进行准确要求。对灯具的系统光通量进行具体要求，保证使用高效率的灯具。

（3）使用低功率灯具，恰当的功率能够达到预想的照明效果，又避免浪费能源。

（4）根据不同的使用要求制定平日、周末、一般节日、重大节日、深夜等控制模式，在保证满足照明效果的同时达到节能目的。

3）设计中使用的新技术、新材料、新设备、新工艺

（1）结合幕墙结构定制灯具及固定结构，使灯具和幕墙在造型和外观颜色上相匹配，并融为一体。

（2）为实现柔和无眩光的照明效果，通过多次试验，光源采用小功率三合一 LED 芯片，棱镜透镜及 PC 柔光罩，最终实现令人满意的效果。

（3）为了保证光色一致性，对 LED 芯片光谱范围进行精确控制，要求 R 波长：（625 ± 3）nm，G 波长：（525 ± 3）nm，B 波长：（465 ± 3）nm。严格控制芯片的色容差范围，保证每个点光源光色一致。

（4）对同色温 LED 灯具的色容差要求 SDCM < 5，以保证项目灯光整体的一致性。

3. 实景照片

西安曲江芙蓉新天地夜景照明工程

1. 项目简介

设计单位：西安明源声光电艺术应用工程有限公司

施工单位：西安明源声光电艺术应用工程有限公司

获奖情况：第十一届中照照明奖照明工程设计奖二等奖

2. 项目详细内容

1）照明设计理念、方法等的创新点

自古有"清水出芙蓉，天然去雕饰"的诗句。芙蓉生于水，其洁净清高之气质、亭亭玉立之丰姿皆生于水，清水赋予芙蓉傲然风骨与勃勃生机。因而提到芙蓉，人们必定会联想到水。芙蓉新天地夜景以水为主题，以清波为形式，在夜幕降临之时，托起芙蓉新天地这朵风姿绰约的莲花。

（1）设计理念：

A. 符合城市总体规划要求，提升城市形象，展现经济发展实力和城市现代化水平；

B. 整体设计风格现代时尚与清新雅致相结合，夜景整体效果能够烘托建筑美感；

C. 以历史和文化内涵为向导，突出商业功能；

D. 以人为本，满足景观照明设计的同时兼顾节能环保，避免光污染。

（2）照明手法及创新点：

A. 规划区域内的功能照明，全部采用反射式灯具；

B. 装饰照明灯具全部定制设计；

C. 所有主要人视角灯具采用防眩光设计。

2）照明设计中的节能措施

（1）选择合理的光源，在传统照明中，引入大量的 LED 光源，在保证功能的同时也得到了很好的照明效果。

（2）确定合理的照度空间分布，特别是建筑立面部分的照明，做到明暗有致，既满足功能需求，又节约功耗。

（3）采用智能照明控制系统，分场景、分时段控制。

（4）根据不同现场情况和功能需要，选择利用系数高、质量可靠、维护方便的灯具。

（5）选用高效、节能的灯具附件，如电子镇流器等；功率因数补偿装置 $\cos\phi > 0.85$。

（6）优化照明配电系统，合理的供电半径、减少照明系统中的线路能耗损失。

3）设计中使用的新技术、新材料、新设备、新工艺

（1）LED 灯具的普遍应用，从细部刻画上，采用高效 LED 灯具，根据照明需要，合理选用大功率 LED 和 SMD LED。

（2）灯具安装经过精心安排，重点部位均进行现场调试，严格控制眩光。

（3）金属卤化物光源均选用 G8.5 陶瓷金卤灯，配套电器选用专业级电子镇流器。

（4）采用最先进的智能照明控制系统，分场景、分时段控制。

（5）对于 LED 灯具，均采用结构防水与灌封胶覆盖防水相结合的方式，保证灯具的性能稳定。

3. 实景照片

延安市行政中心及市民服务中心夜景照明工程

1. 项目简介
设计单位：中国建筑西北设计研究院有限公司建筑装饰与环境艺术所光环境艺术研究中心
施工单位：陕西天和照明设备工程有限公司
获奖情况：第十一届中照照明奖照明工程设计奖二等奖

2. 项目详细内容
1）照明设计理念、方法等的创新点

此次行政中心照明设计理念以"革命圣地增新辉，光耀高原谱未来"为主题，紧紧贴合延安革命圣地、新中国革命摇篮的历史，以及陕北黄土高原的地域特色和民俗民风，结合整体建筑设计的特点，通过对光与影相生相合的特性的合理把握，分级别、分层次运用灯光，使整个建筑群在夜间呈现出气势恢宏、端庄肃穆的灯光效果。

由于该项目在延安新城中的重要性，因此如何应用灯光是整体灯光策划提案的关键点。有人说："中国的建筑，就是一种屋顶设计的艺术。"这些坡屋顶不仅具有庞大的体量感和视觉冲击力，而且把陕北窑洞式入口大门、窗户等陕北元素、红色文化元素和现代建筑理念融为一体，彰显地域特色，赋予文化韵味，必将成为新城的标志性建筑群。

根据各种灯光试验结果分析，决定在屋顶部位采用4200K高光效LED为光源对建筑群落的屋脊、斜脊等部位进行勾画，对建筑窑洞式入口大门、窗户等细部进行灯光"细部刻画"，以突出建筑风格和地域特色。

整体上，通过对建筑尺度划分，给人远近高低各不同的夜景美感：

城市尺度——突出顶部中式挑檐，强化建筑远视角的夜间形象，设计多层次的亮度，使建筑的夜间形态更有层次感。

街道尺度——体现建筑细部结构和材质质感。

遵循"以人为本、绿色照明"的设计理念，对每一款灯具的发光角度严格控制，近人灯具加装防眩光罩等一系列防护措施。

整个亮化工程全部采用LED灯具，以实现节能减排、绿色照明的目的。

2）照明设计中的节能措施

（1）设计中大量选用绿色环保低碳的LED照明产品，采用韩国爱瑟菲（ASF）智能照明控制系统进行实时灯光场景模式控制。该系统具备以下优势：①延长灯具寿命。影响灯具寿命的主要因素有过电压使用和冷态冲击，智能照明控制系统采用缓开启及淡入淡出的调光控制，可避免对灯具的损害，延长灯具使用寿命，减少更换灯泡的工作量。②此系统最大的特点就是场景控制，场景指的是在同一室内可有多路照明回路，对每一回路亮度调整后达到某种灯光气氛。场景可预先设置，切换时淡入淡出，使灯光柔和变化。另一种控制是时钟控制，可使灯光按日出日落等时间设定规律变化。③节约能源。亮度传感器可自动调节灯光强弱；移动传感器使得当人进入传感器感应区后灯光渐亮，当人走出感应区后灯光渐灭，达到节能效果。

（2）对照明灯具进行场景细分：18:00～21:00为全开模式；21:00～22:30开启轮廓灯及地埋灯；22:30以后只开启功

耗极小的屋顶轮廓灯；06：00 关掉所有灯具。

（3）照明控制系统与楼宇控制连接，实现大系统集中控制，通过标准的 OPC 通信接口协议与楼宇 BA 系统或 BMS 物业管理系统无缝接入，可实现实时监控亮灯状态，方便后期维护管理及使用。

（4）灯具按照分时段、分场景等细分控制，实现节能 40% 以上。

（5）全年按平日、一般节日、重大节日三个模式，每天按 18：00 ~ 21：00、21：00 ~ 22：30、22：30 ~ 00：00、00：00 ~ 06：00 四个时段细分对应控制场景回路，从智能控制系统场景设置上实现节能。

3. 实景照片

西安鼓楼夜景照明工程

1. 项目简介

设计单位：陕西省现代建筑设计研究院

施工单位：陕西大地重光景观照明设计工程有限公司

获奖情况：第十二届中照照明奖照明工程设计奖二等奖

2. 项目详细内容

1）照明设计理念、方法等的创新点

这次照明升级工程是在确保钟鼓楼文物安全和"不干预文物本体"的基础上进行设计施工的，设计思路、施工工艺融合了文物保护和现代新材料、新技术的运用。首先，综合考虑钟鼓楼为木质结构的特点，采用 36V 低压直流电源，提高照明的安全性；另外，不改变钟鼓楼原有的结构和外在形象，采用小体量、轻材质的灯具，并特别注意对灯具、管线安装与钟鼓楼自身结构的协调和融合；第三，结合节能环保的城市发展理念，照明灯具采用新型的 LED 节能冷光源，并设计节日、正常、深夜三种照亮模式，在不同时间段采用不同模式，遵循科学、合理、必要、节俭的原则，达到节能减排的目的。

2）照明设计中的节能措施

结合节能环保的城市发展理念，照明灯具采用新型的 LED 节能冷光源，并设计节日、正常、深夜三种照亮模式，在不同时间段采用不同模式，遵循科学、合理、必要、节俭的原则，达到节能减排的目的。

3）设计中使用的新技术、新材料、新设备、新工艺

（1）钟楼建筑本体上瓦面及主脊的 LED 大功率非标灯具。由于过去的古建筑照明项目中（例如：小雁塔博物馆、城楼等）屋面的照明处理均采用小功率 LED（单颗一瓦）灯具，造成的问题是安装数量大，施工复杂，给维修造成很大的困难和费用的提高。在此次灯具选型中，我们采用了国内知名的 LED 生产厂家专门为古建筑研发的新型大功率灯具。特点是在保证效果的同时，大大减少了安装的数量及降低了安全隐患。此种灯具比常规室外灯具的技术数据要求更高，散热和光衰均低于常规的 LED 灯具，从而更好地保证了安装简单，维修点少，大大降低了维修率。

（2）钟楼为国家一级古建筑保护单位，为将安全隐患降低为零，根据国家相关施工要求，在此项目的施工中均需要采用低压产品，这样在保障安全的前提下会相应提高施工主材的等级要求。

（3）由于钟楼的特殊位置，施工中的脚手架及现场临时设施等放置都有严格的要求。

综上所述，为保证钟楼照明改造效果的前提下，要将安全系数提高到 100%，并从设计阶段就将后期维护作为技术和

选型的重点，通过对灯具选型及施工主材进行深入的研究和探讨，提供了相应的选型方案。

3. 实景照片

青岛影视产业园制作区夜景照明工程

1. 项目简介

设计单位：天津津彩工程设计咨询有限公司

施工单位：深圳市名家汇科技股份有限公司

获奖情况：第十二届中照照明奖照明工程设计奖二等奖

2. 项目详细内容

1）照明设计理念、方法等的创新点

通过深刻挖掘青岛当地的历史文化及影视产业园的相关设计元素，结合建筑规划的整体氛围，做到技术与艺术的交融，强调以照明营造氛围和艺术效果，用灯光效果模拟海浪潮汐，重点突出亲海的设计主题。结合载体特征，夜景中建筑宛如一艘航海的船，不安于现状、愿意冒险探索未知的未来、愿意乘风破浪创造影视辉煌，最终确定夜景照明方案以潮汐光影、碧海扬帆为主题，既彰显建筑形象又体现灯光文化。建筑主要以办公为主，运用灯光控制分为工作模式与休息模式，工作时光色为蓝色使人振奋，代表工作时企业员工同舟共济、乘风破浪的精神，休息模式为暖黄色，好像黄昏时夕阳照耀海面微波荡漾，使人沉醉、心情放松。

在初始方案阶段，做了很多的实验测试，包括综合楼内透光灯具距玻璃的安装距离测试、投影灯的投射距离效果以及不同光环境下的图案效果测试；对于研发楼服务中心洗玻璃的照明方式，进行了室外光对室内影响的眩光测试，通过多次测试与计算得出遮挡高度；方案设计阶段与幕墙专业多次沟通，提出预留灯槽，加上玻璃窗框的宽度，使灯具很好地被遮挡，在室内不受眩光的影响，室内外均达到见光不见灯的良好效果。虽然方案阶段进行了各种测试考虑，在项目实施过程中也是有一定的困难的，在灯具的选取上，由于建筑结构的特殊性，综合楼立面有大量的玻璃窗，需要把灯具安装到玻璃外侧的格栅板上，要求灯具不得外露，所以方案选用的灯具需要高度不得超出 3cm 厚。灯具与建筑结合上，研发楼原定的灯槽高度产生了变化，夜景灯光效果有一定的影响，我们起初改变照射角度，但是效果并不理想，经过多次试验最终在建筑局部使用磨砂度较高的灯罩来消除影响。在方案阶段与实施中，我们多次与甲方、施工单位、幕墙专业、土建专业沟通协调，因为一个项目的建成是需要多方面配合的，缺一不可，有效的沟通在整个过程中尤为重要。经过我们严格把控，最终整体效果良好，得到甲方认可。

2）照明设计中的节能措施

该项目采用大量 LED 灯具取代传统照明灯具，起到节能作用。

同时，项目中采用智能照明控制系统，对区域不同时段、不同节日进行模式划分，达到节能、环保的要求，还能使人们在不同时段看到不一样的建筑夜景。

3）设计中使用的新技术、新材料、新设备、新工艺

新技术：综合楼建筑立面的光控动态模拟海浪潮汐的动态变化。项目整体中采用智能照明控制系统，对区域不同时段、不同节日进行模式划分，达到节能、环保的要求，还能使人们在不同时段看到不一样的建筑夜景。

新设备：综合楼入口处采用了旋转式投影灯照明，由内向外发散星星图案；内庭中彩色切片投影灯，打造悠闲、富有趣味的幻彩光影变化，代表着影视制作园区打造星光璀璨的影视作品。

新工艺：入口大门采用新型的线性灯防眩格栅，对于整体弧形安装多角度的大门灯具，有效地控制了眩光问题。建筑南立面通过背光式上下对照，实现镂空型星星图案闪烁亮光。建筑内透光位置结合室内装饰设计了符合结构的灯具盒，使灯具室内室外均不外漏并能消除眩光。

3. 实景照片

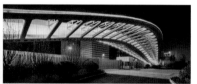

重庆中讯广场夜景照明工程

1. 项目简介

设计单位：北京光湖普瑞照明设计有限公司

施工单位：豪尔赛照明技术集团有限公司

获奖情况：第十二届中照照明奖照明工程设计奖二等奖

2. 项目详细内容

中讯时代广场作为重庆弹子石 CBD 总部经济的商务 1 号作品，整个项目总建筑面积约 13 万 m^2，其中商业体量约 35000m^2，由超高层 5A 甲级写字楼、商务裙楼和开放式街区组成。中讯时代广场邻近朝天门长江大桥，是弹子石 CBD 总部经济区 270 万方总部集群首个超 5A 甲级写字楼，因此要将其打造成弹子石 CBD 最具影响力的地标性建筑。

在裙房位置，我们想要表现的是重庆的"山"。重庆是山城，城市中尽是阶梯。裙房建筑造型为阶梯式弧线的造型，建筑师的寓意正是表现重庆山城的地貌。我们充分理解了建筑师的想法，在裙房的每层阶梯造型变化处，都用光带的形式进行了表现和夸张。另外，裙房的立面材质选择了穿孔铝板的方式，以表现出建筑轻盈通透的视觉效果。在穿孔铝板的背后隐藏了光源，使穿孔铝板在夜晚可以有光透出来，增加穿孔通透的视觉效果。

在塔楼位置，我们想要表现的是重庆的"水"。重庆是嘉陵江和长江的交汇点。我们运用了小型投光灯去营造"水滴"的效果。这些"水滴"用弧形的造型排布在塔楼的立面上，配合控制系统的设置，这些"水滴"可以形成流水的变化，或是跳动的韵律变化。我们请灯具厂家配合制作了配光特殊的灯具，以便形成仿佛是滴水状的光斑。

这个项目的最大亮点在于每平方米的造价控制。我们的方案比前期甲方的预算低了 50%，现在每平方米造价是 20 元。这个项目实现了使用高品质灯具，实现一流的夜晚照明效果。由此可见，合理的照明方案才是兼顾效果及造价的关键。

整个建筑到了夜晚看上去晶莹闪动，塔楼的水滴灯具与裙房的线条灯、穿孔板背后的内透光形成呼应与互动。3000K 的单色设计，整体素雅，建筑的弧形线条被表现得淋漓尽致。

1）照明设计理念、方法等的创新点

设计理念：表现建筑语言，表现重庆的"山"和"水"。

设计方法：在建筑塔楼立面用小型投光灯表现了重庆的"水"；在裙房的阶梯造型处表现了重庆的"山"。

创新点：我们邀请灯具厂家一起研发了在一款投光灯上实现不同方向配光的光束，以表现"水滴"的效果。

2）照明设计中的节能措施

用最少的灯具来最大化地表现建筑的特色。

灯具的光源全部使用 LED。

灯具可以实现 DMX 控制。在不同的场景开启不同的方式，平时 50% 开启的节电模式。

3）设计中使用的新技术、新材料、新设备、新工艺

研发的"水滴"光斑的灯具实现了灯具配光上的创新。

3. 实景照片

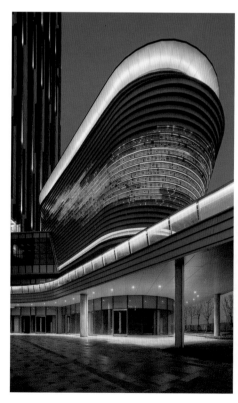

上海绿地创新产业中心夜景照明工程

1. 项目简介

设计单位：上海麦索照明设计咨询有限公司

施工单位：江苏锐拓照明系统工程有限公司

获奖情况：第十二届中照照明奖照明工程设计奖二等奖

2. 项目详细内容

1）照明设计理念、方法等的创新点

（1）建筑立面使用曲线的表皮，造型具备特殊性、醒目、惊艳，视觉冲击力强。灯光进行针对性的表达强调，力求在设计上表达对美学空间的品位与态度。

（2）控制每个灯具进行亮暗灰度变化，通过控制形成飘逸的灯带变化效果。

（3）坚持"环保、低碳、科技"的照明设计理念，选用低耗能的 LED 照明产品，恰当地表达夜景。LED 的低能耗、超长寿命，极大地降低了后期维护和运营成本。

（4）结合幕墙进行产品外观和颜色选择，灯具和建筑相协调，同时保证了白天和夜间效果。

（5）精确控制灯具的配光和截光角度，在照亮竖向格栅面的同时避免对下面行人产生眩光。

2）照明设计中的节能措施

（1）摒弃布灯多多益善的方式，严格控制布灯密度，既避免过度用灯，又能体现设计意图。

（2）使用高效性、低能耗的 LED 芯片作为光源，对每个灯具的功率及系统效率进行准确要求。具体对灯具的系统光通量进行具体要求，保证使用高效率的灯具。

（3）精确选择灯具配光，使用恰当的功率能够达到预想的照明效果，避免浪费能源。

（4）根据不同的使用要求制定平日、周末、一般节日、重大节日、深夜等控制模式，在保证满足照明效果的同时达到节能目的。

3）设计中使用的新技术、新材料、新设备、新工艺

（1）结合幕墙结构定制灯具及固定结构，使灯具和幕墙在造型和外观颜色上相匹配，并融为一体。

（2）为实现柔和无眩光的照明效果，通过多次试验，确定配光和截光角度，实现照明效果又避免对下产生眩光，最终实现令人满意的效果。

（3）为了保证光色一致性，严格控制芯片的色容差范围，保证每个点光源光色一致。

（4）使用单灯单点控制技术，构建快速控制网络，使灯具可线性调整亮度，避免频闪和延迟。

4）照明设计中使用的环保安全措施

（1）对灯具的照射角度进行精确控制，并增加遮光挡片，控制逸散光，减小对周边环境的影响。

（2）严格控制系统的谐波，对 LED 灯具、变压电源等电器的谐波进行控制，使用有源滤波器，使系统总谐波畸变率（THD）小于 3%；选用灯具的功率因数达到 0.9 以上。

（3）控制系统具有自隔离功能，单个灯具损坏不影响整个系统的正常稳定运行。

（4）电气系统中增加浪涌保护器，防止雷击等对灯具和控制系统的破坏。

3. 实景照片

苏州高新区文体中心夜景照明工程

1. 项目简介

设计单位：南京朗辉光电科技有限公司

施工单位：苏州工业园区宏洁机电工程有限公司

获奖情况：第十二届中照照明奖照明工程设计奖二等奖

2. 项目详细内容

1）照明设计理念、方法等的创新点

在建筑主题形象的夜景塑造中，设计师以营造的活力、高雅、神秘、生态的气氛为主题。文化中心及体育中心竖向装饰翼采用 LED 洗墙灯内光外透的方式将光线透出，通过装饰翼之间的缝隙透出里面的光效，充分展现了建筑幕墙在夜景的高雅；而建筑立面的凹槽采用 LED 线条灯洗亮，既能体现建筑夜间的整体轮廓感，又可与高新区的文体馆和体育馆的竖向线条相呼应；建筑立面的凹洞相当于建筑气孔，当夜幕降临，光从室内投射出，增加了建筑的神秘感；建筑飘顶采用泛光形式，将光投向顶部，通过反射形成光影的韵律与灵动，赋予了建筑生命与活力；整个建筑的外立面以流水冲刷积岩为意向，强调石材横向线条，夜间，其机理中的 LED 灯亮起来的时候，整个建筑立面呈现出流水的动感和美轮美奂的效果，展现建筑的生态之美。整个照明设计充分体现建筑的结构特征并在其中挖掘建筑的美感，以灯光形式给予充分的展示，让建筑在灯光的塑造下给人难以忘怀的美的享受。

本项目大量使用了 LED 大功率灯具，一体化的散热结构设计，比一般的结构设计增加散热面积 80%，提高发光效率及延长寿命。

2）照明设计中的节能措施

照明设计团队对建筑的照明效果也做了精心编排，结合绿色照明的原则，分为深夜、平时、一般节日、重大节日等多种模式，可多次切换视觉场景，在达到节能经济的同时，也减少市民的视觉疲劳。

（1）全部采用 LED 光源，并选用了光效 100lm/W 以上、寿命约在 50000h 以上的优质 LED 光源和灯具，对比传统光源，大大节约了能源消耗和维护保养费用，整体照明节能超过 40%。

（2）采用多曲面折射 LED 灯具，更加精准地控制光线，有效减少了亮化的散射眩光、溢出及偏射光和人工照明形成的天空杂散光，提升了照明效果。

（3）在 LED 射灯上面增加光学透镜，使整个射灯光斑均匀，无散光，无黑点，无阴影，整灯光线利用率最大可达到 95% 以上，提升了灯具效率，节减少了 10% 的灯具总量。

（4）对照明的有效管理和合理的电气施工设计。根据建筑特点，合理设置取电点及配电箱位置，在不影响景观整体效果的前提下，合理安排配电系统，最大限度地降低线路损耗。在主配电箱安装节能装置，可有效对高能耗功率气体放电灯负荷起到节能的作用。

（5）在满足标准照度的条件下，节约电力，按照照明功能划分区域和时段，进行多级别控制，在改造后的基础又再节能 30%，实现了绿色照明节能的目的。

3. 实景照片

宁夏国际会议中心夜景照明工程

1. 项目简介

设计单位：天津市禧礼文化传媒有限公司/宁夏建筑设计研究院有限公司

施工单位：天津华彩信和电子科技集团股份有限公司

获奖情况：第十二届中照照明奖照明工程设计奖二等奖

2. 项目详细内容

1）照明设计理念、方法等的创新点

宁夏国际会议中心的定位是国际化的会议建筑，在照明设计理念要求符合国际照明标准，形成地标式夜景建筑特色，由灯光组成"众星捧月"，强调"透"的理念，描绘银河中的璀璨群星的形象，给人浩瀚星空的享受。设计师根据基钢梁结构以及玻璃幕墙面积大的建筑特色，没有采用线型灯勾勒整体建筑，而是采用点光源为主的手法，表现出建筑通透的视觉感受。此种照明方式不仅很大程度上降低了耗电量，同时更便于日后的维修。考虑到夜晚自身建筑的内透光等环境光的因素，照明设计中的灯具设备功率仅 5W 的高光效点光源按钢梁形状呈密集型等距排列，形成规则的矩阵式照明效果，可以多角度地满足景观需要。

整体建筑的门口、厅堂、人行过道采用色温为 4000K、12W 线型灯光洗亮，更加衬托出整体建筑的"透"的感觉。

2）照明设计中的节能措施

（1）根据建筑大面积玻璃幕墙的特点，照明中充分利用自然光。

（2）采用灯具均为高功效的小功率 LED 光源，采用点光源矩阵式排列，达到景观效果的同时节省了灯具数量。

（3）照明线路设计合理，采用三相四线制供电。

（4）考虑到周边光环境因素，灯具选型合理，单体灯具功率不超过 12W。

（5）采用照明控制系统软件，统一分时、分段控制灯具的亮灯时间及局部亮灯时间。

（6）采用高品质的电子元器件，达到降低能耗用途。

3）设计中使用的新技术、新材料、新设备、新工艺

（1）首先在钢构龙骨上用不锈钢自攻螺钉固定 U 形铝合金灯槽；接下来把 LED 灯具利用卡扣的弹性固定在铝合金灯槽上的卡扣槽上；最后在灯槽内敷设线缆并接线，经检测无误后，再把安装好模组的铝合金槽的装饰盖板安装在灯槽上。

（2）LED 线型灯采用串联方式，灯具尾线敷设在固定 U 形铝合金灯槽里，安装位置要便于维修并且要满足安全规范，施工中应注意灯具水平及垂直度保持一致，达到建筑预设效果。

（3）在幕墙单位安装时，委派专业施工人员，配合幕墙单位安装。

3. 实景照片

南昌万达城酒店群夜景照明工程

1. 项目简介

设计单位：深圳市金达照明设计有限公司

施工单位：深圳市千百辉照明工程有限公司

获奖情况：第十二届中照照明奖照明工程设计奖二等奖

2. 项目详细内容

1）照明设计理念、方法等的创新点

南昌文华为万达城六星级城市度假型酒店，灯光色调上简单柔和，以营造度假舒适气氛，同时又兼顾城市型酒店的奢华感，文华酒店作为南昌酒店群中的最高规格的酒店，拥有 2000m² 奢华宴会厅、高端休闲星空吧 KTV、会议设施、养生健身会所等配套设备，酒店空间轻松舒适，让宾客在山水之间放松身心，尽情体验。酒店灯光设计主要体现酒店顶部高低错落的塔楼造型和伸出的屋檐结构，从而表现出建筑的主要特色，灯光采用暖色色温的光线，让客人感受到夜晚环境的温馨、静谧，彰显酒店高贵典雅的酒店气质。万达嘉华酒店、万达铂尔曼酒店是万达城中具有欧陆高贵气质的四星级酒店，两座建筑外形提炼传统欧洲古典建筑的美学精髓，经典的三段式比例体现建筑的稳重、优雅的风格，简约竖向线条暗喻柱廊的挺拔，双坡屋面、深远檐口、石材底座、高大入口门楼均赋予建筑优雅、时尚的气质。灯光设计主要营造低调奢华的夜晚度假氛围，给予客人轻松、愉悦的心理感受。灯光设置主要体现建筑的风格和特色结构。灯光光色采用暖色光，使整个酒店群光色统一，烘托出酒店群温馨、优雅的气质。

2）照明设计中的节能措施

（1）工程中 90% 采用节能 LED 光源灯具，尽可能少地使用传统光源和大功率灯具。

（2）夜景智能控制系统控制灯光，每天分时段点亮不同的部位灯具，22 点后开启夜景节能模式，还可以分平日和节日不同的亮灯模式，使灯光符合节日或节能模式的效果要求，减少了人工的投入和能源的浪费。

3）设计中使用的新技术、新材料、新设备、新工艺

本工程照明灯具控制结合酒店运营特性，设计出以智能控制模块为基础的场景控制方式，分时间段进行灯光效果的调控。

场景控制说明：

（1）M：灯光效果组合模式。

（2）T：每天的开灯时段。T1 为日落后 20min 开灯至 24:00pm；T2 为 0:00am 至 2:30am（非冬季），或 1:30am（冬季）；T3 为 2:30am 至日出前 30min 关灯。

（3）照明回路：构成局部设计效果的灯光逻辑组合回路，与灯具安装位置或照射的建筑部位对应。A 为酒店 LOGO（常开，不计入建筑夜景照明电量）；B 为酒店入口（入口区域雨棚照明，地灯，壁灯）；C 为酒店裙房（不含入口，地灯，壁灯，裙楼顶部照明，裙楼立面独立照明等）；D 为酒店塔楼立面（立面上安装的灯具）；E 为建筑顶部；F 为立面投光（灯具安装在灯杆、建构/筑物上对酒店立面投光）。

4）照明设计中使用的环保安全措施

（1）夜景照明灯具及配套电器、开关电源、控制器等电气设备禁止安装在可燃材料表面。

（2）开关电源、各种控制器必须按照施工设计规范要求安装在金属外壳的箱体内，不得埋在地面和墙体内。

（3）灯具的电缆电线接头应端子连接或涮锡连接，并做防水处理。

（4）为了保证安装强度和防止雨水腐蚀，灯具安装支架、固定螺钉应全部为不锈钢材质。

3. 实景照片

乌镇互联网国际会展中心夜景照明工程

1. 项目简介

设计单位：浙江城建规划设计院有限公司

施工单位：浙江中信设备安装有限公司

获奖情况：第十二届中照照明奖照明工程设计奖二等奖

2. 项目详细内容

1）照明设计理念、方法等的创新点

每一片土地皆有其独特的自然风貌，每一地区有其不同的文化表征，追其根，溯其源，乃是文化基因之迥异。乌镇就是一个碎片化、平民化的结构，这个其实是跟互联网的本性一样的。虽然表面上看两者根本不搭界，但其实本质上非常有关系。建筑师想要用这种碎片化的载体与互联网寻求一定关系。

所以此次乌镇互联网国际会展中心的夜景光环境重点表达"建筑与水、光与建筑、光与水"之间的关系。既要体现传统文化的含蓄内敛，又要表现现代文明的开放包容，整体自然而不突兀，融合共生。

我们充分考虑了人的因素，通过游园式的动态游览路线，园林更偏重于对动线产生变化的关注。以人的视角为主线，进行光的布局和把控，在夜间给人一个很好的视觉享受。

整体光色以暖色光为主，亮度不宜过高，与周边环境相互融合，照明手法上更多的是光从建筑内部散发出来，形成虚实结合、朦胧有致、或明或暗的视觉效果，整体形成了一种欲露还藏的含蓄之美。

2）照明设计中的节能措施

（1）照明设计中节能是第一要考虑的因素，理念与方法的节能比选用节能灯具更为重要，本项目夜景照明灯具全部使用 LED 绿色环保灯具，选用优质欧司朗 LED 芯片，良好的散热设计和光学设计，在光学上严格控制配光，并充分考虑周边光环境，合理制定各投光面、发光面照度、亮度标准。

（2）选用灯具功率因数都在 0.90 以上。

（3）达到实际最佳照明效果的前提下，选用最合适的功率和数量，达到节能最大化。

3）设计中使用的新技术、新材料、新设备、新工艺

（1）本项目夜景照明灯具全部使用户外专业景观 LED 灯具，一体化的散热结构设计，增加散热面积，保证 LED 发光效率及使用寿命。

（2）灯具选用 OSRAM 高规格颗粒，高显指、高亮度，一次配光，精密光学设计。

（3）选用高端进口电子元器件，保证灯具性能；防护等级采用 IP67；底部增加散热片设计，散热槽深 40mm，密度为 2.7g/cm；增加电器性能的稳定和灯具的使用寿命。

（4）采用独特的防雷设计，增加保护电路，防止生产、施工、调试过程中线路接反。

（5）瓦片灯是罗莱迪思的特色产品，灯体、后盖材质选用 AL6063，表面采用军工三级硬质阳极氧化处理工艺。日本帝人 PC 材质透镜，耐腐蚀、抗紫外。选用日本太佑电容、美国 TI 芯片、Philips 驱动等进口电子元器件，保证灯具性能。

（6）灯带采用罗莱迪思洗墙灯产品，挤压铝灯体，配有耐高温塑料端盖。表面采用静电喷塑处理工艺，具有很强的耐大气腐蚀性和防紫外线能力；光源腔顶部用抗 UV 的 PC 透明罩封闭，透光率高，并配有暖白（3000K）并装配 PMMA 透镜的光学组件，洗墙均匀度高；热电分离式设计增加了电器性能的稳定性和灯具的使用寿命。

3. 实景照片

北京市通盈中心夜景照明工程

1. 项目简介

设计单位：豪尔赛科技集团股份有限公司

施工单位：豪尔赛科技集团股份有限公司

获奖情况：第十二届中照照明奖照明工程设计奖二等奖

2. 项目详细内容

1）照明设计理念、方法等的创新点

该项目灯光控制系统采用目前最稳定的 DMX512 控制模式，且采用了纠错校验技术，解决了传统 DMX512 技术在数据传输过程中容易受到现场各种复杂因素干扰而导致数据出错的问题，避免系统运行时灯具出现无频率的、不规则的闪动，提高了系统运行的稳定性。

信号的传输采用干线制方式，能做到单灯的故障不会影响其他灯具的正常工作。控制系统采用计算机统一管理，做到灯光节目编辑制作、播放、更换和远程控制简单易行。做到驱动电路与总控制系统隔离，并在关键部位设置雷击保护，防止雷电对系统造成大面积的破坏。通盈中心塔楼立面照明灯具采用小功率 LED 线性灯具，灯具发光面通过磨砂处理，不仅在保证足够亮度和照明效果的前提下，有效避免了眩光及逸散光的影响。

2）照明设计中的节能措施

通盈中心塔楼立面照明灯具采用小功率 LED 线型灯具，既保证立面照明有足够亮度，又能通过控制系统，实现立面显示效果的丰富变化。

为了达到最佳的节能效果，本项目夜景效果也结合所在区域的夜景实际情况，设置了合理的灯具开启和控制模式。

3）设计中使用的新技术、新材料、新设备、新工艺

该项目的 DMX512 控制系统，总控与主控之间，主控与分控之间都采用星型拓扑结构网络系统，做到同一级别的控制设备故障不会影响本级别其他设备的正常工作，本系统的信号控制与传输分为四级。

第一级：LED 图像控制计算机与 LED 视频主控器之间的信号传输，采用直接连接，两者靠近安装，由计算机发灯光控制软件采集编辑的信号，通过 DVI 视频数据线（长度不超过 2m），传输给 LED 视频主控器。

第二级：LED 视频主控器与灯光工控机之间的连接，采用了星型连接，每套 LED 视频主控器支持 11 套灯光工控机，两者之间由于传输距离超过了 80m，因此采用了光纤传输方式，利用 50/125 四芯多模万兆光纤，将信号从酒店一楼监控室传输至各个楼层的弱电间。

第三级：灯光工控机与长距离信号接收器之间的连接，也是采用星型连接，灯光工控机发出信号传输给同一楼层的各个长距（每套工控机最多可控制 32 套长距），两者之间采用 UTP-5 信号线连接，最远可支持 305m 距离。

第四级：由长距通过干线制的方式将信号传输给该通道内的灯具，每套灯具都内置程序控制芯片，从信号干线上读取自身需要的控制信号，长距与灯具之间的连接采用 RVV-2×1.5mm² 电缆，每套长距最多控制 20 套特制 LED 线性灯。

本系统的星型网络拓扑结构，更利于系统集中管理，也解决了级联网络结构的信号传输延时的问题，同时通过 DMX512 灯光控制协议，使得某套灯具的故障不会影响到其他灯具正常工作，而单套控制设备的故障也仅对该设备控制范围内的灯具有影响（但灯具自身不会损坏），不会涉及其他灯具及控制设备的正常运行。

3. 实景照片

3.4

室外照明工程（公园、广场）

南京金陵大报恩寺夜景照明工程

1. 项目简介

设计单位：8'18" Concepteurs&Plasticiens Lumière（佩光灯光设计（上海）有限公司）

　　　　　上海联创建筑设计有限公司北京分公司

施工单位：南京朗辉光电科技有限公司/北京星光影视设备科技股份有限公司

获奖情况：第十一届中照照明奖照明工程设计奖一等奖

2. 项目详细内容

1）照明设计理念、方法等的创新点

立足于从景观规划分析和建筑设计的角度去思考灯光，用灯光去解读景观的设计理念。灯光，其本身就是景观，建筑设计的一种元素。

从空间的角度而言，从远、中、近三个层次上去思考灯光需要表达的标志性、建筑景观尺度和人的感知。

用灯光来解读两个视角：一个是当来访的游客往塔靠近的方向时，柔和的、间接的灯光意在陪衬塔的宏伟；一个是游客离开时，要回到城市的方向，明亮、活跃的灯光去与城市绚烂的夜景相协调。

我们的设计不是着眼于灯具，而是针对存在的空间、光组成的空间及其细节。而正是这些空间构建了视觉观赏的层次、次序及参照。

在此设计中，灯光的一大使命是需要将塔、内部庭院、外部景观和屋顶花园等的重要元素紧密连接。为此，我们挑选了一组有代表性的景观元素就其进行了动态控制设计。意在构建一个诗意、灵动的光环境。让参观者在游览时不仅仅是一个被动的参观者，也是环境中的一个参与者和表演者。

2）照明设计中的节能措施

该项目灯具全部采用 LED 光源，在达到同样效果的情况下，比传统灯具能节能 50% 以上。其中，浮萍灯更是采用太阳能自供电，绿色、节能、环保。

针对不同时段和场景（平日、周末、国家节庆、大型宗教仪式等），我们挑选了与人的活动场所紧密结合的区域的部分灯具，它们可以根据需要进行亮度调节，在满足不同人流密度、不同使用需求的同时，又能达到节约耗电量的效果。

3. 实景照片

晋江五店市传统街区夜景照明工程

1. 项目简介

设计单位：福建福大建筑设计有限公司

施工单位：福建亚特建设工程有限公司

获奖情况：第十二届中照照明奖照明工程设计奖一等奖

2. 项目详细内容

1）照明设计理念、方法等的创新点

针对五店市特点，在设计定位阶段以"家"为依托，还原并丰富闽南村落的夜晚光环境，并最终以"闽南人家"为主题思想，设计中从建筑构造的角度考虑，将传统闽南古典建筑的夜间形象划分为三个层次：

第一个层面——屋面，作为建筑的"第五立面"，闽南传统古典建筑的屋面主体由屋脊、彩塑、瓦面构成，屋脊与瓦面组成了曲度柔美的屋面整体印象。因此在具体的手法上，通过在屋面两端接近滴水的位置设置中光束的投光灯具，用最简洁的方式表达曲度屋面的整体形象。

第二个层面——柱身，闽南传统古典建筑的屋面檐下的构件，如斗、拱、瓜筒、狮座等雕刻十分精美繁复，并赋予彩绘、彩雕结合。对该层次的照明主要选取暖白光色，与屋面有所区分，突出建筑的层次感。

第三个层面——山墙，闽南古典建筑的山墙造型富于变化，出砖入石的砌筑方式营造出不同肌理。故在照明手法上选用控光角度精确的照明灯具，自然随意地表达墙面的层次，以形式被净化的"少"换来百看不厌的"多"。

2）照明设计中的节能措施

本项目采用的灯具90%以上是高效LED节能灯具，另外结合节能手段：

（1）减轻重量，减低材料消耗；

（2）提高光效，减低运行功率；

（3）采用高效率的供电和控制系统；

（4）实施单点安装控制技术，减少杂光的输出，提高光能利用率；

（5）强弱电控制系统、LED控制系统的合理组合。

3）照明设计中使用的环保安全措施

在电气设计中，根据古建筑项目的特殊性，结合LED灯具的优势，选取了电源外置和低压直流供电的方式。LED负载端和220V输入端无直接连接，因此降低了触摸负载就有触电的危险，并且由于电源外置，在日后的维护过程中，便于灯具的检修。

3. 实景照片

成都西岭雪山景区夜景照明工程

1. 项目简介

设计单位：深圳市凯铭电气照明有限公司

施工单位：深圳市凯铭电气照明有限公司

获奖情况：第十二届中照照明奖照明工程设计奖一等奖

2. 项目详细内容

1）照明设计理念、方法等的创新点

（1）设计理念

照明设计以"千秋西岭，四季胜景"的理念营造出南国滑雪胜地——山地休闲度假旅游的夜景；以"冰纷西岭，时光童话"的主题让游客在白天享受运动的极致体验后，在夜晚邂逅灯光的浪漫之旅，感受南国雪山独有的冰雪文化和山间精灵般的梦幻气质，提升了景区文化品位，推动"西岭文化"的传播，带来旅游业新的产业增长点，体现了新思维、新理念。

（2）设计方法的创新点

设计原则上以尊重建筑、尊重环境为基础，灯光表现建筑及景观美感，并在光色与灯具选择上与区域环境相协调统一；贯彻节能、环保的城市发展理念，从亮度控制、照明载体选择、灯具选择以及分级控制等方面节约工程造价和运营成本，提升景区照明品质，展现景区文化内涵，扩大项目影响力，为开发夜间旅游项目做铺垫。夜景形态分为三个空间层次：山体、建筑及景观，对山体不做灯光处理，在自然光线下呈现生动的剪影效果，到雪季的时候自然的冷色调成为天然的背景屏障，拉伸了景观景深；建筑灯光充分表达北欧建筑特点以外，通过与山体景观的虚实对比冷暖层次关系，让建筑成为夜晚温暖的存在；景观灯光集中突出中心景观区——湖泊和映雪广场，丰富游客夜间的活动空间，营造浓情、浪漫、温馨、雅致的夜景氛围。

2）照明设计中使用的环保安全措施

（1）安全措施

A. 所有的建筑灯光全部选用直流低压供电，确保用电安全；

B. 对映雪湖施工时，采取抽干湖水再施工的方式，确保工人的施工安全；

C. 因雪山交通不便，所有材料都是在山下集中采购并运到山脚，二次转运到雪山景区，因无法使用大型机械设备，所有物资、设备靠人力、马匹的方式进行转运，施工难度大，如滑雪道高杆灯及路灯的安装；

D. 根据现场的安全形势，在每一个施工点都装置了安全隐患设备；

E. 遵循见光不见灯的原则，在天际线安装无形的灯具，采用灯具隐藏的方式，不破坏白天的景观，避免对游人的影响；

F. 采用了智能控制系统，对灯光模式进行分级控制，既实现了能耗和环保要求，又便于人员控制与维护，让智能开关和备用电源不再需要冒雪在户外操作，操作安全系数得到了大大提高；

G. 所有户外管线和设备，采用耐温差、防冻防腐蚀的耐久性高的材料，减少维护次数，提高了整体安全系数；

H. 设计中所有的可触摸灯具均采用低压 LED 灯具，避免人为触碰危险。草丛中的金卤投光灯采用双层隔温玻璃，保证发光面温度低于 70°，避免人为烫伤，在冬天枯草季也不会引燃枯草。

（2）环保措施

施工过程中，制定和执行了严谨的安全环保制度，严格管控噪声污染和工程物料污染，重视和加强现场施工区域的人物安全和环境保护工作。

3. 实景照片

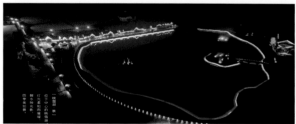

杭州钱江新城 CBD 核心区夜景照明工程

1. 项目简介

设计单位：北京清华同衡规划设计研究院

施工单位：北京良业环境技术有限公司/深圳市金达照明有限公司

同方股份有限公司/北京新时空科技股份有限公司

获奖情况：第十二届中照照明奖照明工程设计奖一等奖

2. 项目详细内容

1）照明设计理念、方法等的创新点

设计理念：以体现杭州城市特点的"城"、"水"、"光"、"影"。表演主题分为三个篇章："水之灵"、"城之魂"和"光之影"。

钱江新城临江主题灯光秀是一个跨界合作的成功之作，该项目由清华同衡规划设计研究院光环境研究所牵头，联合国际照明设计大师路易·克莱尔、清华大学美术学院赵健教授、徐迎庆教授、杜异教授及中央电视台制作人庄永志老师，对钱江新城临江灯光表演内容进行创作，通过跨界的力量最终给世人呈现完美的视觉效果。

设计方法：地标单独设置规则，功能性决定光色，视觉影响力决定亮度层次和手法图式。在做环境分析的基础上，利用先进控制系统达成与城市阳台的动态互动。

2）照明设计中使用的环保安全措施

环保——灯具的控光要求，对靠近建筑的近距离街道视点可见的灯具亮度，及灯具向天空的上射光进行控光要求，实施后，有效改善了同类项目经常出现的眩光问题及避免了向上的光污染。同时，项目改造后在节能方面也有显著成效。

安全——在网络通信安全方面，对防黑客、防人为干扰方面从强电控制方面及网络切入角度都设置了可行性的安全方案，通过了警方的多次安全模拟检测。

（1）配电箱内，所有分支回路均采用 iDPNN 型带漏保微断路器，不仅有效避免了漏电给设备及人造成的伤害，还缩小了电箱尺寸，为电井节约空间。

（2）电缆选用上，采用的是低烟无卤阻燃型电缆，燃烧时不会产生有毒害气体。

（3）LED 灯具供电上，选用 24V 安全电压，避免了触电事故发生。

（4）本项目中很多地标建筑为超高层建筑，为尽可能地减少在施工过程中出现安全事故，我们设计的灯具安装方式尽可能地简单可靠，减少了室外高空作业的安全隐患。同时派专职安全人员现场蹲点及巡查，排查可能出现的安全隐患。

3. 实景照片

重庆市照母山森林公园夜景照明工程

1. 项目简介

设计单位：重庆市得森建筑规划设计研究有限公司/重庆市筑博照明工程设计有限公司

施工单位：重庆建工第二建设有限公司

获奖情况：第十二届中照照明奖照明工程设计奖一等奖

2. 项目详细内容

重庆照母山森林公园地处城市中心，自然古朴，宛自天开，拥有浓厚的历史文化底蕴，是自然植被和野生动物的生态家园。从前，照母山森林公园内并无任何照明，仅其制高点建筑揽星塔进行了照明设计，且公园周边为城市重要的 CBD，建筑立面均有照明设计，两者的"明"与照母山的"暗"对比突兀。同时，市民夜间出行照母山由于无照明而存在安全隐患。无论政府还是市民，都希望能够给照母山森林公园增加照明，以建设良好夜景景观和保障出行安全。

因此，在各方面的需求下，照母山森林公园的山脊和内部照明建设势在必行，是为项目缘起。但照明和城市夜生活又势必让人更多"入侵"这个原本宁静的生态家园。在本次设计中，灯光是关照今人、关照历史、关照自然的关键元素，而怎样让灯光服务于人，呈现文化，关照自然则是本次设计的核心。

设计之初，为解决生态要求和照明需求之间的矛盾，设计师多次调研园中动植物种类和分布情况，并走访生物学家以了解动植物生态特性；观察夜行活动徒步者和山地自行车骑行者的路径和行为模式，并对市民进行采访和问卷调查；为探寻查阅文献和探访当地长者了解照母山源远流长的"结庐照母"的历史文化故事；最终使各方面相关要素和边界呈现出来，依照"自然—人—历史文化"为顺序的原则相互妥协成为设计的主旨。

作为设计者，设计师无法用命令与法则规定游人应该怎么了解自然、怎么不去侵扰野生动物，因此灯光的创造力将在此发挥出重要作用。设计师根据动植物调研结果将公园划分为禁照区和控照区，并在控照区内选择对植物干扰最小的路径，兼顾骑行与步行的安全，建立了照明、趣味、知识和导向识别兼顾的 6W ~ 150W LED 投灯光系统，充分融合了照明功能、植物剪影和中国历史文化元素，让每个夜行之人都能够感受到自然之美、文化之美，在不经意间享受着灯光带来的服务。

项目建成于 2017 年，极富趣味和文化意味的夜景景观深受市民的喜爱，而项目方案为甲方节约投资约 20%，最终整个照母山森林公园区域照明能耗平日模式仅 90.2kW，受到业主的赞赏和政府的大力支持。

3. 实景照片

贵州仁怀茅台镇夜景照明工程

1. 项目简介

设计单位：深圳市金达照明有限公司

施工单位：深圳市金达照明有限公司

获奖情况：第十二届中照照明奖照明工程设计奖一等奖

2. 项目详细内容

1）照明设计理念、方法等的创新点

对于茅台这个极具人文背景的古镇，我们的照明规划设计本着"打造最具特色、最具影响力和旅游竞争力的夜景品牌"为目标，将茅台古镇的灯光设计成为"贵州第一、全国一流、世界知名"特色小镇。

该项目的设计主题为"飞天涅槃，星光未来"。飞天代表过去；涅槃代表茅台的现在，正在努力打造发展；星光未来，寓意着茅台镇的未来如星光一样辉煌灿烂，成为世界知名旅游古镇。

根据城市化内涵与空间结构，提出"一核两带"的照明构架，对古镇夜空进行规划设计。其中，人文景观带是以赤水河东南两侧，茅台镇区主要构成部分为居民区，夜景规划在满足功能性照明的基础上，注入人文历史元素，展示茅台悠远的酒文化与古镇情怀。红色生态景观带是指赤水河沿线景观构筑物，含沿河道、桥梁、沿岸植物、公园及建筑立面。它的夜景规划关注以四渡赤水纪念园为代表的红色文化，以生态为主题的休闲人文灯光。文化交融区是指古镇的制高点——西山公园，大型灯光会演另案设计。该区域的灯光规划集合茅台古镇的酒文化与红色文化，使两种文化在这里交汇升华，成为茅台古镇夜景聚集点。

2）照明设计中的节能措施

（1）配电箱内，所有分支回路均采用可通过远程智能控制中心，对每个供电回路进行开断操作，能根据实际需求合理搭配需要的组合模式。如灯光开关可以根据不同季节、不同地点、不同场景，实现不同的开断模式，有效满足了节约能源的需求。

（2）在灯具选择上，99%的灯具是高效节能光源LED灯具，保证达到照度要求的前提下将能源消耗降低到最小，且大部分选用24V安全电压，避免了触电事故发生。

（3）所有的灯具角度均经过精心调整，在满足优良均匀度的同时，尽量节约灯具的使用量。

（4）灯具设有防眩光控制系统，可以使原本外溢的光线更多地投向有效区域内，增加区域内的照度，提高单灯的使用。

（5）照明设计采用科学的布灯方式，采用具有多种配光曲线的灯具，光线交叉布置充分考虑照明设计所带来的眩光和照度不均匀所带来的问题。

3. 实景照片

环茅路　　　　　　　　　　　银滩路

茅台大桥

二中视点　　　　　　　　　　杨柳湾

西山视角

重庆彭水蚩尤九黎城夜景照明工程

1. 项目简介

设计单位：豪尔赛科技集团股份有限公司

施工单位：豪尔赛科技集团股份有限公司

获奖情况：第十二届中照照明奖照明工程设计奖一等奖

2. 项目详细内容

1）照明设计理念、方法等的创新点

（1）本项目经过充分调研及结合景区远期规划定位要求，通过对远近两个不同视点的观看感受做了大量的分析工作。远观时，意在打造夜景名片，突显体量，目的是给游客留下强烈的第一印象；近观时，意在呈现建筑工艺，表达细节，目的是让游客身临其中细品味。

（2）以高显色性暖色来体现建筑细节，以中显色性金色来打造皇家气势；相近色温色调的结合，起到了微妙的对比，也产生了良好的视觉感受；通过前期照明分析，项目中最大的百苗广场内部没有设置一套景观灯具，完全通过建筑立面照明来营造环境光，依据生物趋光性原理，我们希望夜游其中的人更多的关注点应放在建筑本身上。

（3）因本项目均为木质结构建造，在设计之初及施工过程中都把防火安全作为考虑的第一要素；所有路线均采用低烟无卤阻燃电缆，穿热镀锌钢管敷设，同时钢管表面喷涂接近安装面颜色的防火涂料，最大限度保障了防火安全。

2）照明设计中的节能措施

（1）以控制的手法进行设计，通过合理的明暗划分，打造特色夜景，而非通过无限安装的方式来展现夜景。

（2）合理选型，通过实际样灯对比，确认高光效、低衰减的灯具产品。

（3）本项目中所有灯具均为高光效的 LED 光源产品。

（4）同一照明系统内的照明设施分区、分组集中控制，避免全部灯具同时启动。

（5）设置平日、一般节假日、重大节日等不同的开灯控制模式。

3）设计中使用的新技术、新材料、新设备、新工艺

（1）因项目规模较大，园区形态为自然山体结合苗族典型建筑结构，因此在照明规划中，通过大量的对比分析，将建筑作为主要载体，以山体为夜景的背景，重点突出景区的层次分明、错落有致、雄伟壮观的建筑气势。

（2）因项目为典型的苗族吊脚楼建筑特征，在灯光表现方面，避免采用彩色光，通过大气的金色来展现体量、适宜的暖色来表达细节，这一简洁手法将建筑特质及精神内涵完美呈现。

（3）重庆范围内景区众多，九黎城作为新兴景区，通过以夜景游览为吸引点，通过有序的夜景规划，打造独特的彭水城市名片。

3. 实景照片

浙江横店圆明新园夜景照明工程

1. 项目简介

设计单位：横店集团浙江得邦公共照明有限公司

施工单位：横店集团浙江得邦公共照明有限公司

获奖情况：第十一届中照照明奖照明工程设计奖二等奖

2. 项目详细内容

1）照明设计理念、方法等的创新点

创新点1：整场演出采用灯光控台＋TOSPO系统编排软件集中控制，完美地把山体照明、建筑照明、水体照明、80m直径LED屏、多媒体水幕投影、激光阵、探照灯、火墙、火炮、火焰、烟花、雾森等设备时时根据现场场景集中编排，各种场景剧目无缝衔接。

创新点2：灯光控制核心为灯光服务器，输出信号经光纤网络传输到6个分控点，再经由Butler S2网络解码器转换为标准DMX512信号，由DMX512信号分配放大器连接到每一台LED灯具。

创新点3：网络系统为星型拓扑结构，采用单模室外铠装直埋型光缆传输，保障长距离大面积的灯具实时受控。

创新点4：圆明园有大量的古建筑，为了达到灯具隐蔽效果，灯具、桥架与建筑结构采用优化设计，所有灯具的线槽、型材的尺寸、颜色与建筑保持一致，从而保证横店圆明园电影电视剧拍摄场景不会穿帮。

2）照明设计中的节能措施

（1）采用控台＋TOSPO系统编排软件集中控制各种设备开关以毫秒级为单位，很好地控制设备的开关。

（2）所有灯具均采用高光效LED光源；白光LED光效达到160lm/W，整灯光效110lm/W以上，同等工程所用洗墙、投光灯一般为70~90lm/W，节能率提高了20%~30%。

（3）所有灯具都接受主控系统的灰度调节，可根据实际的需求亮度来调整灯具的输出功率。

3）设计中使用的新技术、新材料、新设备、新工艺

（1）通过无线通信网络、计算机控制系统、地理信息系统实现遥控、遥信、遥测等管理功能，把整个项目的照明区域分为普通区域、重要节点及关键部位，可根据剧本进行不同的场景效果设置。通过多级控制，在满足需要的前提下尽最大限度达到节能效果，做到"少而不简、多而不繁"。

（2）控制系统可远程获取照明回路的电气参数，包括电压、电流等，并且能任意对某个回路的景观灯进行开启、关断等操作，若出现没有达到漏电开关保护动作的少量漏电，系统将在相应的标识位置上提示，以便及时维修，避免积少成多。

（3）灯光演绎控制系统采用独特的双通道备份技术，具备通道自动切换功能，当主通道出现传输故障时，系统自动切换到备用通道工作，确保灯光秀演绎的可靠性。

（4）所有灯光演绎分部系统与主控台具备统一的控制接口，能够实时接受主控台的节目调控指令。

（5）山体投光灯采用了独立编址技术，星星灯采用了分部编址技术，建筑照明采用了分层编址技术，从而实现了独立和局部控制。

（6）建筑照明瓦楞灯的安装接线方式采用了独特的接线端子，避免了人工焊接和裸露接线等繁琐而不可靠的接线方式，从而保证了灯具安装的可靠性。

3. 实景照片

西藏大昭寺夜景照明工程

1. 项目简介

设计单位：南京路灯工程建设有限责任公司

施工单位：西藏自治区第一建筑工程公司

获奖情况：第十一届中照照明奖照明工程设计奖二等奖

2. 项目详细内容

大昭寺是世界文化遗产，位于拉萨市中心。大昭寺建有 20 个殿堂，为四层楼的碉堡式平屋顶建筑，以金黄色的琉璃瓦盖顶。

大昭寺照明营造了纯净圣洁的具有佛教氛围的光环境，创造出超越平凡的视觉体验，将具有深厚历史沉淀的藏汉文化结合传统建筑独有的佛教意蕴很好地传达出来。照明整体效果气势恢宏，形成重要的夜间景观节点，增强了其在该地区的夜景辨识度，强化了大昭寺在该片区地标性的照明地位。

整体照明亮度适宜，照明层次分明，明暗有致，灯具出光柔和均匀，体现了建筑的优美的形态意蕴，主立面照明处理构思巧妙，采用欲扬先抑的手法，突出了大昭寺的中心地位，形成了具有仪式感的照明画面。金顶营造出了金碧辉煌的视觉效果，照明效果令人震撼；细节上，如窗户彩绘，精妙细致的彩绘图案，照明色彩还原性良好，鲜活饱满；边玛墙、胜利金幢、祥麟法轮等部位照明处理手法得当，出光角度精准，眩光控制良好，很好地突出了建筑的细节，营造出圣洁崇敬、沉稳大气的照明氛围。

3. 实景照片

兖州兴隆文化园（西区）夜景照明工程

1. 项目简介

设计单位：豪尔赛照明技术集团有限公司/北京对棋照明设计有限公司

施工单位：豪尔赛照明技术集团有限公司

获奖情况：第十一届中照照明奖照明工程设计奖二等奖

2. 项目详细内容

1）照明设计理念、方法等的创新点

该项目为佛教园区建筑，因此园区内整体的亮度水平不宜过高，灯光表现效果应当以庄重、素雅为主。对于整个西区，因为拥有最重要地位的主塔，我们用灯光进行了重点的刻画，主塔前的广场则以亮度较低的景观灯具营造一种静谧的氛围。在南入口处的正门牌坊、金水桥和阿育王柱等位于园区中轴线的重要节点地方，也用灯光进行了重点刻画。

广场区域的景观灯具造型全部经过精心的设计，以莲花座和主塔佛像作为设计元素，在莲花座下安装 6 颗 0.3W 的 LED 点光源以提供广场地面的照明。

在主塔基座处，以 LED 点光源和小功率 LED 线型灯对基座的层次进行刻画；在立面浮雕处，以小功率 LED 地埋灯进行照射，既突出了重点，亮度也不显过高，衬托出了主佛塔的亮度。基座四角支撑柱为金黄色的四大天王造型，用六盏射灯和小型地埋灯进行照射，身后拐角墙面以 LED 线型地埋灯洗亮，以突出支撑柱的人物造型。

主佛塔整体为金黄色塔身，在莲花座空隙处安装两盏投光灯打亮，刻画莲花座造型。在高亮度打造的主佛与基座间的宝瓶位置，通过对宝瓶"瓶颈"处不做任何照明来形成一段暗区的方法，以在夜晚形成主佛"悬浮"于主塔基座之上的视觉效果。

2）照明设计中的节能措施

在亮度等级最高的主塔处，我们运用点光源和小功率线型洗墙灯对于主塔基座的层次进行了表达。利用小功率的地埋灯对主塔基座上的浮雕作品进行照射，形成了丰富的明暗对比效果。

位于主塔前的广场，以景观灯为照明主体，灯具功率较低，可以形成园区的明暗节奏。

本项目中对于主塔基座细节刻画的灯具很多，可以根据不同的需求选择开启部分灯具，以达到节能的目的。

3）设计中使用的新技术、新材料、新设备、新工艺

在本项目的灵光宝殿部分的照明设计中，对于宝殿基座部分的照明，线型洗墙灯具做了隐藏式安装，对于汉白玉栏杆处的明装灯具，灯壳做了与栏杆颜色同色的喷涂处理。

在金瓶及佛像处的照明灯具，同样经过对灯体颜色的喷涂，使之在日间观赏时灯具的辨识度大大降低。

4）照明设计中使用的环保安全措施

（1）灯具选择：本项目中对于高光效的 LED 灯具进行了大量应用。对于佛塔基座和台阶扶手等细节位置，采用小功率的 LED 灯具进行刻画。在需要使用较大功率灯具的情况下，通过对出光角度的调节和防眩措施，有效地避免了眩光问题。项目中所选用的室外灯具的防护等级均不低于 IP65。

（2）色温选择：根据宗教类建筑的特性，光源的色温均选择暖白光。对于金色的塔身部分采用较低色温的灯光进行照射，在汉白玉栏杆处则采用暖白色光照射。

（3）灯具维护：塔身以及佛像处的点光源安装维护难度较高，因此对于灯具的质量有严格的把控，并且会定期进行灯具的检修工作。

3. 实景照片

北京大觉寺夜景照明工程

1. 项目简介

设计单位：中辰远瞻（北京）照明设计有限公司

施工单位：北京中辰筑合照明工程有限公司

获奖情况：第十一届中照照明奖照明工程设计奖二等奖

2. 项目详细内容

大觉寺又称西山大觉寺，大觉禅寺，位于北京市海淀区阳台山麓。大觉寺以清泉、古树、玉兰而闻名。寺内共有古树 160 株，有 1000 年的银杏、300 年的玉兰、古娑罗树、松柏等。大觉寺的玉兰花与法源寺的丁香花、崇效寺的牡丹花一起被称为北京三大花卉寺庙。大觉寺八绝：古寺兰香、千年银杏、老藤寄柏、鼠李寄柏、灵泉泉水、辽代古碑、松柏抱塔、碧韵清池。

大觉寺属于国家级文化遗产，本次项目的难点在于如何在不破坏和影响文物的条件下，让其光环境维持原有的宁静自然。

1）照明设计理念、方法等的创新点

根据夜间游览的路线，我们定制了一款中式灯笼落地灯来引导游客沿路线游览。灯笼中 3W、2700K 的漫射光源，营造了一个低位置、低色温、低照度的禅学光环境，让人们产生一种内心的平和。

项目中的砖制人行桥已有上千年的历史了，也因此没有预埋电缆的施工条件。最终我们将桥两侧路灯的光源换成了 12W，为过桥的行人提供了足够的照度。

2）照明设计中的节能措施

本项目的 LPD 值为 $0.05W/m^2$。

3）设计中使用的新技术、新材料、新设备、新工艺

房檐与斗拱是中国传统建筑设计中最精致的部分，我们使用了两个 15×30 的非对称地埋灯打亮它们。门匾用 3W 的 LED 椭圆配光做了重点照明，项目中其他相似位置（匾牌、画作、雕刻）都使用了显色性 CRI90 的灯具，并装有红外/紫外滤光片，让人们在欣赏文物的同时而不破坏它们。

4）照明设计中使用的环保安全措施

通过多次的现场调研，我们对大觉寺的夜景游览有了一个很全面的认识，精准地找到了需要照明的位置，也充分地考虑了预埋管线电缆是否会破坏场地或者影响现有的外观。

3. 实景照片

安徽滁州全椒太平文化街区夜景照明工程

1. 项目简介

设计单位：天津大学建筑设计研究院

施工单位：江苏时新景观照明有限公司

获奖情况：第十一届中照照明奖照明工程设计奖二等奖

2. 项目详细内容

1）照明设计理念、方法等的创新点

本次建筑夜景照明设计以亲切、雅致、淡远、体味为主题，以"走太平"的主轴线为照明主视觉线路，结合湖面、道路和景观照明，并充分考虑近人尺度、街道尺度和城市尺度的三种视觉关系，在表现各自特征照明效果的同时使之能够统一协调，建立充满历史文化和艺术气息的夜景印象，形成太平文化品牌。

2）照明设计中的节能措施

（1）本项目灯具选择 LED 高效光源产品。

（2）通过投光照明重点刻画建筑核心构件，优化灯具配光，减少光溢散，最大限度地提高光能使用效率。

（3）系统灯具均采用 24V DC 的供电电压，以减少电源到灯具的线路损耗；高效率的 AC/DC 变换器，降低电源损耗；PWN 灰度控制技术，保持 LED 处于高效率稳定工作点。

（4）照明系统采用时控、智能控制和手动控制的方式。设置平日、一般节假日、重大节日等不同的开灯控制模式，营造不同气氛的夜景效果，同时节约能源。

3）设计中使用的新技术、新材料、新设备、新工艺

（1）LED 灯具小型化、隐蔽化设计，解决灯具隐蔽、维护、管线铺设等技术难题。

（2）在 LED 灯具控制上面采用 DMX512 控制系统。主控和分控采用光纤进行连接，LED 色彩的控制信号能传递得更迅速和准确。

（3）特制的 LED 透镜与配光技术，解决了水珠结构多曲面玻璃各向斜度、方向、长度不相同，而形成的投光角度、亮度、色彩以及眩光的控制。

4）照明设计中使用的环保安全措施

（1）充分考虑冬季室外积雪、气温低，以及夏季降雨的影响，所有室外灯具的防护等级不低于 IP65，线路上均设置漏电保护装置。

（2）在近人尺度电气线隐藏并双重绝缘，并且由管理部门的专业技术人员定期巡视、检查及维护光源与灯具。

（3）严格控制投光灯的配光和投光角度，避免干扰光、溢散光，充分体现绿色照明的理念。

（4）采用高效节能照明灯具和光源，并充分结合建筑特点，做到灯具安装可靠、安全，不影响建筑立面效果，检修维护便捷。

3. 实景照片

杭州运河夜景照明工程

1. 项目简介

设计单位：浙江城建园林设计院有限公司

施工单位：杭州尚品照明工程公司/浙江鸿远/汉鼎股份

获奖情况：第十一届中照照明奖照明工程设计奖二等奖

2. 项目详细内容

1）照明设计理念、方法等的创新点

（1）理念创新：项目设计和推进过程中，始终坚持以民生需求、旅游发展为导向，以为市民以及游客提供更多的实惠作为唯一工作目标，在这一理念指引下，市政府、运河集团及各部门密切配合，共同精准发力，确保政策体系的改革创新取得突破。

（2）产品升级创新：目前杭州乃至国内作为夜游的产品并不多。"运河之夜"的成功案例可成为全国开展夜游产品的学习模式，也为今后钱塘江夜游的形成起到一个很好的示范。

（3）空间创新：不同于以往实施的夜景亮灯工程，运河夜游提升工程设计从三维空间的角度出发，提出兼顾到水上、岸上、空中多个层次，以点串线，由线到面，从不同视角来构成一副中国水墨丹青式的运河夜景图。

（4）技术创新：传统的城市景观灯光设计注重局部区域展现，在整体布局上缺乏统一性与协调性。将交互式体验与灯光创意表现相结合，植入到市民生活的最前沿，使环境不再是单向的观赏，而是交互的体验。环境通过灯光手段被赋予更多的平台功能和媒体意义。此外，运河夜游提升产品中还采用了 3D 裸眼灯光秀、大场景星光摇曳等尖端技术来重现运河辉煌的文化与现代的时尚。

2）照明设计中的节能措施

通过科学的照明设计，采用高效率、长寿命、安全和性能稳定的照明电器产品，创造一个高效舒适、安全经济的环境，实现绿色和环保的照明理念。

（1）优秀的照明设计

充分理解、领会建筑和景观文化，执行《城市夜景照明技术规范》，选择合理的照度标准，保持适当的照度和尽量采用局部照明等。

（2）采用高效节能的照明设备

光源：大量采用环保节能的 LED 光源；

灯具：选用配光合理、反射效率高、耐久性好的反射式灯具；同时选用与光源、电器附件协调配套的灯具。

（3）推广智能照明控制系统

采用智能照明控制系统，实现平日、一般节假日和重大节假日三级照明控制模式，结合人流车流，分控分调，合理设定开关灯时间，使整个照明系统按照经济有效的最佳方案来准确运作，降低运行管理费用，最大限度地节约能源。

（4）加强运行管理

加大系统维护率，切实提高系统综合利用效率，达到节能增效的目的。

3. 实景照片

铜川市照金红色旅游名镇夜景照明工程

1. 项目简介

设计单位：陕西大地重光景观照明设计工程有限公司

施工单位：陕西大地重光景观照明设计工程有限公司

获奖情况：第十二届中照照明奖照明工程设计奖二等奖

2. 项目详细内容

1）照明设计理念、方法等的创新点

建筑本身通过照明设计及实施，在夜间还原建筑风格庄严肃穆。通过合适的色温和亮度控制突出红色文化历史背景的气氛渲染，细节上灯光更好地表现了建筑红色外墙浮雕、装饰花纹、垂花等细节重点，使得建筑和文化底蕴在夜间给观赏者更突出、深刻的印象。

2）照明设计中的节能措施

照金红色旅游名镇照明采用无线＋有线智能远程集中控制系统，系统建立依据为《照金红色旅游名镇照明专项规划》。

控制范围：镇区新建建筑、构筑物、广场、道路、部分山体。

控制方式及通信协议：有线＋无线模式、DMX512/GSM 双结合，无线通信技术，使控制系统的实施变得更为灵活。通过发送短信的形式控制所有区域灯光场景的调用，同时具有优先级选用的功能，能够控制细至每一个回路，减少布线。

灯具选用上 90% 采用新型高光效节能 LED 灯具，通过用电设备和智能控制结合达到节能目的。

3）设计中使用的新技术、新材料、新设备、新工艺

（1）从照明设计理念上：四大设计主题思想是星星之火可以燎原；万山红遍；红星照耀；中国人民英雄永垂不朽。利用灯光表现方式突出表现红色文化主题，不彰显、不绚丽，宁静而沉淀，更加贴合和点缀项目中心主题红色旅游名镇。

（2）从景观灯设计上：考虑广场和主题的性质，独立设计了大体量、新颖性的灯具，即广场造型灯柱——丰碑，白天的丰碑、夜间的明灯与周边建筑及环境浑然天成。

（3）从工程技术施工上：项目采用无线＋有线智能远程集中控制系统，优化了长距离分散控制的难题。

4）照明设计中使用的环保安全措施

泛光照明工程施工过程中存在噪声、灰尘污染，竣工后亮化工程的能耗，过程中对周围绿化造成的破坏。因此针对泛光照明工程中存在的这些问题，根据国家和地方相关规定，合理安排施工时段，尽量减少施工噪声对居民的影响，做好施工现场降尘降噪措施，并向居民及业主做好解释沟通工作，取得谅解。优化亮化设计方案，采用智能程控设备，合理安排亮化时段，根据重大活动、节庆、平时不同的需求，制定不同的亮化效果。灯具采用节能 LED 灯具，结合亮化控制，减少电力能耗。合理制定施工操作面，减少对现有市政用地的占用，无法克服的区域，应避免对大乔木的破坏，采取针对大乔木的专门保护措施，地被和灌木如有破坏，施工完成后应复原补植，对硬质地面造成的破坏及时恢复原貌。

3. 实景照片

游客服务中心广场

人民英雄纪念碑

陕甘边革命根据地照金纪念馆

浙江西子宾馆夜景照明工程

1. 项目简介

设计单位：中国美术学院风景建筑设计研究院

施工单位：杭州大胜照明工程有限公司

获奖情况：第十二届中照照明奖照明工程设计奖二等奖

2. 项目详细内容

浙江西子宾馆位于西湖南屏山，雷峰夕照北麓，三面临湖，与著名古刹净寺为邻，与"苏堤春晓"、"三潭印月"、"柳浪闻莺"等西湖十景隔湖相望，可远眺南北高峰、保俶塔，湖光山色尽收眼底。此次设计旨在结合西子宾馆的建筑特点、景观特色，从最小干预的角度去营造夜色如画的西子夜景。

设计范围包括 2、3、5、6、8、9 号共六幢客房住宅楼外立面，以及总台、西子厅（餐厅）、飞云厅、西园茶馆、漪园咖啡馆、玉皇厅等多幢功能性建筑的外立面，同时也包括宾馆入口、乾隆钓台等多处节点的景观照明设计。在具体设计中主要把握重点突出、轮廓有韵、山水交融、满足功能的设计原则，使其具有丰富的动线，移步换景，山水交融，古今交融，光影交融，情景交融。

1）照明设计理念、方法等的创新点

半是湖山半是园，西子宾馆位于夕照山麓雷峰塔下，既是西湖南面主演的景观，又是观看西湖的主要景观点。围绕设计主题，融江南气韵和传统人文于一体，充分结合建筑和景观的特点，每一个节点、每一处细节的灯光设计都恰到好处，与西湖相融而又别具一格。屋顶的曲线和微翘的飞檐，在灯光下更加轮廓有韵；景观小品，植物照明与环境融合，明暗交替，主次分明，增强了夜景观环境的层次感。

2）照明设计中的节能措施

设置了平常日、节假日、深夜等多种场景模式，通过设置程序令系统自动执行。不仅能让人感觉到灯光的层次感，还能通过这种模式节能节电，延长灯具寿命 2~4 倍。

3）设计中使用的新技术、新材料、新设备、新工艺

照明采用一级主导、分级管控的控制手法，实现远程控制，灵活安全。一年的时间，施工及设计人员夜以继日，将 5343 套 LED 灯具安装调试完成，灯灯到位，最终向世界呈现出别具风格的"中国宴会厅"。

4）照明设计中使用的环保安全措施

（1）结合建筑和景观特点，从最小干预的角度打造西子夜景；

（2）合理的灯具选型及安装，依据不同区域及功能选择；

（3）景观节点的照明设计主要通过月光等自然照明的手法，适当补充灯光，避免光污染。

3. 实景照片

西子宾馆-2号楼

西子宾馆 小道

西子宾馆 长桥视角

三亚市城市夜景照明工程

1. 项目简介

设计单位：中规院（北京）规划设计公司

施工单位：北京新时空科技股份有限公司

获奖情况：第十二届中照照明奖照明工程设计奖二等奖

2. 项目详细内容

1）照明设计理念、方法等的创新点

从全局出发，不过于追求"亮"，着力表现重点，减少视觉疲劳，保证节奏感的夜景观序列，确保夜景照明的整体效果。树立全局观点，有主有次，有明有暗，对各种景观元素进行统一的、系统的亮度规划。

（1）独特的亮度分级体系

A. 高亮度区域——商业金融区及城市开放空间（繁华、热闹、活跃、开放、安全）

B. 中高亮度区域——旅游文化照明区（热带风情，温馨、热情）

C. 中亮度区域——城市公共设施照明区（强调公共场所的安全感和标志性）

D. 低亮度区域——居住区及其他照明区（安全、归属感）

E. 天然暗环境区——生态照明区（城市暗夜白鹭公园保护区域）

（2）光色控制体系

根据三亚建设的高端定位，以亮度适中的黄白暖色调的静态投光为主，适度渲染建筑特征，打造高品质、高格调的夜景光环境。

（3）升级改造主旨

主要遵循：整体规划、重点设计、分步实施、统一管理四个原则。

（4）遵循可持续化原则

绿色照明设计理念为先导，先进的照明技术为支撑。

（5）搭建智慧城市照明管理控制系统平台，真正实现互联网＋技术的智慧照明。

2）照明设计中的节能措施

（1）在前期照明设计范围中合理规划亮度等级，控制载体的功率密度。

（2）灯具95%以上采用寿命长、尺寸小、能耗低的LED光源，替代了传统的金卤灯及钠光源，降低了功率，在保证了光效的前提下，还达到了绿色照明节能环保的目的。

（3）通过控制灯具内电路的驱动方式合理平衡单个开关电源的功率、带灯距离以及线路压降之间的关系，尽量达到单个电源的满载功率，减少总开关电源的数量。

（4）对单个灯具的配光预先进行了计算，用配光曲线合理、控光性能好、光利用系数高的灯具，保证光能的合理分布，避免逸散光。

（5）所有夜景灯光照明均纳入智慧城市照明管理控制系统平台分级控制，通过控制灯具的开启和亮度，使夜景照明具备节能模式、平日模式、节日模式。

节日模式：所有灯光全部打开，表演灯光届时全部亮起，营造节日气氛；

平日模式：平时夜景仅开启"金色屋顶"灯光，立面小投光，营造祥和的氛围；

节能模式：在夜晚22：00以后开启节能模式，只保留"金色屋顶"，既达到了节能的目的，又保证了靓丽夜景。

3. 实景照片

半山壹号区域

三亚火车站

贵州罗甸县红水河景区夜景照明工程

1. 项目简介

设计单位：四川普瑞照明工程有限公司

施工单位：四川普瑞照明工程有限公司

获奖情况：第十二届中照照明奖照明工程设计奖二等奖

2. 项目详细内容

1）照明设计理念、方法等的创新点

（1）设计起意于罗甸的山、罗甸的水、罗甸的暖，将灯光完美融入罗甸的山水之间。人文与自然的和谐统一，来源于自然，造物与人类，再还原于自然。

（2）灯光秀分为"灵""韵""神"三大篇章，主要运用声、光、电等高科技手段结合罗甸特色音乐，共同演绎一场水柔、光灵、山俊的灯光视觉盛宴。

2）照明设计中的节能措施

（1）观念节能

A. "亮"永远是在"暗"的对比中体现的，照明是主次分明，重点突出表现照明对象。

B. 照明应在功能为主的条件下结合形式的表现。

（2）产品节能

A. 灯具的安全：营造安全的环境，减少损失而达到节能。

B. 灯具的高品质：能实现用最少的灯实现最好的效果，打造光的高品质。同时减少维护成本和维修成本，从而达到节能。

（3）控制节能

A. 控制系统能有效地丰富夜景景观，烘托所需要的各种场景和气氛，还能有效地减少不必要的浪费，从而达到节能。

B. 控制节能：

时段控制：19：00～20：00（夜幕降临，整点灯光演绎，一场灯光、音乐的盛大演出）

时段控制：20：00～23：00（演出 15min 为一场，间隔半个小时）

时段控制：23：00 以后（保留功能性照明，以为入口照明）

3）照明设计中使用的环保安全措施

（1）灯具内增加针对感应雷击及静电（ESD）的专用防护元器件，突波电流可最高达 800A（8/20μs），在恶劣天气情况下，避免灯具给供电系统带来安全隐患。

（2）所有浮桥上灯具均采用安全电压 DC 12V～DC 24V 电源对灯具进行供电，避免灯具漏电带来的安全隐患。

（3）浮桥上所有灯具凡有金属外壳均可靠接地，防止静电。

（4）所有的供电、控制设备均设置于行人不可接触位置。

（5）所有灯具、设备的安装支架尖锐部位均做软保护处理，避免行人擦刮碰伤。

（6）根据投光灯投射的位置与方向，结合行人的视觉感官，投光灯均设置不同的防眩光格栅，有效避免了灯具眩光对行人眼睛的伤害。

（7）配电箱主回路设计浪涌保护，每个回路均设计漏电保护，有效保护人员安全及提高供电可靠性。

3. 实景照片

金山市茅山盐泉小镇夜景照明工程

1. 项目简介

设计单位：上海现代建筑装饰环境设计研究院有限公司

施工单位：江苏创一佳照明股份有限公司

获奖情况：第十二届中照照明奖照明工程设计奖二等奖

2. 项目详细内容

1）照明设计理念、方法等的创新点

以"根茎叶花，三教合一"为设计概念，道家是"根"，儒家"茎"，佛家是"叶"，文化是"花"。"道教胜境，东方盐湖城"返璞归真，气韵流动，天地交泰，阴阳相生。儒家修身，道家养性，佛家修心。

根，水与陆地相交，正如阴阳交融，用灯光表现水与地相接，为茎和花的生长提供丰厚的土壤。这里也是可以提供多种灯光变化的地方，生死的轮转，阴阳的变化，八卦演绎的过程，老子讲道的回放等通过水幕投影的方式进行生动的讲述。配合喷泉的丰富动态及音乐，以及放河灯等活动，这里必将成为夜间聚集人气的场所。

茎，通过扶手等将整个云道照亮，光色以云色为准，每个节点主题通过针对性的演绎进行强调，在云道周围布置喷雾装置，在灯光烘托下营造仙境般的感觉。

花，夜幕落下，观云白如一朵莲花层层打开，绽放夜空，建筑中蕴含的"太极生两仪、两仪生四象、四象生八卦"的道家精华，通过灯光明暗及光色的变化充分表现出来，成为整个区域的点睛之笔。

叶，道风街打造一种天然的幽静怡然，让来到其中的人感受一种充分的道法自然之美。

灯具设施等注意隐藏于屋檐下，与建筑结构相结合，特别注重与水相接的建筑景观照明。

2）照明设计中的节能措施

（1）照明设计中选用施耐德智能照明控制系统，分为三种模式：平日模式（时间根据不同季节进行适当调整）、节日模式（含国家法定的节假日、周末）、深夜模式（时间根据不同季节进行适当调整）。平日模式18：00～21：00，节日模式18：00～22：00，深夜模式22：00～24：00。

（2）所有灯具均选用LED光源，配合高效率电源，比传统光源节电80%以上；LED灯具有优异的显色指数，并且比传统光源使用寿命长很多。

（3）LED灯具驱动电源的效率高，故其耗损功率小，在灯具内发热量也就小，这样就降低了灯具的温升，LED的发光效率随着灯具温度的降低而升高，从而很好地达到节能效果。

（4）采用防水开关电源，大大提高工作效率，达到很好的节能效果。

（5）与此同时，智能控制系统能够改变部分灯具灯光的强弱、颜色的变化，以到达节能的目的。

（6）通过仔细的照度计算，选用合适的配光角度，充分提高灯具的利用率。

3. 实景照片

湖州太湖旅游度假区夜景照明工程

1. 项目简介

设计单位：上海东方罗曼城市景观设计有限公司

施工单位：上海罗曼照明科技股份有限公司

获奖情况：第十二届中照照明奖照明工程设计奖二等奖

2. 项目详细内容

1）照明设计理念、方法等的创新点

（1）夜景设计应以现场建筑和景观环境为依据，熟悉本项目周边环境及夜景、收集相关基础资料。

（2）从城市的观念入手，结合湖州度假区的地域特色，运用现代照明设计手法，以月亮酒店为中心，不同角度综合考虑，提出适合湖州度假区整体氛围的夜景思考，因地制宜，构思新颖，注重整体艺术效果。

（3）正确地对待日景和夜景。注意人工和自然光的区别，发挥人工的优势创造夜景，但是尽量做到见光不见灯的原则。

（4）注意整体与局部的融合，指导照明的设计和实施，克服自发、盲目、无序的状态。遵守艺术创作的"秩序""重点""协调"原则，突出重点，处理好局部和整体的关系，个体和周围环境的关系。

（5）提高夜景的文化品位，克服景观照明的艳俗倾向，为城市居民创造优雅闲适的光环境，挖掘湖州度假区文化特色，引导大众的审美情趣，满足居民美化生活的需求。

2）照明设计中的节能措施

（1）采用统一控制，分时分控，模式丰富，突出城市生活多元化发展的同时，核心区景观带通过统一的控制手段，在不同的时刻呈现不同的面貌，在丰富城市意象的同时，也为节能和维护提供有利条件。

（2）采用高效光源、高效灯具反射器，做到绿色环保。

3）设计中使用的新技术、新材料、新设备、新工艺

智能景观控制系统：

A. 基于道路照明智能监控系统平台；

B. 通过采集互感器，检测电流、电压数值，输出控制信号，进行远程控制；

C. 通过 GPRS 卫星通信，连接至公网，将前端采集到的电流、电压及用电量等数据，在监控软件上直观显现；

D. 作业人员可通过软件控制集中器，发送执行命令，对景观灯进行远程回路控制。

3. 实景照片

西安大唐芙蓉园夜景照明工程

1. 项目简介

设计单位：西安明源声光电艺术应用工程有限公司

施工单位：西安明源声光电艺术应用工程有限公司

获奖情况：第十二届中照照明奖照明工程设计奖二等奖

2. 项目详细内容

1）照明设计理念、方法等的创新点

整个园区的夜景提升改造在统一的大主题之下，依据项目整体景观体系规划，紧贴唐文化皇家园林的主轴，分主题梳

理提炼各分区的夜景氛围塑造与创意表现。

建筑照明秉持整体夜景亮化的统一恢宏基调，并严格依据各楼体作为历史建筑规制与细节审美，还原并优化楼体的夜间呈现。对全面提升改造的建筑进行系统的照明提升改造，形成系统的建筑照明效果。全面景观提升后为夜游芙蓉园形成系统性的景观照明效果。

整个园区景观现状是景观节点缺乏统一、错落有致、有层次的灯光效果，没有明暗对比，用色也杂乱。此阶段将提升改造的环湖景观人行带作为重点区域，形成灵动水岸、富有情调的光环境。

整个提升改造最大的创新点在于引入"灵动水岸"概念，有机地将环湖照树灯与水岸的动态变化进行结合，创新性地合二为一非标设计出一款水岸灯，很好地实现创意效果。

2）照明设计中的节能措施

（1）选择合理的光源，在传统照明中，引入大量的 LED 光源，在保证功能的同时也得到了很好的照明效果。

（2）确定合理的照度空间分布，特别是道路部分的照明，做到明暗有致，既满足功能需求，又节约功耗。

（3）采用无线 4G 组网传输技术的智能照明控制系统，对所有提升项目统一进行分场景、分时段控制。

（4）根据不同现场情况和功能需要，选择利用系数高、质量可靠、维护方便的灯具。

（5）选用高效、节能的灯具附件，如电子镇流器等；功率因数补偿装置 $\cos\phi > 0.85$。

（6）优化照明配电系统，合理的供电半径、减少照明系统中的线路能耗损失。

经过以上措施，使得整个项目的总功率降低了 35%，取得了良好的节能效果。

3）设计中使用的新技术、新材料、新设备、新工艺

（1）主路灯通过改造，舍弃钠灯光源，采用定制配光的 LED 大功率模块，实现功能与功耗的完美结合。

（2）对改造的非标景观灯全部采用 LED 定制光源，有效地控制功耗，且照明效果极佳。

（3）有机地将环湖照树灯与水岸的动态变化进行结合，创新性地合二为一非标设计出一款水岸灯，很好地实现创意效果。

（4）采用最先进的智能照明控制系统，通过无线 4G 组网传输技术，实现远程大范围分场景、分时段灯光控制。

（5）对于 LED 灯具，均采用结构防水与灌封胶覆盖防水相结合的方式，保证灯具的性能稳定。

3. 实景照片

杭州西湖夜景照明工程

1. 项目简介
设计单位：中国美术学院风景建筑设计研究院
施工单位：上海光联照明有限公司
获奖情况：第十二届中国照明奖照明工程设计二等奖

2. 项目详细内容
1）照明设计理念、方法等的创新点
（1）采用"光绘"的照明设计技法

面对大山水格局，宏观全局，强调重点和节点，明确照明的明暗关系、退层关系、疏密关系，强调山与水之间的空间距离感，空间收束点在构图中的定位作用，光色明暗变化在山水中的烘托效果。以光为墨，以意为笔，以情为发端，以境为渲染，最终呈现光影疏淡、名暗韵律、画意盎然、体态明丽、掩露有致、和而不同的西湖夜环境。

（2）采用智慧照明联调联控系统

打破原来西湖景区灯光照明的局限，实现多区域、多系统、多平台灯光系统的独立运行；在线故障监测及反馈系统，实现故障及时发现及时解决。系统平台设 1 个总控中心，8 个分控中心，7 个区域汇聚点，62 个室外灯控点，15000 套色温可调可控的 LED 灯具，在节能环保的基础上打造出山水交融的动态灯光画面，达到灯光效果的实时互动。

2）照明设计中的节能措施

本次西湖夜景照明工程规模大，地形复杂，要求高，为了提高照明节能，本次设计中考虑了如下措施：

（1）本工程设计主要采用 LED 灯作为主力照明，LED 灯具具有功率低、光效高、显色性好等特点，选择合理光源指标，使用高效光源。

（2）选择高效灯具，采用了国际上先进的 LED 灰度可调可控灯具，所有灯具均采用电子镇流器或电感式节能镇流器加电容补偿，从而使 $\cos\phi \geqslant 0.9$，无频闪。

（3）选择合理的照明配电系统，设计结合日常节能的需要加以考虑，合理布置照明配电箱，置于照明负荷中心且方便操作的地方，减少各级照明线缆的长度，降低电压损失和线路损耗，装设电力计量装置，进行合理成本管理。

（4）采用灯具反馈系统，实现灯具损坏可以在控制中心显示出来，达到快速、准确的后续维修工作来代替传统的人工巡查检修。

（5）选择合理的照明控制方式。采用了多种科学合理的照明控制方式，有效组织重大节日、周末及平时晚上亮灯，提高供电系统的节能效率。

（6）采用合理灯具与安装方式结合，控制眩光，防止对光环境的影响。

（7）灯具及电线、电缆，均选择当前流行的环保产品。

3. 实景照片

大同市浑源—德街夜景照明工程

1. 项目简介

设计单位：中辰远瞻（北京）照明设计有限公司

施工单位：北京中辰筑合照明工程有限公司

获奖情况：第十二届中照照明奖照明工程设计奖二等奖

2. 项目详细内容

1）照明设计理念、方法等的创新点

舒适宜人的夜间照明，是吸引游客夜游和停留的重要因素。街区照明主要结合建筑楼体照明，借用商铺室内照明及氛围，以景观小品、景墙和导视标识系统的亮化为辅助，公共照明采用LED灯具及智能控制，并做防眩光处理。

在街角用小投影灯投射老照片，将人们带入那个如梦的时代，去了解照片背后的故事。

以人为本，个性化的设计——普及照明调控，关怀个人对光的不同需求，追求个性化的照明风格。

注重光色的选择，用光营造情调和氛围，满足人们心理上和精神上的追求。

非均匀照明，动态照明，在需要光的时间，把适量的光送到需要的地点。

为突出其重要地位和整体业态的需要，我们为其景观和建筑部分增加了泛光照明设计，通过灯光的冷暖区分、明暗对比，突显出建筑本身的材质和独特结构，营造古建厚重、气势磅礴的古典风格。泛光照明的设计提升了浑源—德街在夜间的品质和形象，同时也达到了现代技术与古典建筑的完美结合。

2）照明设计中的节能措施

采用了大量LED照明产品，耗电量较传统光源节约40%左右，寿命较传统光源延长一倍。

根据不同地区的亮度分区，确定照明的平均照度、均匀度，使整体设计达到节约电力、减少环境污染的目的。可见，设计作为整体街道照明工程的基础，成为实现绿色节能的根本。

采用时钟控制和光控的方式，光控可以在白天起到一定的节能效果。

3）照明设计中使用的环保安全措施

（1）用电作业人员必须持证上岗。

（2）照明灯具和器材必须绝缘良好，并符合现行国家有关标准的规定。

（3）照明线路布线整齐，相对固定，室外安装的照明灯具不低于3m，安装在露天工作场所的照明灯具选用防水型灯头。

（4）照明电源线路不接触潮湿地面，不接近热源，不直接绑挂在金属构架上。在脚手架上安装临时灯具时，应在脚手架上加绝缘子。

（5）照明开关控制相线。采用螺口灯头时，相线接在中心触头上。

（6）照明灯具与易燃物之间保持一定安全距离，普通灯具不小于300mm，聚光灯、金钨灯等高热灯具不小于500mm，间距不够则采取隔热措施。

3. 实景照片

3.5

室外照明工程（片区）

武汉市两江四岸夜景照明工程

1. 项目简介

设计单位：北京清华同衡规划设计研究院有限公司

施工单位：深圳市金达照明有限公司

获奖情况：第十一届中照照明奖照明工程设计奖一等奖

2. 项目详细内容

1）照明设计理念、方法等的创新点

长江段视线开阔，视线场景宏大，照明着眼于大尺度上建立整齐统一的视觉秩序规则，强调城市天际线，提升沿江建筑视觉上的连续性、纵深感和都市中心区氛围。长江段包含两岸三镇，三镇载体分布各具特色，因此对照明手法各有侧重。武昌片区以七个高大体量的住宅建筑组团为主，高亮表现顶部形成独特起伏的城市天际轮廓。汉口片区建筑随年代分布，因而建筑立面条件参差不齐，照明用统一的手法规则，塑造整齐统一的形象界面。按性质和建成年代划分光色规则，视觉上还原了独特的城市纵深肌理。汉阳片区山城相依，照明随着建筑天际线近山渐暗，着重表达城市与自然的和谐共存。

流程创新：量化效果质量把控流程，确保设计效果落地。本项目涉及近 400 栋建筑，20km 长岸线景观，多处趸船码头和跨江大桥，照明工程体量大，且工期紧张。国内市政景观照明项目失败的教训很多，主要是因为实施时缺乏有效的效果及质量把控手段，造成没有实现预期效果，或损坏率很高，维护困难，效果无法保持。

经过多年的实践探索，本次创新提出科学量化指标，结合检测的效果质量把控流程，为业主提供辅助决策建议，确保效果落地，并对同类项目有借鉴意义。

首先，科学合理制定项目需求。根据视觉影响力和总体投资目标，将建筑分为主题、氛围、背景和其他四大类，决定其亮度和光色层次，兼顾效果与能耗投资的平衡。

其次，结合市场供给能力设定合理的设计指标。广泛搜集灯具进行效果实验，确保效果目标能实现。对要采购的灯具进行光学、安规检测，让业主了解事实，选择合理性价比灯具。

最后，细致全面的现场服务，由于现状提升工程的特殊性，从设计之初的现场踏勘，到深化实施配合阶段，深入地了解现场情况，提出确实可行的解决方案。

2）照明设计中使用的环保安全措施

（1）运用特殊研发的立面 LED 点光源灯具遮光部件，远视点上保持亮度光效，近视点亮度减弱，保证亮度视觉舒适。

（2）全部灯具照射方向均向建筑外发光，严格控制向上和照向相邻建筑的配光，有效控制周边居民窗户内亮度，不干扰居民生活和休息。

（3）配电箱内，所有分支回路均采用 iDPNN 型带漏保微断路器，不仅有效地避免了漏电对设备的伤害，还有效缩小电箱尺寸，为电井节约空间。

（4）电缆选用上，采用低烟无卤阻燃型电缆，高温条件下不会产生有毒害气体。

3. 实景照片

绵阳沿江夜景照明工程

1. 项目简介

设计单位：中辰远瞻（北京）照明设计有限公司

施工单位：四川九洲光电科技股份有限公司

获奖情况：第十一届中照照明奖照明工程设计奖一等奖

2. 项目详细内容

1）照明设计理念、方法等的创新点

做这么大范围的城市媒体立面，最担心出来的光对周围居民产生干扰。所以我们在前期的设计过程中，从建筑立面的选择到灯具设计，都尽量把握减少干扰的原则。另外与其他城市媒体立面的建设资金相比，绵阳要明显低于其他城市，在保证这么大规模的前提下，就需要思考如何通过设计来减少用灯量。

2）照明设计中的节能措施

（1）选取优质高效的 LED 照明灯具。本项目全部采用九洲光电研发生产的优质节能的 LED 照明灯具，充分保证了工程的实施效果。

（2）合理布灯。在设计中尽量采用较少的灯具对建筑或景观进行夜景氛围的营造，最大限度地减少了灯具的数量和总功率。并充分利用了建筑或景观的结构特点，做到了见光不见灯。

（3）电路布局合理。本次设计中尽可能采用就近取电的原则，大大降低了电路的损耗。

（4）采用智能控制系统，对各节点灯光全部实现了远程控制，根据天气情况实时调整开关灯时间，降低了运行成本。

3）设计中使用的新技术、新材料、新设备、新工艺

我们设计了一个方形灯体，并在灯体的前面设置了一块透光板，设置透光板的目的：

（1）光穿过透光板，亮度被降低；同时被照亮的透光板产生反射光在墙面形成光晕，在灯具与建筑立面之间建立了过渡，降低了亮度比。

（2）透光板扩大了发光面积，使得灯具布置间距可以放大，减少了用灯量。

通过这些措施，使得灯具在近距离也有比较好的视觉舒适度。

媒体立面采用了全新研发的点光源，包括一体成型外壳、皮纹透光板、模块化线槽等；控制系统采用了 GPS 主控机同步授时、工控机集中控制、配合模块化长距离信号接收器，确保系统的高可靠性，以及故障灯具隔离而不影响整体效果。

为了严格控制光污染，对点光源的出光角度进行严格控制的同时，在离发光面 50mm 的高度处增加了磨砂的混光板，使得出光更加柔和。

3. 实景照片

杭州滨江区 G20 项目夜景照明工程

1. 项目简介

设计单位：浙江城建园林设计院有限公司

施工单位：杭州银龙实业有限公司/滨和环境建设集团有限公司

　　　　　杭州中元照明工程有限

公司获奖情况：第十一届中照照明奖照明工程设计奖一等奖

2. 项目详细内容

杭州市滨江区 G20 项目夜景照明工程涵盖了滨江区钱塘江南堤岸及时代高架亮灯工程、滨江区江南大道沿线及时代高架以西沿江楼宇亮灯工程、滨江区时代高架以东沿江楼宇亮灯工程，涉及亮灯提升的单体建筑约 260 栋。总体夜景照明布局为两横一纵。两横为钱塘江南岸和江南大道，一纵为时代高架。

钱塘江南岸的夜景照明设计主题为"钱江夜曲"，照明节奏为强—次强—弱。沿江照明层次划分从下到上分别为堤岸线、沿江景观带、沿线建筑及夜景天际线。江堤的照明既要考虑整体效果，同时也要考虑防潮、防腐的问题。江堤照明的光色为金黄光，一直从萧山界延续到六和公园，像一条金腰带围合着整个滨江。植物是活化建筑界面的最好元素。照亮这些植物的同时也能使建筑底部形成一定的晕光，使得沿江立面的层次衔接更为自然。这样不仅补充了功能性照明，还能使沿线植物能在不同季节呈现不同的色彩灯光效果，形成季相之光。LED 照树灯在光源配置以及程序控制的作用下，形成春、夏、秋、冬四个季节不一样的树木"面貌"，但又非艳丽的彩色光效果。此次的江堤、绿化以及雕塑照明均采用 DMX512 控制，与核心区的建筑灯光形成联动控制。

江南大道沿线及时代高架以西沿江楼宇亮灯工程，涉及海创园、康恩贝、中化蓝天、会展中心、武警医院、滨江财税大楼、国土资源大楼、东冠创业大厦、诺基亚大楼等约 30 个楼宇建筑，工程量巨大，整体灯具数量为 35000 多套，采用各种洗墙灯、轮廓灯、投光灯整体勾勒出一条连接了钱塘江沿岸及江南大道的完美天际线。时代高架长约 4.5km，整体采用点光源和洗墙灯相结合方式，光色为暖白光，整体可动态变化，模拟潮水流动。

滨江区时代高架以东沿江楼宇建筑在江面上形成的倒影把灯光转化成为充满艺术感的线条与结构（用水将建筑的形体进行二次"设计"）。因此，在设计时充分考虑如何表达"充满意味的形式"。处理建筑物的光效时，以水中的倒影作为设计的出发点。同时，将"舞美概念"融入本亮化工程之中。建筑群的灯光设计从规划上的角度出发，统一照亮顶部，形成夜景天际线，并用光色来区分建筑的层次感，前景层为高亮度的金黄光，中间层为中亮度的暖白光，背景层为低亮度的白光。灯光随着江水而动，钱塘江大潮来时，江水汹涌，而灯光也将随着潮水流动的方向演绎着潮起潮落，江水静寂时，灯光又将变得温和淡雅，体现出钱塘江特有的文化特色。

3. 实景照片

延安延河综合治理城区段两岸夜景照明工程

1. 项目简介

设计单位：北京清华同衡规划设计研究院有限公司

施工单位：北京良业环境技术有限公司

获奖情况：第十二届中照照明奖照明工程设计奖一等奖

2. 项目详细内容

1）照明设计理念、方法等的创新点

（1）模式创新——照明与运营的结合：延安城市夜间文化旅游提升工程采用PPP模式，所以项目设计、施工以及运营一体化，SPV公司实时跟踪维护更新节目，保证项目10年内正常运行并保持吸引力，避免灯光秀类项目因运营不到位而昙花一现。

（2）主题创新——红色主题灯光秀：延安作为中国革命圣地以及红色教育基地，所以如何挖掘和表现红色元素，让游客更深刻地感受那段历史是此次照明的重点，灯光与自然载体的结合，打造红色主题的山体秀和360°立体灯光秀是此项目的亮点。

（3）方式创新——多种照明手段融合：该项目集合传统照明、舞台照明、投影于一体，通过总体控制系统将两种控制进行结合，达到整体统一的照明效果。

2）照明设计中的节能措施

（1）多模式控制达到节能目标。作为文化旅游项目，区别于一般的城市景观照明，灯具开启时间长，开启的总量大，临时性开启的需求比较大，所以综合以上条件模式上分时段、分季节需求设置。

（2）配电箱内，所有分支回路均采用可通过远程智能控制中心对每个供电回路进行开断操作，能根据实际需求合理搭配需要的组合模式，有效满足了节约能源的需求。

（3）在灯具选择上，95%的灯具是节能光源LED灯具，且选用24V安全电压，避免了触电事故发生。

3）照明设计中使用的环保安全措施

（1）安全——该项目大部分灯具安装于景区内，加之延安天气干燥，所以对防火要求特别高。采用遥感技术实时检测电路和灯具运行情况，并反馈信息；灯具选择LED投光灯，确保灯具较低的表面温度；维护人员定期巡查，清理表面落叶。

配电箱内，所有分支回路均采用iDPNN型带漏保微断路器，不仅有效避免了漏电给设备及人造成的伤害，还缩小了电箱尺寸，为电井节约空间。

LED灯具供电上，选用24V安全电压，避免了触电事故发生。

（2）环保——表演时间定在晚上8～9点，避开市民休息的时间；灯的控光要求，对靠近建筑的近距离街道视点可见的灯具亮度，及灯具向天空的上射光进行控光要求，实施后，有效改善了同类项目经常出现的眩光问题及避免了向上的光污染；声音的分贝数控制在国家规定的下线，避免对周边居民的干扰。

3. 实景照片

杭州钱江世纪城安全生态带（沿江景观带）夜景照明工程

1. 项目简介

设计单位：浙江艺勋环境科技有限公司

施工单位：中城建第十三工程局有限公司

获奖情况：第十二届中照照明奖照明工程设计奖一等奖

2. 项目详细内容

1）照明设计中的节能措施

（1）绿色低碳：科学合理规划，简单实用手法，高效节能灯具。

（2）以人为本：色温合理，亮度适宜，与建筑、景观进行一体化设计，融入环境；无光侵扰，与工作、生活环境相适宜，见光不见灯，亲切朴素，舒适宜人；便于施工，降低造价。

（3）使用需求：结合园区运营管理需求、人流情况，合理配置控制模式，降低使用能耗。

（4）电气合理：对线路及灯具进行电容补偿，使功率因数不小于0.9。合理选择变配电所、配电箱位置，使其靠近负荷中心，减小线路的损耗和供电距离。系统计算合理，正确选择导线截面。

（5）灯具高效：严格控制灯具角度，提高灯具使用效率。采用高效节能灯具及高效电子镇流器或高效的电感镇流器。

2）设计中使用的新技术、新材料、新设备、新工艺

（1）商业步行街：

A. LED洗墙灯沿一层女儿墙安装在多孔铝板内侧，向下照亮实墙。灯光强度从立面中间逐渐向两侧退晕变暗。

B. LED洗墙灯沿二层女儿墙安装在玻璃幕墙内侧，向下照亮实墙。

C. 单色LED线条灯位于玻璃幕墙内侧，沿竖向龙骨放置。

D. 变色LED线条灯置于玻璃幕墙内，沿竖向龙骨放置，以形成韵律感。光色在浅蓝、浅粉、暖白之间形成渐变，其变化节奏与北侧商铺5#6#保持一致。为更能吸引地铁口行人的注意力，除商铺立面照明外，可结合景观灯光设计，将人流引入步行街。

E. 变色LED洗墙灯沿二层女儿墙安装在多孔铝板内侧，向下照亮实墙。光色在浅蓝、浅粉、暖白之间形成渐变，其变化节奏和南侧商铺1#2#保持一致。

（2）剧院：

A. 变色LED投光灯沿金属体块放置在二层屋顶，照亮铝板。光色在浅蓝、浅粉、暖白之间形成渐变。

B. 单色LED洗墙灯沿二层女儿墙安装在玻璃幕墙内侧，向下照亮实墙。

（3）电影院：

A. 变色 LED 洗墙灯沿顶层女儿墙安装在多孔铝板内侧，向下照亮实墙。光色在浅蓝、浅粉、暖白之间形成渐变。

B. 单色 LED 洗墙灯沿二层女儿墙安装在玻璃幕墙内侧，向下照亮实墙。

（4）长街：设置 LED 灯带贯穿整个商业街，起引导和点缀作用。以极简风格的方形灯柱组合作为园区的标准照明灯光。

（5）旱喷区：旱喷中心区域设圆形地埋灯，外圈布环状灯光喷泉，再以地埋灯带强化旱喷广场的无线圆环图形。

（6）南北广场：广场作为人行主要入口，设置标准的照明用 3m 高庭院灯（LED 灯具），在花坛挡墙底部设 LED 灯带，营造区域性的泛光效果，加强图形感。

3. 实景照片

扬州市重点区域夜景照明工程

1. 项目简介

设计单位：悉地（苏州）勘察设计顾问有限公司

施工单位：南通东惠通建设工程股份有限公司/南京中电熊猫照明有限公司/
龙腾照明集团有限公司/浙江永通科技发展有限公司/
无锡市照明工程有限公司/宏力照明集团有限公司/江苏迪生建设集团有限公司

获奖情况：第十一届中照照明奖照明工程设计奖二等奖

2. 项目详细内容

1）照明设计理念、方法等的创新点

古运河以"文化、智慧、内生、创新、绿色、可持续发展"为理念，倡导民众积极参与，打造独具特色的城市滨水互动夜景空间，建立智慧城市服务体验模式，全面提升扬州城市夜景文化、经济、社会影响力。以"两眼""十一子""多点"的概念激活古运河夜景棋局，从量变到质变的转化，更有可持续的发展空间。节点处集中精力重点打造，连接处整体提升。处处体现"文化、绿色、智慧、互动"的设计理念，助力扬州社会、经济、文化全面发展。

文昌路商业服务中心，以现有大中型商场为基础，通过城市改造向纵深发展形成商业街区，开发校场、东关街等传统商业街区，形成既有传统特色又有现代商业气息的中心商业区。对于打造出扬州传统特色、商业氛围浓郁的景观灯光大道，用整合的手法将建筑载体统一化，规划纯净的光色，为商业元素（户外广告、LOGO、霓虹灯店招）创造更多的展示空间。

2）照明设计中的节能措施

（1）设备节能措施

A. 积极采用高性能的节能型设备（包括动力机械、低耗变压器、照明灯具等）。

B. 所选灯具，在满足灯具相关标准以及光强分布和眩光限制要求的前提下，选择了配光性能好、灯具效率高、具有防眩光特性和维护工作量小的灯具产品，景观照明积极使用节能灯、LED 光源。

C. 采用合理的控制方式，采用先进的灯光控制系统，保证灯具按各自规定的时间、规定的运行模式运行。整体夜景丰富而有变化，同时也满足了节能环保的要求。

（2）管理节能措施

除少数有特殊要求的道路、水系以外，在深夜采取降低亮度（照度）或局部关闭景观照明，可达到节能的目的。其次，应制定维护计划，定期进行灯具清扫、光源更换及其他设施的维护。

合理利用电能，降低电能的损耗，项目单位可自建检漏队伍进行检漏，应及时发现不必要的电能损耗原因并采取有效措施，避免一切人为或自然因素而造成的电能浪费。

3）照明设计中使用的环保安全措施

（1）配电均采用剩余电流保护器，避免火灾事故。

（2）古建筑均采用阻燃电缆。

（3）电缆若从楼内强电井经过，则均采用无卤低烟阻燃电缆。

（4）金属线槽、灯具外壳可导电部分等均接地。

（5）水下灯具采用 12V 安全电压。

3. 实景照片

北京市万丰路中央隔离带夜景照明工程

1. 项目简介

设计单位：深圳市高力特实业有限公司

施工单位：深圳市高力特实业有限公司

获奖情况：第十一届中照照明奖照明工程设计奖二等奖

2. 项目详细内容

1）照明设计理念、方法等的创新点

设计思路：北京的餐饮业态名目繁多，餐饮街区这种多元化的经营业态在北京餐饮市场已经初步形成。于是就有了

"前三门吃品位、王府井吃丰富、西单吃快捷、方庄吃风味、三里屯吃时尚、什刹海吃文化、东三环吃浪漫、阜石路吃高雅"之说。"餐饮街"如今也已不再是某一条街的代名词了，它已作为餐饮业的一种业态存在于餐饮市场之中。

通过卢沟桥乡政府的重点打造，在北京餐饮业中增加一条位于丰台区独一无二的餐饮文化街。

我们主要以中心绿化带景观小品为载体进行景观照明设计，突出重点景观特点，以色彩变化、照度变化的多元化手法进行灯光表现，使绿化带两侧建筑物照明效果与绿化带照明效果相互映衬协调，从而使万丰餐饮街整体风格一致，打造出"炫彩万丰"的华丽夜景效果。

2）照明设计中的节能措施

在能源日益紧缺的今天，绿色环保的节能产品正逐渐被人们所推崇，而照明行业显得尤为突出，通过使用高效节能电光源、高效照明灯具和照明控制设备等照明节能新技术产品，达到降低照明负荷安装功率，节约照明用电，从而减少对环境的污染。节能措施如下：

（1）调整亮灯数量和时间；

（2）选用发光效率高的光源；

（3）使用清洁、环保的灯具；

（4）选用优质高效的灯具——LED 灯具；

（5）对所有变压器输出电压进行检测、调档，使输出电压为额定值，若无法调低，可采用节电器进行降压节能；

（6）减少供电线路上的损耗。

方案中，大力推行"绿色照明"，充分运用新技术及最新科研成果，提高能源利用率，建立优质、高效、经济、舒适、安全的灯光环境。

3）设计中使用的新技术、新材料、新设备、新工艺

（1）采用中央控制系统。

（2）大量使用 LED 灯具，符合绿色、环保的照明理念。

（3）采用防尘、防水、防酸的投光灯具。

3. 实景照片

天津河东区重点区域夜景照明工程

1. 项目简介

设计单位：天津大学建筑设计研究院

施工单位：光缘（天津）科技发展有限公司

获奖情况：第十一届中照照明奖照明工程设计奖二等奖

2. 项目详细内容

天津市（河东区）市容环境综合整治 25km 城市夜景灯光线修复提升工程，对 34 栋建筑的夜景灯光设施提升及新建。

1）照明设计理念、方法等的创新点

本项目中，改变将照明设计局限于单个建筑或景观节点的做法，而是将设计项目与街道空间整体考虑，并以整个天津市夜景建设的要求为指导，打造有主有次、整体连续统一且富于变化的夜景观序列。

夜景照明的目的不是表现单独的光，更不是展示灯具，而是通过光表现被照物，通过灯光的取舍来凸显建筑景观的亮点，进而展现照明载体的特色。

2）照明设计中的节能措施

本项目灯具选择 LED 高效光源产品。

通过投光照明重点刻画建筑核心构件，优化灯具配光，减少光溢散，最大限度地提高光能使用效率。

系统灯具均采用 24V DC 的供电电压，以减少电源到灯具的线路损耗；高效率的 AC/DC 变换器，降低电源损耗；PWN 灰度控制技术，保持 LED 处于高效率稳定工作点。

照明系统采用时控、智能控制和手动控制的方式。设置平日、一般节假日、重大节日等不同的开灯控制模式，营造不同气氛的夜景效果，同时节约能源。

3）设计中使用的新技术、新材料、新设备、新工艺

照明设计充分结合了 LED 光源和建筑自身造型、构造和材料的特点，并采用了智能控制系统，营造出一个令人印象深刻的标志性景观，是现代照明科技实际应用的成功案例。

4）照明设计中使用的环保安全措施

为了保证照明设施在运行中的稳定和安全，在照明设计阶段，灯具的防护等级均作出明确要求：LED 灯具的防护等级不低于 IP65，所有的分体式电器盒的防护等级不低于 IP67。

为了避免光污染，通过对 LED 亮度和光色的调节，配合各个时段实际亮度，设定了各场景照明模式的最佳亮度和色度值，从而避免了出现过度照明的情况。

3. 实景照片

上饶市行政中心片区城市夜景照明工程

1. 项目简介

设计单位：北京清华同衡规划设计研究院有限公司

施工单位：深圳市金达照明有限公司

获奖情况：第十二届中照照明奖照明工程设计奖二等奖

2. 项目详细内容

1) 照明设计理念、方法等的创新点

（1）理念创新

A. 通过合理的规划设计流程，由照明总规指导详细规划，详规指导单体照明设计，实现规划控制和单体表现的和谐平衡。

B. 从城市空间形态入手，利用光色、亮度分级，强化城市空间"聚合"的特征，形成中心辐射周边的整体秩序。

C. 以满足不同使用者对夜间不同照明氛围的需求为目标，对市民活动区域进行亮度提升、眩光整治的同时，对桥体、景墙等文化意味载体进行重点趣味性照明。

平日时段，主要服务周边居民休闲健身，只开启功能和环境照明；

周末假日，服务旅游观光，再开启环境和装饰氛围照明；

重大节日，或重要活动期间，星河国际楼群开启媒体表演照明，在广场两侧预留电源，提供临时小型灯光秀。

（2）方法创新

A. 所有照明方式都通过量化指标进行效果设定。依据实测数据形成大型数据库，技术工程师以量化指标的形式，实现灯具选型。

B. 灯具封样由技术工程师及检测机构把控。灯具筛选包含现场样灯初检、实验室送检的全过程。大量样灯由现场设计师短期择优筛选，之后由专业照明检测机构对灯具进行光学检测、安规检测，并对效果进行模拟分析。设计师及各专业技术人员全程现场把控照明效果，保证效果实现。

（3）技术创新

A. 全部采用 LED 灯具，标准 DMX512-A 协议单灯控制，搭建大数据集控平台，为未来城市的夜景建设项目预留接口，对其他区域景观照明提升有良好的借鉴价值。

B. 采用 RGB + W 的色彩控制系统，4000K 白光不仅能参与丰富多彩的主题照明表演，使色彩变化更丰富柔和，同时也能作为基础照明的一部分，呈现常态照明效果。

C. 采用专业透镜，实现照明效果。例如上饶市政府照明实施过程中，通过采用 5°×30° 专业透镜，极窄配光结合中角度拉伸，达到立面及顶面照明不同色温互不干扰的设计效果。

2) 照明设计中的节能措施

（1）通过合理的规划设计，确定各建筑的亮度秩序，精细控制各构件的目标亮度值，最亮点和最暗点对比度不超过 3∶1。通过测算，本项目功率密度仅为 $0.72W/m^2$，仅为《城市夜景照明设计规范》（JGJ/T 163—2008）中对中等城市规定的 $2.2W/m^2$ 功率密度限值的三分之一。

（2）设计采用强电、弱电两套控制系统，分时段开启灯具。基础模式包括节能模式、观景模式。开启时段根据一般节日、平日、重大节日分别对以上模式进行组合，形成多模式、多场景控制，有效节约能源。

（3）在灯具选择上，99% 的灯具是选择的高效节能光源 LED 灯具。在不影响照明效果的前提下，降低功率、减少能耗。大部分灯具选用 12～24V 安全电压，避免了触电事故发生。

（4）采用科学的布灯方式，根据被照面特点，综合采用多种配光曲线的灯具，所有的灯具角度均经过精心调整，设有防眩光控制系统，在满足优良均匀度的同时，提高单灯利用效率，节约灯具的使用量。

3. 实景照片

杭州上城区钱塘江两岸（一桥-三桥）北岸线
夜景照明工程

1. 项目简介

设计单位：浙江城建规划设计院有限公司

施工单位：杭州银龙实业有限公司

获奖情况：第十二届中照照明奖照明工程设计奖二等奖

2. 项目详细内容

1）照明设计理念、方法等的创新点

楼宇、江面、灯光和谐相生

上城区钱塘江北岸亮灯工程，由LED矩阵排列，通过LED控制，形成极具视觉冲击力的立体光影变化，呈现上城区的科技实力，展示上城区的文化符号。不仅如此，我们还开发了APP，通过手机与作品互动，下载APP点击播放后，实现边观看主题灯光、边欣赏音乐。

"风雅上城"四大篇章的灯光设计，采用极具杭州特色、最为经典的元素，交替出现形成巨型视频楼宇联动，五彩斑斓的灯光在7幢高层建筑之间闪烁，光影变化，如梦似幻，使用数字信息化的排布，彰显亮灯效果的立体化，充分展现出时尚与艺术感，同时结合楼宇的地理环境，并充分考虑夜间视觉效果、数字信息的亮度和颜色搭配而独特设计，达到相映成趣的效果，成为上城区北岸线亮灯工程的点睛之笔，勾勒出上城区核心建筑的轮廓，展现了历史文化与现代建筑完美结合的亮丽风景线。

本案灯光设计的艺术装置，是科技与创造力的集合，是城市精神的艺术载体，更彰显了上城的人文情怀——水墨江南的美丽"不夜城"。

2）照明设计中的节能措施

（1）通过合理的规划设计，确定各建筑的亮度秩序，避免整体通亮，达到设计节约能耗。

（2）设计采用强电、弱电两套控制系统，分时段开启灯具。基础模式包括节能模式、观景模式。开启时段根据一般节日、平日、重大节日分别对以上模式进行组合，形成多模式、多场景控制，有效节约能源。

（3）本项目全部采用节能型灯具。

（4）采用功率损耗低、性能稳定的灯用附件。镇流器按光源要求配置，并符合相应能效标准的节能评价值。

（5）选用配光更合理的灯具，节约能耗的同时环保节能。

3）照明设计中使用的环保安全措施

（1）所有室外灯具的防护等级不低于IP65，线路上均设置漏电保护装置，且稳定性强，不易受外在环境（风、沙、雷、雨、电）的影响，保证正常使用。

（2）有效控制光污染，防止眩光。除在灯型选择上与环境相互协调外，在光源照度等方面也应考虑不同的气氛、不同的效果所采用的不同光源。在光强、光源位置、光的照射角度等方面，合理隐蔽灯具并加装遮光罩，避免造成眩光对行人的影响。

（3）所有视频联动控制系统中使用的分控器、交换机等弱电设备的外挂箱都加装了风扇，且使用 UPS 设备保证这类弱电设备电压输入的稳定性。

（4）本项目选用的灯具、电源、控制器均为中高端产品，性能可靠，使用寿命长，性价比优异。

3. 实景照片

抚州市抚河两岸夜景照明工程

1. 项目简介
设计单位：北京新时空科技股份有限公司
施工单位：北京新时空科技股份有限公司
获奖情况：第十二届中照照明奖照明工程设计奖二等奖

2. 项目详细内容
1）照明设计理念、方法等的创新点

设计理念：

（1）文化为魂

将具有文化价值的景观元素作为照明的最重点，灯光秀利用声光及媒体技术展示抚州文化的精华，内容根据不同节庆（或活动）更新。

（2）三个视点

以游船视点的滨水界面为研究对象控制总体效果，兼顾街道视点和滨河绿地近人视点。

（3）分期建设

一期工程实现游船视点观景的整体效果。

二期工程随景观建设动态，丰富整体效果的层次并增加亮点，更重要的是关注滨河绿地近人视点，营造宜人的夜间休闲光环境。

（4）两种模式

游船从拟岘台码头出发，从东临大桥到橡胶坝主要观赏景观照明模式夜景观，从橡胶坝返回拟岘台码头主要观赏表演照明模式灯光秀。

（5）步移景异

借鉴中国古典园林中营造"步移景异"的手法，将沿线划分为 4 个区段，每个区段打造不同特色的沿江景观（景观照明模式）。

（6）统一有序

每个区段（景观照明模式）夜景确定一个视觉焦点（一个重要节点或两个节点的对景），2 或 3 个视觉吸引点，其他载体采用较为统一的照明手法和光色，形成符合对立统一美学原则的画面感。

设计方法：

A. 采用 Dialux 软件对重点照明区域的照度和亮度进行了预先的模拟计算。

B. 采用 Tracepro 软件制作了定制灯具的配光 IES 文件，达到对定制灯具的照度模拟。

C. 在文昌桥位置采用 IP68 的灯具，将桥拱部分的洗墙灯安装在水面部分上照，避免了水面的灯具倒影。

2）照明设计中的节能措施

（1）在照明设计范围中合理规划亮度等级，控制载体的功率密度。

（2）选择寿命长、尺寸小、能耗低的 LED 光源。

（3）通过控制灯具内电路的驱动方式，合理平衡单个开关电源的功率、带灯距离以及线路压降之间的关系，尽量达到单个电源的满载功率，减少总开关电源的数量。

（4）对单个灯具的配光预先进行了计算，保证光能的合理分布，避免逸散光。

（5）部分灯具选择高光通量维持率的灯具，避免光损失。

（6）控制系统采用分模式控制，合理规划平日、一般节日和重大节日效果表现。

3. 实景照片

文昌桥表演模式

矮层建筑

区段四建筑群平日模式

武汉中山大道历史文化风貌街区夜景照明工程

1. 项目简介

设计单位：武汉金东方智能景观股份有限公司

施工单位：武汉金东方智能景观股份有限公司

获奖情况：第十二届中照照明奖照明工程设计奖二等奖

2. 项目详细内容

景观照明——再现百年繁华武汉历史光环境

还原历史风貌、彰显武汉情怀、保护历史建筑

亮化工程与历史风貌整治紧密结合，坚持威尼斯宪章提出的"原真、整体、最小干预性、可识别"等原则，通过灯光重塑，文化回归，照明升级，呈现"百年繁华、岁月经典"的总体风格，将中山大道打造为再现历史经典、彰显武汉特色的文化旅游大道，实现中山大道的"百年繁荣轮回"。

照明思路——启动段为主，历史建筑、历史节点为重点

中山大道整治工程全长 4.7km。近期启动段：江岸区江汉区共 2.8km，以古典文艺风貌与新旧交融风貌为特色，是本次照明重点；远期一般段：硚口区 1.9km。

启动段亮化建筑共 110 处，其中重点历史建筑 34 处、商业公建 18 处、一般建筑 63 处。照明将以历史建筑为核心，重点打造水塔、民众乐园、美术馆、三德里等历史节点，全面提升中山大道充满百年历史韵味的光环境。

1）照明设计中的节能措施

（1）全部采用 LED 节能照明产品。

（2）设计使用环境光控照明智能控制系统进行统一管理，可根据环境自然光合理控制开启时间，实现节能。

（3）整个项目采取分段、分级照明方式，避免不必要的亮灯浪费。

2）设计中使用的新技术、新材料、新设备、新工艺

（1）独有的 LED 混色矫正调光技术，灯具呈现出来的光色更加真实。

（2）夏热冬冷地区高湿度环境下的室外灯具制造技术——一体化散热结构、内置芯片，比一般结构设计增加散热面积 82.3%，保证 LED 发光效率和使用寿命。

（3）灯具特殊腔体结构设计，将 LED 光源和驱动电器分成两个腔体，避免互相影响，可有效降低驱动电器的环境温度，进而延长使用寿命。

（4）平衡灯体内外压差的透气螺塞，避免因环境温差热胀冷缩而吸入水汽，从而产生凝结水珠的现象。

（5）全电压设计，AC（100~240V）（1±10%），电压起伏较大均能保证灯具的亮度和寿命。

3）照明设计中使用的环保安全措施

（1）设计灯具内增加针对感应雷击及静电（ESD）的专用防护元器件，突波电流可最高达到 800A（8/20μs），在恶劣天气情况下，避免灯具给行人造成不安全因素。

（2）配电箱内均设计配置漏电保护模块，高灵敏度的选择有效保护了建筑本身的安全。

（3）设计使用 LED 驱动具有主动式 PFC 功能，具有过电流保护，恒电流限制，负载异常条件移除后可自动恢复；具有短路保护，打隔模式，异常条件移除后可自动恢复；过电压保护，关闭输出电压，重启后恢复；过温度保护，90℃±10℃，关闭输出电压，重启后恢复。

3. 实景照片

中山大道南京路路口夜景

汉口水塔

武汉美术馆

汉口慈善会

库玛商城

3.6

室外照明工程（路桥）

潍坊市宝通街西环路道路照明工程

1. 项目简介

设计单位：潍坊市路灯管理处

施工单位：龙腾照明集团有限公司/山东圣凯节能投资有限公司

获奖情况：第十一届中照照明奖照明工程设计奖一等奖

2. 项目详细内容

1）照明设计理念、方法等的创新点

（1）按需照明设计。根据设计规范和项目道路横断面特点及交通控制、诱导系统运行现状，在不更换灯杆的前提下，利用专业照明设计软件，进行模拟测算，充分考虑维护系数，确定合理的目标照度维持值。

（2）合理的经济目标。对可能使用在项目中的各类光源性能参数价格区间进行摸底，测算后确定光源类型。以实际缴纳电费、电费单价和年亮灯时长为基数，邀请照明、财政、财务等方面的专家，综合测算产品寿命、项目实际资金投入、企业融资成本、正常利润、政府资金利用的边际效应后，确定归属招标人收益的底保数值，并在招标文件中公示。

（3）以第三方照明质量检测结果，作为工程是否合格、是否支付节能收益的一票否决指标，且贯穿合同全过程的质量控制方式。避免了过去路灯工程中"越亮越好"或企业偷工减量，追求利润最大化，忽视照明质量的问题，也是针对当前行业内产品良莠不齐的现状，对中标人产品质量一种重要的约束手段，确保产品质量符合招标要求，维护业主和中标人共同利益。项目中，业主单位和中标单位对检测结果完成认同。

2）照明设计中的节能措施

（1）产品节能。项目全部使用 LED 节能光源，整灯光效分别为 127.49lm/W 和 131.31lm/W。

（2）配光合理。针对道路特性，进行定制配光，光源光通量利用率更高，视觉效果更均匀。

（3）控制优化。具备外部线控 PWM 及 0~10V 调功功能，对应输出光通量的 0~100%，预留恒功率和等照度控制接口。

3）设计中使用的新技术、新材料、新设备、新工艺

（1）项目大量使用了高光效 LED 整体灯具。

（2）全电压设计，适合电压起伏较大的地区，保证 LED 灯具的亮度及寿命；安装方便快速，保证 LED 产品及系统的质量。

（3）要求本项目根据路况分别独立配光设计，定制化的配光使得光源利用率更高，视觉效果更均匀。

（4）LED 灯具驱动电源输入、输出、调功导线均使用防误插接插件连接，且输入、输出、调功接插件不得相同，接插件防护等级不得低于 IP67。

（5）售后服务得分与节能收益款的支付挂钩，使中标人对售后服务转为主动巡查、主动维修。

4）照明设计中使用的环保安全措施

（1）结构方面的安全措施。灯具重量和风阻面积不得对灯杆及灯杆基础造成结构损坏，安装后灯杆挠度不大于 4%。灯具采用防坠落设计，使用直径不小于 6mm 的不锈钢钢丝绳或其他防坠落装置与灯杆杆体做可靠连接，灯具及与外界接触的金属材料均进行电泳或喷涂防腐处理，达到 WF2 类防腐标准。

（2）电气方面的安全措施。绝缘阻抗不低于 I/P-O/P，I/P-FG，O/P-FG：100MΩ/500V DC/25℃/70% RH；抗浪涌能力不低于 I/P-O/P：3.75kV AC；I/P-FG：1.88kV AC；O/P-FG：0.5kV AC；TN-S 三相五线制供电。

3. 实景照片

杭州市钱江四桥夜景照明工程

1. 项目简介

设计单位：浙江西城工程设计有限公司

施工单位：滨和环境建设集团有限公司

获奖情况：第十一届中国照明奖照明工程设计一等奖

2. 项目详细内容

钱江四桥，又名复兴大桥，位于杭州市主城区南北快速路的最南端，是杭州市主城区重要的进出城交通枢纽，也是钱塘江江景的重要组成部分。其主体为钢结构桥，分上下两层桥面，桥体支撑结构均为拱形钢管，由两个大拱及9个小拱组成，跨江段全长1.3km，本工程即是对钱江四桥桥体进行亮化设计、施工。

根据杭州市城市照明规划要求及2016年G20峰会需求，钱江四桥为照明重点表现区域，在照明设计中，结合了拱形钢管、钢架支撑等结构，安装精巧高光效的LED投光类灯具，着重表现拱形结构，意在展现钱塘江文化及复兴彩虹的主题。最大的两个拱形及拉索结构中，灯具采用了"RGB＋W"LED芯片，呈现动态控制模式，突出主题"承接两岸、融连水天"设计意向，同时与钱江两岸呼应，与周围环境融合，既有呼应，又独具特色，展现钱江四桥之恢宏、大气之气势。

钱江四桥动态变化分为以下三个场景：

第一幕："潜龙腾渊"，意在表现巨龙在水中腾飞，一飞冲天，源自梁启超《少年中国说》。"潜龙"象征着中华民族坚持不懈、持之以恒的精神和力量，象征着希望、梦想。"潜龙腾渊"其一指表现中国梦，展示中华民族振兴的决心及信心；其二指展现钱塘江文化，钱塘江潮流涌动，钱塘江大潮闻名天下，代表着杭州梦、浙江梦。以暖色（单色动态变化效果）、三种变化模式展现。

第二幕："花好月圆"，意在表现花开富贵、花好月圆的景象。"花好月圆"象征着人们的幸福生活像花儿一样美好，代表着中华民族团结、奋进的精神，表现中国及浙江美好、平安、幸福、团圆、和谐的生活。12种颜色（单色及彩色动态效果）、四种变化模式，代表12个月，象征一年四季花好月圆。

第三幕："复兴彩虹"，意在展现彩虹横跨钱塘江的景象，展示彩虹动态效果。"复兴彩虹"创意来源于李白的诗"两水夹明镜，双桥落彩虹"，彩虹象征着幸福、美好、梦想。复兴彩虹，一语双关，既点出本桥设计特色，像彩虹般的复兴大桥，又代表着中国梦、复兴梦，象征我们的幸福生活像彩虹一样多姿多彩，象征国家富强、民族振兴、人民幸福的梦想都将变成现实。彩虹7种颜色（单色及彩色动态效果）、四种变化模式，展示彩虹动态效果。

整体效果前与彩虹快速路遥相呼应，后与中河高架、秋石高架暖色调一致，承前启后，欢快、绚丽，表现多姿、多彩的意境，突出设计主题。

3. 实景照片

郑州市陇海路快速路道路照明工程

1. 项目简介

设计单位：同方股份有限公司/河南新中飞照明电子有限公司

施工单位：河南新中飞照明电子有限公司

获奖情况：第十一届中照照明奖照明工程设计奖二等奖

2. 项目详细内容

1）照明设计理念、方法等的创新点

陇海快速通道景观亮化工程是郑州市形象的重要体现，也是对外展示的一个重要载体。整个工程照明设计，以郑州的起源和发展方向为线索，通过对郑州精神的提炼和对铁路文化的挖掘，以"枕木"和"展翅腾飞"为设计元素对桥体和灯具进行统一表现，枕木代表过去，展翅腾飞表现未来的设计理念，表达出传承过去、开拓未来的一种新面貌，延展城市人工景观截然不同的独特景象，既具有现代气息又体现郑州厚重的文化底蕴，给城市带来绚丽多姿的韵味。

陇海路为第一条横穿城市东西的快速通道，第一次真正打破了铁路对郑州城市交通的束缚，车辆在高速通过时体验到整个城市各个区位的不同风采，因此照明设计充分考虑其整体的统一性和协调性，不同的区域应有明显的变化和特点，展现桥梁作为城市景观载体的独特魅力。

本着主次分明、重点突出的设计原则，在主线外侧防撞墙上设置单臂路灯，双侧对称布置，功率280W，光源色温4000K，标准段灯杆高度11m，布置间距30m，体现整体简洁、现代的照明特色。

2）照明设计中的节能措施

陇海快速路高架桥标准段宽25.5m，双向六车道，主桥照明为完全的功能性照明，在保证按国家照明标准的同时，尽可能做到简单、实用。用Cosmo灯具，减少灯具的用量，采用长寿命的照明产品的同时，尽可能降低能量消耗。

在灯具选材上，采用飞利浦Cosmo系统，与普通高压钠灯比较，尺寸更小，效率更高，具有更好的光学设计特性；与石英金卤灯相比，流明维持率高达80%，更长的寿命。

Cosmopolis光源精心设计的放电工作温度的气压，得到了很高的光转换效率，在140W的电能消耗中，同照度水平下，250W高压钠灯只有$1cd/m^2$，而Cosmo就有$1.35cd/m^2$视觉度水平，Cosmopolis光源的视觉光效大于$118lm/W$，Cosmo系统用于道路照明可以在原高压钠灯基础上减少45%的能耗，且照度质量更高。

Cosmo光源的放电管管径和长度的比例为1:5，介于高压钠灯的1:8和金卤灯的1:1.5之间，非常适合路灯的配光设计，配合专为该光源设计的反射罩，可以将更多均匀的光投射在路面，提高系统效率。

实现场景控制、定时控制、多点控制等智能控制系统，利用智能传感器感应室外亮度来自动调节灯光，达到节能效果。

3. 实景照片

重庆市都市功能核心区两江 12 座跨江大桥夜景照明工程

1. 项目简介

设计单位：北京清华同衡规划设计研究院有限公司/河南新中飞照明电子有限公司

施工单位：重庆壹陆捌 168 照明工程有限公司

获奖情况：第十一届中照照明奖照明工程设计奖二等奖

2. 项目详细内容

1）照明设计理念、方法等的创新点

（1）方案创新

在设计中赋予每一栋桥梁独有的设计理念，每座桥的设计理念都与桥梁自身的故事息息相关，采用恰当的照明手法将设计理念形象地表达出来，在赏景模式让每一座桥都看起来与众不同。并没有一味地把桥体的所有部位都洗亮，而是选择最适合表现桥体特征的部位进行选择性照明。

（2）方案论证

本次设计中，均采用市场上非常成熟的技术和设备，并且在深化设计中，利用计算机模拟实验、现场实验等手段对设计方案进行了充分的认证，并多次召开专家研讨会对结果进行论证，经过多次修正和完善，最终方案得到了专家组充分的肯定。

（3）运维管理

本次桥梁亮化工程，采用公开招标的形式，选择实力强的施工单位，并且在建设过程中，每座桥梁均有专人负责管理、组织和协调，建立单独台账，保障效果实现。工程验收后，将按照指定的规章制度来管理运维夜景照明设施，保障效果能够长久维持。

2）照明设计中的节能措施

（1）亮度控制

本次桥梁亮化工程参考《城市夜景照明设计规范》（JGJ/T 163—2008）、《"十二五"城市绿色照明规划纲要》、《城区照明指南》（CIE—136）等国内国际标准，严格控制桥梁基准亮度水平符合规范和规划要求，着力于降低能耗，营造宁静、悦目、活力、祥和的城市夜景。

（2）方案控制

在方案设计中，并没有一味地把桥体的所有部位都洗亮，而是选择最适合表现桥体特征的部位进行选择性照明。

（3）控制模式

本次设计，在模式控制上，常态模式主要表达宁静雅致，体现桥体基本的结构美学特征，注重节能；赏景模式主要表达活力江城，丰满形体，色彩律动，形成对外标志形象。两种模式相得益彰，既考虑到了节能的需求，又能满足市民百姓对夜景照明的欣赏需求。

3）设计中使用的新技术、新材料、新设备、新工艺

照明方法：本次桥梁亮化工程在照明方式上根据桥梁自身特征，选择不同的照明方式，力图以最佳的照明方式表现桥体的独有特征。譬如，钢结构的桥体，会利用点、窄光束投光灯等重点照明，重点表达钢结构的细节；混凝土的梁式桥，利用泛光灯，重点表现梁柱关系，突出桥体力量感。即便是结构形式相同，外形相似的几个桥，在赏景模式下，本次设计也力图用投影灯、LOGO 灯、光色等不同的照明方式进行区分，统一中寻求变化。

3. 实景照片

潍坊市开元立交桥夜景照明工程

1. 项目简介

设计单位：山东清华康利城市照明研究设计院有限公司

施工单位：山东绿达景观工程有限公司/山东宏昌路桥集团有限公司

千庭景观建设有限公司

获奖情况：第十二届中照照明奖照明工程设计奖二等奖

2. 项目详细内容

1）照明设计理念、方法等的创新点

（1）照明设计理念

通过对建筑结构及业主需求充分理解的基础上，我们以把开元立交桥夜景打造成为潍坊市地标性城市夜景观、潍坊经济发展的形象窗口为出发点，通过对开元立交桥整体夜景观的地标性打造、区域夜景观的特色性打造、局部夜景观的差异化打造，最终实现开元立交桥夜景的地标性、特色性、差异化。

通过灯光的色彩、明暗的变化，与北海路、海港路的道路常规功能照明形成明显的区分，使得开元立交桥照明不仅在亮度上还是色彩上都是潍坊市区与经济开发区之间的一颗特色的明珠。

通过在局部视角使用体现城市及区域特色文化符号，让过往车辆直观地看到桥体的灯光特色，并由点及面去了解城市的文化。

（2）景观照明设计主题：蝶舞开元，光耀潍坊

蝶舞开元：亮灯后的开元立交，"蝴蝶"浮于侧壁，车辆光影穿梭，如同与蝶共舞，营造了一种逍遥自在的美好景象。

光耀潍坊：开元立交整体形态如光龙舞动，拉起了潍坊通向经济蓝海的桥梁，是传达潍坊经济建设成就的一颗明珠。

2）照明设计中的节能措施

（1）本工程在设计和实施过程中，大部分灯具选用 LED 产品，路灯、高杆灯、景观庭院灯全部使用 LED 光源，可以大大降低单灯功耗，提升单灯效率，相对于传统光源，节能效率可达 50% 以上。且有效地延长灯具使用寿命，LED 光源寿命可达 50000h 以上，减少维修更换率，有效解决北方灯具冷启动问题，从根源上提升节能环保层次。二层桥面下为避免眩光采用金卤灯，使用著名品牌的光源和电器配件，提高光源效率和整灯效率，降低电器损耗率，从最大程度上节能降耗。

（2）本工程中所设计使用的 LED 点阵屏景观照明，严格依据视点距离和安装高度，设计合理的灯具排布位置和灯具排布间距，尽量减低点光源排列密度，减少灯具使用数量，同时也能够保证画面分辨率效果。总体点数和密度降低，减少电量耗损，并且控制点数减少，简化控制方式，降低故障维修率。因视距较小，同时为避免眩光，本工程选择的点光源尽量降低单个点的功率，降低单灯亮度，节约电能。

（3）合理的灯具选择与布置，在保证照度和效果要求范围内有效控制能耗。

3. 实景照片

3.7

体育场馆照明工程

国家网球中心钻石球场照明工程

1. 项目简介

设计单位：玛斯柯照明设备（上海）有限公司

施工单位：北京惠泽永盛电气设备有限公司

获奖情况：第十二届中照照明奖照明工程设计奖一等奖

2. 项目详细内容

钻石球场，即中国网球公开赛中央球场，位于北京市国家网球中心，于2011年投入使用，这座球场的硬件设施可与大满贯赛任何一座中央球场相媲美，是可全天候进行文体活动的亚洲大规模网球场馆，也是首都北京的新地标，国际化大都市的新标志。

为了提高中网夜场观赛体验，中网公司对钻石球场在声、光、电等方面进行了一系列的升级，其中灯光改造采用美国玛斯柯照明公司的全新一代LED照明系统替换了传统金卤灯，玛斯柯LED专业体育照明系统在节能、眩光控制和照度水平稳定性上都更有优势，并且LED即时启闭的特性配合先进的控制系统，使体育照明可以呈现出与舞台灯光媲美的特殊效果，灯光可以配合音乐交相闪烁，充分调动现场观众氛围。在应接不暇的各种灯光秀下，观众感受到了钻石球场前所未有的全新魅力，享受最完美的中网夜场观赛。

1）照明设计理念、方法等的创新点

采用玛斯柯新一代的LED照明系统，相比之前的金卤灯系统，在达到相同照度等级的同时，节能效率高达65%以上，大大降低了照明成本；LED灯具配备的外置防眩光控制装置，结合LED灯珠上应配备透镜和防眩光罩，精确控制光线，并将场地眩光降到最低。

根据LED灯具瞬时启闭的特性，玛斯柯为钻石网球场特别定制了绚丽的舞台效果，配合智能调光系统，灵活调节现场气氛，为运动员和观众打造出全新的比赛和观赛体验，实现了光随音乐变化的跃动之美。

2）照明设计中的节能措施

采用最新技术的LED光源，高光效，且具有稳定光通量输出，配合Musco的恒定照度系统，确保在100000h内场地照度维持在设计水准不衰减，避免因为光衰特性需要从设计之初就提高初始照度，或者由于光源衰减后不得不增加新的灯具维持原有照度水平所产生的额外能耗。

LED灯具具有优秀的配光系统，多种配光曲线可供不同条件使用，并配备外置防眩光控制装置，结合LED灯珠上配备的透镜和防眩光罩，精确控制光线，更多地把投向比赛场地上空的外溢光反射回场地当中，提高了场地的照度和光的利用率，减少了灯具的使用数量和能耗。

3）照明设计中使用的环保安全措施

（1）电气箱都与灯具分离，使日常维护更方便安全。

（2）所有的钢制品都是使用不锈钢部件，而且很多部件表面都经过钝化、镀镉和热硬性处理，同时还要进行热镀锌处理，加强防腐蚀作用。支架采用封闭的耐腐蚀结构，防止连接处受到渗漏腐蚀。

（3）LED可瞬间开启，避免类似金卤灯的开启等待时间造成用电浪费的情况。

（4）灯具有不锈钢链条将玻璃和遮光罩与灯体连接，起到防坠落的作用。

（5）玛斯柯在产品质量保证方面通过了ISO9001、ISO14001、国际CE电气安全认证、加拿大CSA电气安全认证、美国UL安全认证等。

3. 实景照片

新疆乌鲁木齐红山体育馆场地照明工程

1. 项目简介

设计单位：玛斯柯照明设备（上海）有限公司

施工单位：乌鲁木齐市康智鑫商贸有限公司

获奖情况：第十二届中照照明奖照明工程设计奖二等奖

2. 项目详细内容

1）照明设计理念、方法等的创新点

采用玛斯柯新一代的 LED 照明系统，相比之前的金卤灯系统，在达到相同照度等级的同时，节能效率高达65％以上，大大降低了照明成本；LED 灯具配备的外置防眩光控制装置，结合 LED 灯珠上应配备透镜和防眩光罩，精确控制光线，并将场地眩光降到最低。

根据 LED 灯具瞬时启闭的特性，玛斯柯为红山体育馆特别定制了绚丽的舞台效果，配合智能调光系统，灵活调节现场气氛，为运动员和观众打造出全新的比赛和观赛体验。

2）照明设计中的节能措施

采用玛斯柯新一代的高效率 LED 灯具替换原有金卤灯，光效高达92lm／W，确保100000h 内场地照度维持在设计水准不衰减，避免灯具因为光衰特性需要从设计之初就提高初始照度，或者由于灯具光源衰减后不得不增加新的灯具维持原有照度水平所产生的额外能耗。

LED 灯具配备的外置防眩光控制装置，结合 LED 灯珠上配备的透镜和防眩光罩，精确控制光线，更多地把投向比赛场地上空的外溢光反射回场地当中，提高了场地的照度和光的利用率，减少了灯具的使用数量和能耗。

3）设计中使用的新技术、新材料、新设备、新工艺

采用玛斯柯新一代 LED 系统，该系统相比传统的金卤灯系统，拥有更高的效率、更低的能耗、更小的眩光，为红山体育馆打造出全新的比赛和观赛体验。

灯具配备外置防眩光控制装置，并且要求每个 LED 灯珠上配备透镜和防眩光罩，以便精确控制光线，减少场地眩光。

LED 系统采用分体式驱动器箱设计，驱动器与灯体分开，方便灯具与电气系统的维修。灯具与驱动器箱的最远分离距离可达300m，通过定制的支架安装于马道上，必要时也可安装于室内，减轻马道承重，实现与现有建筑构造与设施的有效整合。驱动器箱集中放置于配电房内，利于照明系统的散热，并减少噪声对运动环境的干扰。

灯具具有玛斯柯专利的万向节，其为一套带有记忆功能装置的刻度盘，确保灯具在维修后不会影响已设定的投射角，同时方便安装调试，以保证照明设计的效果。

3. 实景照片

新疆喀什岳普湖县体育活动中心体育场地照明工程

1. 项目简介

设计单位：北京中辰筑合照明工程有限公司

施工单位：北京中辰筑合照明工程有限公司

获奖情况：第十二届中照照明奖照明工程设计奖二等奖

2. 项目详细内容

岳普湖县体育活动中心占地220亩，建筑面积2.2万 m²。该项目的建设，填补了岳普湖县没有大型公共体育活动场所的空白，具备承接南疆地区大型民间赛事活动的能力。对丰富各族群众的体育生活，增强全民体质，起到了积极的推动作用。

本工程是岳普湖县体育活动中心体育比赛场地照明工程，为专业体育场照明设计，采用体育场外围四角杆塔式照明方式，设计阶段开始于2015年7月，施工阶段开始于2015年10月，工程竣工于2016年年底。

1）设计中使用的新技术、新材料、新设备、新工艺

体育场照明杆塔全高59.27m，在全世界范围内都较为罕见，而且新疆当地风沙大、土质差、大型机械不齐全，施工难度相当大。建造如此高度的杆塔，原因在于体育场的雨棚设计，由于当地日照强烈，要求雨棚的遮阳面积较大，但为了

节省投资，雨棚高度尚不够安装灯具，于是设立杆塔成了唯一的照明方式，为了避开雨棚的遮挡，只能将杆塔高度提升。在照度计算时，还将灯盘上部的灯具对准近杆塔一侧的场地，将灯盘底部的灯具对准较远的场地，最大限度地利用好杆塔的高度。

2）照明设计中使用的环保安全措施

（1）进行了准确详细的照度计算；

（2）为灯具配备了防眩光、外溢光配件；

（3）对配电设计进行优化，节省大量电缆；

（4）使用特种钢材，有效降低杆塔自重，节省碳钢用量，减少环境污染；

（5）将体育场照明分为足球场地彩电转播模式、专业比赛、专业训练模式、娱乐模式、田径场地比赛模式、田径场地训练模式，针对不用使用模式有效节电。

3. 实景照片

第四篇 地区照明建设发展篇

北京市城市照明建设进展 （2016—2017）

王晓英，王政涛

（北京照明学会）

北京市城市照明建设在北京市政府和北京市城市管理委员会的领导下，围绕首都核心功能，贯彻北京市"十三五"时期城市照明专项规划，以城市重大事件、重大活动、重点项目制定城市照明规划策略与项目，在城市中心区和副中心区建设方面取得了较大进展，促进了城市安全、舒适、美好、可持续的人居环境建设。

一、节能减排、绿色发展

节约资源，绿色发展是我国的基本国策。

我国经济发展已进入高效率、低成本、优结构、中高速、可持续的发展阶段。"十三五"以来，随着我国能源需求呈刚性增长，节能减排形势依然十分严峻。照明节能已为全社会关注。国务院在《"十三五"节能减排综合工作方案》提出，在"十三五"时期实施包括绿色照明在内的节能重点工作，"十三五"时期在全国范围内以推广 LED 应用为引领的各领域的照明节能工作全方位深入推进。

2017 年 7 月，国家发展和改革委员会印发了《关于印发半导体照明产业"十三五"发展规划的通知》（发改环资〔2017〕1363 号）提出，到 2020 年公共机构率先引领推广应用 3 亿只 LED 产品，推进"十三五"绿色照明节能重点工程，降低公共机构照明能耗。

2017 年 9 月，国管局办公室发出了《关于开展中央国家机关及所属公共机构照明节能改造需求调研的通知》（国管办发〔2017〕25 号）。通过调研了解中央国家机关及其所属机构 LED 照明节能改造需求，开展推广 LED 节能照明产品替代高耗能照明产品的节能改造工程。该项目在 LED 照明节能改造中发挥了先锋模范作用和引领作用。

2016 年 8 月 10 日北京市质量技术监督局发布了北京市地方标准：DB11/T 1349—2016《城市照明节能管理规程》，2016 年 12 月 1 日起正式实施。该标准适用于城市照明各环节的节能管理。

北京市城市管理委员会在城市照明的建设和管理中注重节能减排工作，不断强化城市照明各环节的节能管理工作。于 2017 年 11 月 14 日召开宣传贯彻会，会上宣讲了《北京市"十三五"时期城市照明专项规划》和 DB11/T 1349—2016《城市照明节能管理规程》，强调了北京市城市照明（包括城市道路照明和景观照明）要严格按城市照明规划实施。在保证功能照明效果的前提下，采用先进的照明技术和节能产品，降低能耗和控制光污染。规划对北京城市照明提出了量化指标，是北京城市照明设计的依据。该标准提出城市照明节能管理的一般要求，提出了城市照明建设应遵循技术先进、经济合理、安全可靠、便于维护、节能高效、保护环境的原则，科学使用节能环保的新产品、新技术和新方法。照明器材（光源、电器、灯具等）应选用符合国家相关能效标准的产品。

2016～2017 年，北京市的景观照明设施在养护维修中，逐步采用新型的 LED 照明产品。替换了原来的传统照明产品，用直管 LED 灯替换了直管荧光灯，反射型 LED 灯替换了卤钨 PAR 灯，LED 灯带替换了美耐灯、霓虹灯、冷阴极灯等，有效降低了景观照明能耗，并提升了照明效果。LED 照明产品在景观照明中成为首选节能产品、主流产品，正在逐步替代传统照明光源。

北京市发展和改革委员会制定的《北京市"十三五"时期绿色照明工程实施方案》中提出：2016～2020 年推广 LED 照明产品 200 万只，并实施一批由政府补贴采用 LED 照明的智慧照明示范工程。

2016 年，北京市发展和改革委员会、北京市财政局《关于开展 2016 年度 LED 高效照明产品推广工作的通知》中要求当年 LED 照明产品推广 40 万只，其中直管灯 30 万只，LED 筒灯 5 万只，LED 感应灯 5 万只，由北京市节能中心负责具体项目的实施。在实际推广应用中超额完成任务，共推广 LED 照明产品 41 万余只。该项目取得了较好的社会效益和经济效益。项目实施后与实施前相比较，节电率达 64.17%，取得了明显的节能效果。

2017 年将继续推广应用 LED 照明产品 40 万只；同时启动智能 LED 路灯照明示范工程（即交通大学智能路灯示范项目），以达到节能减排的目的。

二、照明规划与规范不断完善

2016～2017 年，配合城市绿色照明建设，提升城市照明品质和效果，保证城市照明工程安全作业和安全运行，主要做了以下工作，以适应不断出现的新问题、新需求。

1）2016年北京市城市管理委员会公示了《北京市"十三五"时期城市照明专项规划》（以下简称《专项规划》）。

《专项规划》结合落实习近平总书记对首都发展提出的新要求和《京津冀协同发展规划纲要》《北京市十三五规划纲要》，按照《北京城市总体规划（2004～2020年）》修编的新思路与新目标，把握"十三五"时期城市照明发展建设契机，对未来五年北京市城市照明建设发展进行全局性、前瞻性的谋划和部署。

《专项规划》提出了五项原则：贯彻统筹规划原则、贯彻尊重特色原则、贯彻以人为本原则、贯彻生态建设原则和贯彻实施保障原则。

2）2016年，北京照明学会负责编制的国家标准《室外照明干扰光限制规范》完成送审稿，经专家审查通过，正式上报中华人民共和国国家质量监督检验检疫总局待批准发布实施。

该标准规定了与室外照明干扰光相关的城市环境亮度分区、干扰光分类、干扰光的限制评价和干扰光的限制措施。

该标准适用于城市道路、居住建筑、室外公共活动区和自然生态区等区域的干扰光的评价和限制。

3）2016年，由北京市城市管理委员会提出并归口的地方标准《安全生产等级评定规范 第45部分：城市照明设施施工维护单位》正式立项。该标准由中国建筑科学研究院、北京市劳动保护科学研究所等单位共同编制。

2017年5月，该标准由北京市市政市容标准化技术委员会组织预审会完成专家审查，上报北京市质量技术监督局待审查批准。

推进城市照明设施维护企业安全生产标准化是保证公共环境安全和社会可持续发展的重要手段。该标准的制定实施将加强北京市城市照明设施施工维护安全管理工作，及时消除安全隐患，保护群众切身利益，保障城市照明正常运行。该标准是城市照明施工维护单位安全生产的需要，是实现城市照明精细化管理的需要，也是实现城市照明行业动态管理的需要。

4）2016年，北京照明学会团体标准《建筑电气工程资料管理规程》是由北京照明学会组织电气专业专家制定的。2017年编制完成，并于2017年9月28日发布，12月28日实施。

建筑电气工程施工资料是施工安装过程中形成的信息记录，是电气工程实际质量情况的反映。

该标准以GB 50300—2013《建筑工程施工质量验收统一标准》、GB 50303—2015《建筑电气工程施工质量验收规范》等现行建筑电气工程施工质量验收规范为基础，以科学规范、过程控制、完善手段、强化验收为编制原则，结合建筑电气工程施工特点及实践经验编制而成。

5）2017年，配合北京市政府节能减排工作，建立智能LED路灯示范工程的需要，北京照明学会编制了《智能LED路灯系统技术要求》的技术文件，供示范项目招标应用。该技术要求在国内尚未出台相关的国家标准情况下，对推动智能LED路灯应用起到积极作用，既达到节能减排效果，又保证了采用智能LED路灯系统的道路照明质量和安全可靠运行。

三、城市照明建设

1. 长安街景观照明提升

"十三五"的前两年，北京市城市管理委员会对被称作"神州第一街"的长安街的景观照明进行了提升改造。

长安街在我国政治生活和全国人民心目中具有特殊的意义和神圣的地位，体现着首都形象和国家形象，高标准地做好长安街的景观照明，具有重要意义。

2016年，北京市城市管理委员会对长安街（建国门至复兴门）景墙、绿地景观照明和步道灯进行了提升改造，该项工程于2016年9月完成。

此次改造范围包括沿线部分建筑景观照明、天安门两侧红墙、西长安街南侧灰墙、建国门西北角绿地、公安部北侧绿地景观照明和南池子至南长街段步道灯。

天安门东西侧红墙景观照明提升改造，选用了与红墙本色更为接近的LED红黄混光，能耗大大降低，显色性大大增强，更好表达了红墙的历史感和整体性，与天安门城楼景观照明形成了连续完整的夜景画面。

长安街南侧灰墙景观照明提升改造，通过提高东段艺术灰墙的灯具亮度和投射宽度，以及新增西段灰墙LED线形投光照明，有力地呼应了北侧红墙亮度，突显了北侧红墙的庄严与恢宏，形成了南北对称、烘托互补的夜景界面。

建国门西北角绿地和公安部北侧绿地新建景观照明，增添了长安街大面积绿地的夜间景观，填补了景观照明"暗区"，消除了重点区域夜景"盲点"。

南长街至南池子段步道灯，采用功能照明与景观照明一体化合成设计，按照长安街公共服务设施设计图集深化开发定制灯型，综合了步道照明、上投树木照明和灯体自身照明三项功能，在昼夜视觉上与华灯和其他环境主体实现了有机融合。此次景观照明提升改造，标志着长安街（建国门至复兴门）区段内公共景观照明格局完整形成。

2017年组织实施长安街（建国门至复兴门）路树景观照明建设，在道路两侧行道树间隔安装地埋灯，采用可变光对树木进行投射，增补了长安街近道路景观照明，形成长安街高、中、低不同视角丰富的视觉断面。已经完成近900盏路树灯灯具安装，建国门至东单段路树灯已经亮灯，其他路段须等待恢复道路工程施工后，即可进行。

2. 颐和园景观照明提升

2016~2017年对颐和园实施了景观照明提升改造。到2017年3月底，完成了颐和园内长廊、佛香阁、石舫至北如意门区域，以及文昌阁等临水建筑群景观照明提升改造工程。该项目主要采用小功率LED与大功率金卤投光灯，使用内透光与远投光相结合的方式，提升了皇家园林古建夜间景观。

颐和园作为中国古代皇家园林的杰出作品之一，已于1998年12月被联合国教科文组织列入"世界文化遗产"名录。

颐和园夜景照明项目的主旨在于有效提升世界文化遗产的展示功能，体现其独特的皇家园林晚间意境，在满足功能性、安全性的基础上，对其进行保护性夜景照明的开发。

照明主要依托于万寿山南北轴线的建筑群落，以及昆明湖沿线的建筑、桥梁、树木为载体。以万寿山为主视觉背景，突出强调佛香阁主景区作为颐和园南北轴线上的核心视觉印象。昆明湖东西两侧的东堤、西堤在视觉空间上呈现围合形态，南端视线的焦点是以南湖岛、十七孔桥、八方亭构成的实际图像，使得平远、低远、高远的景观图像同时出现，进而产生了视觉的多维性和趣味性。

照明方式采用远投光与内透光相结合。照明灯具均采用小功率LED光源。

安装方式尽量使用原有管线及灯具安装位置；灯具安装方式采用抱箍式非破坏可逆性；抱箍材料为仿生材质，避免传统刚性材料对文物本体造成痕迹伤害；灯具隐蔽，不对建筑景观产生影响；使用符合安全要求的线缆和灯具，同时使用隔热垫片，避免灯具发热对建筑产生影响。

3. 雁栖湖景观照明建设

雁栖湖生态发展示范区位于北京怀柔城北8km处的燕山脚下，山清水秀，空气清新。每年春秋两季有成群大雁来湖中栖息，故而得名。2000年评为国家4A级风景区，2014年11月APEC会议在雁栖湖举办。

为迎接2017年5月在雁栖湖举办的"一带一路"国际合作高峰论坛，怀柔区对雁栖湖生态发展示范区21km²范围进行了夜景照明建设，为"一带一路"国际合作高峰论坛增色添彩，取得了良好的效果。

该项目由清华同衡规划设计研究院有限公司联合北京良业环境技术有限公司实施。

项目重点是环湖群山，设计理念是实景表现"水墨山水和金碧山水"画卷，照明手法充分借鉴中国山水画中"染、皴、勾"的技法。近山用"染"，以大片柔和的灯光晕染出山体饱满的形态；中山用"皴"，选择表现山的主脊和副脊画出山体的基本形态；远山用"勾"，用线条描绘山体的主脊轮廓。同时以水墨、金色、青绿、金碧等着色技法，并运用动态表演的形式，强调明暗虚实、浓淡多彩的山水画意境。

北京市城市照明工作遵循北京城市整体规划部署，在"十三五"期间，依据城市建设进展，开展照明建设和提升工作，为北京的绿色可持续发展做出业绩，为和谐宜居和美好城市建设做出贡献。

上海市景观灯光的建设发展——基于物联网的景观灯节能控制与管理技术研究

陈玮炜

（上海市市容景观事务中心）

上海浦江两岸景观道于2017年全线贯通，对景观灯光控制提出了新的要求。目前上海景观灯光的建设发展极为有限。因此，基于大数据进行深度挖掘、趋势分析，建立全面系统的景观灯光智能控制系统，对于实现精细化、智能化管理具有非常重要的意义。这将大幅度提高景观灯光监控系统的技术可靠性，全面提高数据采集的完整性和准确性，全面提升管理水平，可为广大市民提供更加周到的景观灯光服务。同时也将为行业监管和政府决策提供可信的数据基础，为规范成本规制和财政灯光补贴，提供技术保障。

图 1

上海市市容景观事务中心开展的"基于物联网的景观灯节能控制与管理技术研究"在管理理念上实现了创新，在景观灯光的设计理念和节能措施上都进行了创新。在充分了解景观照明与照明对象、照明环境相协调的基础上，选择高效照明光源和利用智能照明调控系统确保在不同时段、不同区域的景观灯光的开放效果，例如，在平日、周末以及重大节假日中通过不同的亮灯模式、亮灯数量和亮灯范围营造不同的城市气氛。此次改造预估节能率可达 50% 以上，对上海整个城市的节约能源、保护环境和发展循环经济等具有深远的意义。

图 2

上海市景观灯光无线联网和视频系统大修改造是通过使用先进的无线通信技术、数字视频技术、数据分析技术等结合景观灯光管理业务流程和实际工作，提升景观灯光监控系统的功能、性能，使其可对景观灯光日常管理、数据挖掘应用、数据分析等方面提供全面的技术支持。总体上可分为功能提升、性能提升两类。

一、功能提升

1. 实现景观灯光实时控制管理功能

通过升级增强原有景观灯光实时控制管理功能，包括提供基于网络化的分布式实时监控界面，基于数据库的站点信息表及开关灯时间表，增加景观灯光采集信号数量，实现动态修改站点名称、别名等站点信息管理功能，实现开关量、模拟量的实时数据采集功能，实现站点控制工艺图，实现站点分组、参数配置等功能，提升景观灯光控制界面美观度。

2. 实现对景观站点的无线数据通信功能

上海浦东景观灯光无线数据通信功能用于接入下属各个无线灯光控制终端通过 GPRS 或者 3G 链路实现同现场景观灯光的数据双向通信，通过改造项目对原有景观灯光控制通信程序进行功能升级，增加基于网络时间开关操作功能，从而支持多个上位机实时界面节点，并实现远程控制功能。通信程序集成数据库送库接口，可按照数据刷新间隔自动传输实时数据至数据库。

3. 实现对实时数据进行数据记录及曲线输出功能

支持对灯光控制站点的数据曲线浏览功能，可按照日期跨度单选或者多选对指定信号量进行数值查询以及曲线显示功能，可通过游标选取时间范围内任意时间点数值，并可对曲线进行放大缩小。数据曲线支持开关量（如灯光开闭信号、报警信号）、模拟量（电压、电流、电量信号）等。数据查询功能同时支持多曲线同列，便于进行数据趋势比对。

4. 实现对景观灯光基础信息的管理功能

可实现对景观灯光基础信息的管理功能，提供对景观灯光站点的添加或删除功能，并可对景观灯光站点的基础信息

（如站名、站号、序号、地址等）进行维护和管理，同时支持按照站点基础信息的特征进行检索、查询等功能。

5. 支持 B/S 结构景观灯光信号数据的历史查询、报表生成

实现基于 B/S 架构的信号历史数据及实时数据展示，查询功能，使用 Web 浏览器支持远程对景观灯光站点的实时数据读取、远程控制、开关灯计划修改等功能，并可通过 Web 界面对信号的历史数据进行查询、曲线显示、列表输出等功能。

6. 实现对景观灯光亮灯状况的统计分析功能

对记录的历史数据实现自动数据统计，可对开关灯、电压电流及能耗数据进行自动统计和数据分类，并按照周、月、年等时间间隔生成亮灯率，计划开灯执行率，用电量统计等统计报表，用于管理人员及分管领导进行数据查询、展示以及决策分析。

7. 实现基于 GIS 的站点地图展示、查找功能

可提供基于 B/S 架构的 GIS 地图展示信息，可按照站点经纬度将灯光控制站点显示在地图上，并根据站点重要性进行分层显示，支持地图缩放、搜索功能，支持对地图某点任意半径内的区域站点进行条件搜索，提供操作接口用于添加、移动灯光和控制站点。

8. 实现对景观灯光日常管理、设备维护等信息的录入、查询及统计报表功能

系统支持对景观灯光日常管理、设备维护、设备巡检等信息的录入、查询及统计分析功能，支持通过移动设备输入、查询日常管理等信息，并支持通过无线 3G 或者 WiFi 上传录入的数据到后台服务器。

9. 实现使用移动设备对景观灯光实现远程控制功能

通过移动设备支持对指定站点的远程控制及管理功能，支持通过移动设备（如手机、平板电脑等）远程连接至中心，获取指定站点实时数据，修改开关灯计划或者对站点进行遥控开关作业等功能，支持通过 GIS 地图搜索指定地点周边区域内的站点，并显示其当前实时状态数据。

10. 实现对景观灯光站点灯具及控制设施统一管理

系统支持对景观灯光站点进行统一管理，包括站点的维护信息，如建设单位、养护单位、养护人员等信息的添加、删除及修改操作。同时支持对站点或者设施保修情况的追踪、提醒，并可根据故障站点的故障现象、故障原因及维修次数等苏剧进行统计分析。

11. 短消息报警及通知功能

对于系统内的特殊事件，如站点通信故障、非正常开关灯、网络中断、失电等异常状况系统具有短消息通知功能，可按照信息设定自动发往指定接收人手机，并支持手机接收人员管理功能，如添加、删除联系人，修改联系人分组等功能。

1）完善数字视频联网覆盖：对现有的数字视频联网系统进行升级，更换原有老化的模拟视频设备实现无线数字视频传输、接入全覆盖，同时部署视频服务器，实现流媒体转发，解决现有传输带宽占用过大的问题。

2）RTU 需要具备双无线信道通信：对下属 RTU 通信通道进行改造，并对中心通信网络子系统、程序进行升级，实现基于 230M 电台以及基于 GPRS/CDMA 无线蜂窝网络的多种通信接入方式。

3）更新大屏幕显示系统：对大屏幕显示系统进行整体改造，更换原有老化设备，并实现数字视频系统的接入和图像共享功能，使大屏幕系统可提供对图像视频、操作界面等图像的清晰显示。

4）对机房进行整修：对现有机房格局进行重新布置，实施管线、桥架等综合布线工程，并对操作台、计算机房进行重新装修，进行机房分割、增设备件库、对现有强弱电线电缆重新布线等工作。

二、性能提升

1. 系资灯光站点容量

系统内单台通信服务器可容纳总共 1000 个景观灯光控制站点，系统总站点容量可跟随服务器扩容。系统站点容纳数量可等比例增加，最多可容纳 3 台通信服务器共 3000 个景观灯光控制站点。

2. 系统实时数据刷新间隔

系统所有站点实时数据刷新间隔在使用 GPRS 情况下平均值不超过 15s，在使用 3G 情况下平均值不超过 10s。遥控指令（遥控切换，遥控开关灯）响应时间不超过 15s。

3. 系统历史数据容量

系统可保存近 1 年的站点原始数据，包括站点灯光开关状态、电流、电压、电量等数据，以及系统报警数据，各类值班记录、站点巡检记录、故障统计等原始数据条目。系统可保存近 3 年来的站点统计报表数据包括亮灯率、计划开灯执行情况、故障报表、巡检报表等数据。保存数据时间可随存储服务器扩容而增加。

4. 单工作站可管理站点数

单台工作站可同时管理 1000 个灯光控制站点，包括对站点实时数据（如开关量、模拟量以及报警数据）进行读取更新，对灯光站点进行遥控开关操作，对开关灯时间进行批量修改操作等。

5. 无线视频容量

系统的无线视频带宽可接入至少 30 路的无线视频信号，单路视频的传输分辨率不低于 D1，码率不小于 2Mbit/s，传输延迟低于 3s，并且系统无线视频带宽未来可通过追加设备实现无缝扩容。

多年来，上海城市景观灯光经历了从无到有的飞速发展，其迥异的风格、缤纷的色彩、闪烁的韵律、流动的艺术让海内外游客驻足流连，已经成为夜上海不可或缺的名片。运用大数据和信息技术，提升景观灯光管理的精细化水平和科学决策能力，尽快开发具有国际先进水平的景观照明智能监控平台具有重要意义。

2016～2017 年重庆市城市照明建设回顾

严永红[1,2]

（1. 重庆大学建筑城规学院，重庆 400030；

2. 山地城镇建设与新技术教育部重点实验室，重庆 400030）

一、2016～2017 年重庆市城市照明建设、管理工作重要事件汇总

2016～2017 年，在过去几年城市照明建设取得长足发展的基础上，重庆主城区进入了都市功能核心区景观照明、功能性照明提档升级阶段，城市照明精细化管理水平得到进一步提升，智能创新照明产品获得有效应用。2016 年春节前后、国庆节前后共计完成景观照明提升工程二期 248 个项目、三期 102 个项目的工程建设，重庆"山、水、城、桥"等景观元素得以全面凸显，城市景观照明整体效果明显提升，市民反响良好。2017 年在此基础上，对 185 个社区的照明设施进行了新建、改建，完成主城各区建筑单体景观照明 194 项、大型桥梁景观照明 6 项及远郊区县景观照明项目 226 项。2016～2017 年重庆地区城市照明建设、管理工作重要事件汇总详见表 1[1]。

表 1　2016～2017 年重庆市城市照明建设、管理工作重要事件汇总表

序号	项目名称	网页公布日期	主要内容
1	市照明局扎实开展北滨路变配电设施专项维护	2017 年 11 月 12 日	市照明局江北综合管理处维护人员开展了变配电设施专项清洁维护工作。一是对辖区变压器的外壳和各部件进行了清洁保养；二是对所有配电室、柜、箱进行了打扫；三是对变压器油、引线接头、母线、散热器、避雷器和接地电阻进行了监测检查，消除了安全隐患，确保变配电设施安全稳定运行
2	市照明局三举措全力保障近日外事工作期间市直管照明设施亮灯效果	2017 年 11 月 1 日	为迎接近日市重大外事活动，市照明局精心组织、积极动员，全力保障市直管照明设施及大桥灯饰正常稳定运行。一是加强预判、精心维护，确保功能照明良好运行；二是加强督促、积极协调，提升景观照明效果质量；三是加强值守、在岗在位，抓好应急处置保障工作
3	市照明局三举措确保市直管照明设施中秋、国庆期间安全稳定运行	2017 年 10 月 13 日	中秋、国庆"双节"期间，市照明局加大了功能性照明、景观照明设施巡查维护工作力度，采取三举措确保了设施设备的安全正常运行，为市民营造了良好的节日氛围。一是加强值班值守；二是强化重点巡修；三是加强内保管理
4	市照明局多管齐下确保中秋、国庆"两节"期间市直管照明设施安全稳定运行	2017 年 10 月 4 日	一是统一思想认识，确保工作部署落实到位；二是加强应急管理，确保突发情况处置得当；三是加大维护力度，确保照明设施正常运行；四是加强隐患排查，确保变配电设备运行可靠

（续）

序号	项目名称	网页公布日期	主要内容
5	沙坪坝区强化节前照明管护	2017 年 9 月 27 日	一是加大节前照明设施巡查巡修工作力度；二是成立国庆期间路灯应急处置分队；三是强调安全作业
6	市照明局正式接管黄桷湾立交桥照明设施	2017 年 9 月 15 日	近日，市照明局与市城建集团签订协议，正式接管了黄桷湾立交桥的照明设施
7	市直管照明设施"元旦"期间安全稳定运行	2017 年 1 月 11 日	元旦期间，市照明局加大了功能性照明、景观照明设施巡查维护工作力度，市直管城市照明设施安全稳定运行，为市民营造了良好的节日氛围
8	秀山县投入百余万元安装迎春灯饰	2016 年 12 月 30 日	春节将至，为营造欢乐喜庆的节日氛围，秀山县投资 115 万余元，将在花灯广场、中和广场、渝秀大道转盘、花灯大道出入口等主要路段和重要节点，完成安装 21148 条 LED 灯串，3500 米 LED 软灯带，3468 个各式造型灯等春节景观灯饰
9	市照明局多举措力保"三夜两节"期间照明设施安全稳定运行	2016 年 12 月 28 日	临近岁末年初，市照明局相关科室深入各基层单位，开展安全维稳专项督查检查，结合照明局工作实际，提出五项措施保障市直管照明设施安全、稳定运行
10	九龙坡华润片区景观灯饰工程全面亮灯	2016 年 12 月 26 日	九龙坡区南北大道华润片区景观灯饰工程全面亮灯。工程充分体现出九龙坡"仙山琼阁、渝水潋滟"的美景，极大地展现了九龙坡区的山水之美，扮靓了九龙坡区城市形象
11	南北干道华润片区夜景灯饰亮化工程正式开工	2016 年 11 月 3 日	南北干道及华润片区楼宇景观照明提升工程在华润谢家湾小学正式开工建设，标志项目进入了正式实施阶段。该项目也是重庆市都市功能核心区景观照明提升三期工程的一部分，涵盖华润二十四城一二期、建设医院、大鼎城市广场等多栋楼宇
12	璧山区实施南河公园锈蚀路灯升级改造工程	2016 年 10 月 28 日	为保证南河公园路灯配套设施的安全正常运行，9 月中旬，区路灯管理所实施了南河公园锈蚀路灯升级改造工程，通过前期完成开挖立基座、埋管穿线、立杆调试等工序，新安装庭院灯 22 套，铺设线缆 200 余米，并于 9 月 20 号全部亮灯。该工程有效改善了公园夜间照明环境，提升了整体形象
13	市照明局三举措抓好背街小巷直管照明设施巡查工作	2016 年 10 月 11 日	一是强化巡查巡修；二是创新维护办法；三是拓宽报修渠道
14	市照明局四举措确保旅游峰会期间照明设施安全稳定运行	2016 年 9 月 12 日	市照明局多措并举，全力保障峰会期间市直管照明设施安全稳定运行。一抓巡查维护，确保设施正常运行；二抓容貌整治，确保设施整洁有序；三抓隐患治理，确保设施运行安全；四抓应急管理，确保处置有力
15	市照明局"四举措"全力确保高温期间路灯设施正常运行	2016 年 8 月 24 日	一是科学合理安排高温期间的室外作业时间；二是对高温工作环境进行排查；三是组织人员对高温室外作业人员进行安全提醒；四是建立健全应对异常高温的应急预案
16	都市功能核心区跨江大桥、趸船景观照明提升工程（一期）"零事故"顺利竣工验收	2016 年 6 月 14 日	截至 5 月 31 日，市照明局圆满完成了都市功能核心区跨江大桥、趸船景观照明提升工程（一期）的工程建设，实现了各标段施工全过程安全生产"零事故"的目标
17	都市功能核心区跨江大桥、趸船景观照明提升工程七标段（石门大桥）通过竣工验收	2016 年 6 月 3 日	市照明局组织召开了都市功能核心区跨江大桥、趸船景观照明提升工程七标段（石门大桥）竣工验收。市照明局相关科室（单位）、工程设计、监理、跟踪审计、施工单位相关同志参加了验收

（续）

序号	项 目 名 称	网页公布日期	主 要 内 容
18	市照明局1～5月"盲暗区"整治取得实效	2016年5月24日	1～5月，市照明局不断加大"盲暗区"整治力度，持续改善市民夜间出行条件。先后对石坪桥立交人行（车行）地通道、大学城保税区等20处"盲暗区"新装路灯82盏，施放电缆6108米，修复过街管道30米，预埋管道560米，惠及12个社区和6万余名居民的夜间出行，推动了市容环境综合整治的常态化、长效化
19	都市功能核心区跨江大桥、趸船景观照明提升工程一标段（渝澳大桥及复线桥）通过竣工验收	2016年5月21日	2016年5月12日在市照明局举行了都市功能核心区跨江大桥、趸船景观照明提升工程（一期）一标段（渝澳大桥及复线桥）的竣工验收
20	南山隧道照明节能改造工程完工	2016年4月13日	南山隧道照明节能改造工程顺利完工。改造工程施工工作于2月底正式启动。此次改造采用环保节能的LED灯具替换高能耗的传统高压钠灯灯具，工程共计安装LED灯具637套。改造工程完工后，南山隧道内路面照度、亮度及节能效果明显改善，每年将可省电20多万千瓦时

二、2016～2017年重庆市已建成获奖项目介绍

2016～2017年，重庆市获得第十一届、第十二届中照照明奖的夜景照明项目共计9个，范围涵盖公园、广场、室外/单体、室外/路桥等多个领域，获奖项目名单汇总详见表2和表3。

表2　第十一届中照照明奖照明工程设计奖重庆地区获奖项目汇总表[3]

中照照明奖照明工程设计奖（室外/路桥）		
等　　级	申 报 项 目	申 报 单 位
二等奖	重庆市核心区两江12座跨江大桥夜景照明工程	北京清华同衡规划设计研究院有限公司/重庆市城市照明管理局
中照照明奖照明工程设计奖（公园、广场）		
等　　级	申 报 项 目	申 报 单 位
优秀奖	重庆江北观音桥商圈夜景照明工程	山地城镇建设与新技术教育部重点实验室/重庆市得森建筑规划设计研究院有限公司
中照照明奖照明工程设计奖（室外/单体）		
等　　级	申 报 项 目	申 报 单 位
三等奖	重庆磁器口夜景照明工程	上海大峡谷广电科技有限公司/安徽超洋装饰工程股份有限公司

表3　第十二届中照照明奖照明工程设计奖重庆市获奖项目汇总表[2]

中照照明奖照明工程设计奖（公园、广场）		
等　　级	申 报 项 目	申 报 单 位
一等奖	重庆市照母山森林公园夜景照明工程	重庆大学建筑城规学院/山地城镇建设与新技术教育部重点实验室/重庆市得森建筑规划设计研究院有限公司/重庆筑博照明工程设计有限公司
一等奖	重庆市彭水蚩尤九黎城夜景照明工程	豪尔赛科技集团股份有限公司/重庆九黎旅游控股集团有限公司
三等奖	重庆市大足石刻北山景区夜景照明工程	北京清华同衡规划设计研究院有限公司
优秀奖	重庆市江北区都市功能核心区夜景照明工程	同方股份有限公司
中照照明奖照明工程设计奖（室外/单体）		
等　　级	申 报 项 目	申 报 单 位
二等奖	重庆市中讯广场夜景照明工程	北京光湖普瑞照明设计有限公司
中照照明奖科技创新奖		
等　　级	申 报 项 目	申 报 单 位
一等奖	ZPLC物联网室内照明系统	恒亦明（重庆）科技有限公司

1. 重庆市照母山森林公园景观照明项目[4]

重庆市照母山森林公园地处重庆渝北区黄山大道中段，作为人工建设的城市森林公园，照母山森林公园具有独特的个性气质，也有著名的历史故事，有丰富的自然植被和野生动物栖息，城市夜生活的增加使人们更多地走进了这个安宁寂静的生态家园。怎样让灯光服务于人，呈现文化，关照自然成为该设计的核心。设计师走访了生物学家，了解动植物生态特性；观察了夜行活动徒步者和山地自行车骑行者的路径和行为模式；采访长者了解当地的历史故事，使几个方面相关要素和边界呈现出来，依照自然—人—历史文化为顺序的原则相互妥协成为设计的主旨。怎样做才使人不会侵扰野生动植物又能亲近自然，于是灯光的创造力发挥了重要作用。沿着干扰最小的路径，考虑骑行与步行的安全，建立了照明、趣味和导向识别兼顾的 6W-50WLED 投光灯系统。在技术方面，为了解决重庆地区湿度大雾气重的问题，设计师设计了随雾气变化的自动调光装置。为避开蚊虫，LED 光谱滤除了敏感光谱频段。此外，代表着地域文化的投影图形刻片也申请了版权保护。最终，该项目能耗较国家节能标准限值低 30%，为甲方节约投资约 20%，受到业主的赞赏和政府的大力支持。该项目在 2017 年国际照明奖 IESIllumination Awards 中获得优秀奖，并获得 2017 年中照照明工程设计奖一等奖。建成后的夜景如图 1、图 2 所示。

图 1　照母山森林公园夜景全景

图 2　照母山森林公园主入口夜景

2. 重庆市彭水蚩尤九黎城夜景照明工程[5]

蚩尤九黎城景区位于重庆市彭水县，乌江左岸，占地 30 公顷，总建筑面积 59680 平方米，是彭水自然风光与苗族历史文化的有机结合体。蚩尤九黎城景区照明规划从旅游＋夜景角度出发，宏观上分析自然与人文旅游资源如何引导与转换，微观上论证实际效果的震撼与品质，力争把景区夜景游览，作为彭水县的一张魅力名片，以吸引更加广泛的关注。蚩尤作为华夏三大始祖之一，设计师以中显色性金色光打造皇家气势，彰显蚩尤鼎盛年代的繁荣景象，以高显色性暖色光体现苗族建筑的特色与细节，相近色温色调的结合，起到了微妙的对比，也产生了良好的视觉感受。对主体建筑物的照明手法以间接照明方式为主，重点考虑主要观赏视点的效果因素，对灯具的用量与安装均进行了反复的调试与修改，最终实现了明暗有序、层次分明、错落有致的苗族建筑群宏伟气势。建成后的夜景如图3、图4所示。

图3　蚩尤九黎城夜景全景

图4　蚩尤九黎城夜景

3. 重庆市大足石刻北山景区夜景照明工程[6]

大足石刻是唐末、宋初时期的宗教摩崖石刻，以佛教题材为主，儒、道教造像并陈，是中国晚期石窟造像艺术的典范，尤以北山摩崖造像和宝顶山摩崖造像最为著名，1999年大足石刻被联合国教科文组织列为世界文化遗产。北山文物区照明从夜游的需求出发，不仅考虑游客的观赏，还要强调旅游体验，所以提出"夜游不仅仅是观赏，照明不仅仅是复现"照明理念。佛湾作为整个北山文物区的核心，设计师利用光色、亮度的变化讲述建造年代和艺术价值。北塔寺二佛作为游览高潮，除常规的功能性照明外，还增加了表演性质灯光，把二佛及前广场作为舞台，声、光、电与喷雾结合，讲述佛教故事和二佛的来历。设计师通过以LED作为主要光源，禁止在佛像和石窟表面打孔安装灯具，尽量隐藏灯具等方式，最大程度地对历史文物进行了保护。建成后的夜景如图5～图7所示。

图5　大足石刻山门夜景

图6　大足石刻十三观音变相窟夜景

图7　大足石刻二佛夜景

4. 重庆市中讯时代广场夜景照明工程[7]

中讯时代紧邻朝天门长江大桥，是弹子石 CBD 总部经济区首个超 5A 甲级写字楼，打造弹子石 CBD 最具影响力的地标性建筑。建筑裙房为阶梯式弧线造型，设计师在每层跌级造型变化处，通过光带进行表现和强调；塔楼以小型投光灯进行照明，配合控制系统的设置，形成流水或是跳动的韵律变化。通过细腻的照明手法，展现了建筑层叠起伏的造型特色。建成后的夜景如图8、图9所示。

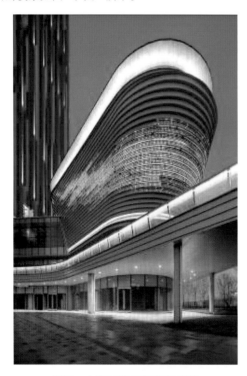

图8　中讯时代广场裙楼夜景

图9　中讯时代广场夜景全景

5. 重庆市江北观音桥商圈夜景照明工程[8]

观音桥商圈位于重庆市江北区，是全国十大著名商业街之一。观音桥商圈夜景照明前三期重点对商圈范围内地标性及重要建筑物进行了照明建设。2015 年启动的第四期建设，重点对商圈核心部位的建筑裙房，配合外立面进行了改造升级，以完善和优化江北观音桥商圈整体夜景效果。其中较具代表性的项目为工业服务港及天街 2 号。如何处理复杂的周边光环境对设计主体的干扰和影响，有效避免由于主体光环境的改变给整体画面所带来的不协调感、裙房与塔楼照明新旧对比所产生的断裂感和陈旧感，成为必须面对的问题。通过解决新旧建筑、新老夜景间协调共生的矛盾，探讨城市更新进程中的照明设计新理念。在不破坏商圈原有夜景氛围的基础上，既注重单体与商圈的协调融合，又注重细节的表达；技术层面上，运用新的照明技术，加强控光的精确性以提升夜景品质；充分利用建筑外立面更新形成的双层表皮或局部凹凸来隐藏灯具，使建筑外立面干净整洁。建成后的夜景如图10、图11所示。

图 10 观音桥工业务服务港夜景图

图 11 观音桥工业务服务港夜景局部

6. 重庆市磁器口夜景照明工程[9]

重庆市磁器口古镇位于重庆市沙坪坝区嘉陵江畔，蕴含丰富的巴渝文化、宗教文化、沙磁文化、红岩文化和民间文化，是重庆古城的缩影和象征。为提升古镇整体景观形象，助推磁童片区发展，沙区于 2015 年 11 月全面启动磁器口古镇片区特色夜间景观照明打造工程，2016 年 6 月建成投入使用。以"魅力古镇、依山临江，热闹码头，璀璨再现"为总体思路，充分考虑磁器口千年人文价值及历史文化背景，通过勾勒点、线、面景观照明设施，突出磁器口古镇商业重镇、旅游名片特色和山水俊秀之美，重现史载"白日里千人拱手，入夜后万盏明灯"繁盛景象。分层次科学精心设计，突出宝轮寺、下河牌坊、正门牌坊等景区内重要景观点位，展现宗教建筑、古典建筑曲径通幽之美。同时，结合沙区沙磁文化产业带规划，融合巴渝老街、抗战文化风情街及创意文化街区等特色区域，形成传统风情到现代风格和谐统一的夜景景观带。以行人活动范围为视角出发点，订制灯具，采用主体暖黄光、穿插冷白光色温，最大程度地减少对居民正常生活和建筑白天景观效果的影响。采取节庆、平日双亮灯模式，体现"绿色、环保、节能、高效"理念，把低碳节能始终贯穿于整个景观照明中。建成后的夜景如图 12、图 13 所示。

图 12 重庆市磁器口古镇夜景图

图 13 重庆市磁器口古镇夜景图

7. ZPLC 物联网室内照明系统[10]

随着智慧城市的推广，智能照明将是未来 LED 产业发展的必然趋势，恒亦明（重庆）科技有限公司在国内首创 ZPLC 技术，并研发出成套物联网光环境系统。该系统不仅综合节能率可达 60% ~ 70%，造价也只有西门子、飞利浦等国外智能照明系统的 1/10。ZPLC 技术是一种新型电力线通信技术，可以让室内照明控制器与光源之间低成本传输照明控制数据。由于采用 ZPLC 技术的芯片体积小、功耗低，只要将它嵌入开关和光源中，以电力线作为信号传输线，就能让开关对光源发射信号，光源在接收到信号后做出相应调节。其稳定传输距离可达到 1000 米以上。此外，相比国外产品来说，其无需铺设控制线，在既有建筑节能改造中优势更明显。

三、2016 ~ 2017 年重庆市正在建设中重点案例介绍

1. 重庆市嘉陵江沿江景观灯饰工程[11]

重庆市嘉陵江沿江景观灯饰工程覆盖大竹林至礼嘉街道约 16 千米的沿江绿化景观带，占地面积约 200 万平方米，是重庆市两江四岸重要的景观控制项目，建成后将为北区乃至整个重庆市民提供一个休闲游玩的好去处。金海湾森林公园作为嘉陵江沿江景观灯饰工程的重要组成部分，重在打造城市水岸的生态"软"边界，创造公共空间的休闲"慢"活动，形成都市发展宜居"新"典范。夜景方案也以"生态、休闲、宜居"，并新增"智慧"作为核心理念，以峡江游走、滨江骑行、森林探寻、游戏互动、工业记忆、灯塔码头为主题，将公园划分为六个区域。设计充分结合公园地形、原生植被及人文景观等特点，以景观灯饰为主，智能化照明控制为辅，打造符合各主题区域概念的夜景景观，实现多样化的夜景效果，增强市民互动体验感受，使金海湾公园沿江夜景成为重庆新的标志性景观。

目前，金海湾公园夜景照明施工图的绘制工作已初步完成，预计 2018 年底将建成投入使用。其整体效果图如图 14 所示。

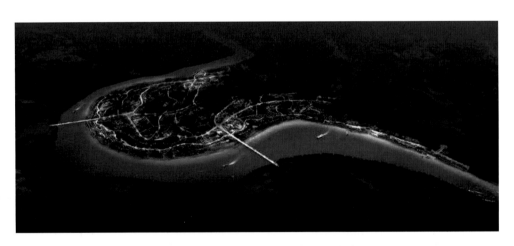

图 14　重庆市嘉陵江沿线景观灯饰工程总效果图

2. 重庆市万州江南新区夜景灯饰规划及设计[12,13]

近年来，经过政府的策划和多方的建设，万州区已完成了北滨大道核心区夜景照明建设，取得了良好的社会效益和环境效益[14]。江南新区位于万州长江以东，五桥河以北的沿江地带，形似半岛，临江靠山，是万州城建规划的八大组团之一。新区与万州老城隔江相望，位于万州城区山水格局的几何中心，以其独特的区位和资源优势成为万州未来的政治、文化中心及商业副中心。由于江南新区是一个新兴的片区，夜景照明建设尚在起步阶段，为加强对城市夜景照明建设的引到、控制和有序安排，提升江南新区夜景照明品质，特编制了此次照明总体规划。规划基于夜景现状和载体自身特点，探寻城市、山水的"自然美"，提出"营造出夜色下动态生长的现代都市水影画卷"的夜景照明发展目标和"记忆万州，拓印江南"的夜景照明形象定位。

照明规划以江山贯廊廊道照明为基础框架，以南滨路一带景观照明为亮线，以街道照明为纽带，以重要街道的地标性建/构筑物为重点，以城市广场、公园绿地照明为中心，形成重点突出、特色鲜明的城市夜景照明形象。以月光照明、特制投影灯照明等手法，对城市公共空间、重要景观带进行打造，利用灯光呈现具有当地文化特色的城市新、旧记忆，增强市民对江南新区城市夜景照明的认同感。

目前，规划中的大石还建房、洞澜塔、文峰塔、南山公园已完成夜景照明建设，广受市民好评，对后期的夜景照明建设起到了良好的示范和带动作用。其全景效果图如图 15 所示，局部效果图如图 16 ~ 图 18 所示。

图 15　万州江南新区夜间全景效果图

图 18　万县古城墙夜景效果图

图 17　万州江南新区地图地面投影效果图

图 16　万州地图地面投影效果图

四、结语

2016～2017年，重庆市在较大规模进行城市核心区夜景照明示范建设的同时，顺应新型城镇化发展趋势，大大加强了各区县的城市夜景建设；城市照明管理、设计、施工水平显著提升，对周边城市的辐射、示范作用更加突出；注重生态文明建设，通过高效节能灯具、电器、光源等新产品、新技术的运用推广，降低了能耗，实现了绿色照明；加强了对智能创新照明产品的应用与推广，将智慧照明纳入城市夜景照明的体系之中。通过强化、细化城市照明管理工作，使城市照明管理工作更加全面、深化和细致。从过去的重建设、轻管理转向了对照明建设全寿命周期的关注。

随着照明产品品质的提升、新材料新技术的运用、标准体系的完善，重庆地区的夜景照明将朝着高质量、健康、智能可持续方向，进入一个全新的发展时代。

致谢：表1"2016～2017年重庆市城市照明建设、管理工作重要事件汇总表"由胡涛整理汇总，本文的撰写得到了重庆市城市管理委员会（重庆市城市管理综合行政执法局）赵纯雨、刘小俭、传勇等同志的大力支持，文中的项目资料分别由重庆市得森建筑规划设计研究院有限公司、重庆筑博照明工程设计有限公司、豪尔赛科技集团股份有限公司、北京清华同衡规划设计研究院有限公司、北京光湖普瑞照明设计有限公司、智慧超洋建设工程股份有限公司提供，在此特表示感谢！

参 考 文 献

[1] 重庆市城市管理委员会（重庆市城市管理综合行政执法局）网站：http://www.cqsz.gov.cn.
[2] 中国照明学会. 第十二届中照照明奖获奖名单正式公布 [R/OL]. http://cies.lightingchina.com/cnews54284.html, 2017-8-15/2017-12-31.
[3] 中国照明学会. 第十一届中照照明奖获奖名单正式公布 [R/OL]. http://cies.lightingchina.com/cnews47905.html, 2016-08-11/2017-12-31.
[4] 重庆日报. 照母山"诗意灯光"获全球照明设计奖 [R/OL]. http://www.cqrb.cn/content/2017-11/04/content_130243.htm, 2017-11-04/2017-12-31.
[5] 王培星，马晓飞，李治梨. 彭水蚩尤九黎城夜景照明规划设计方案文本 [R]. 2016.
[6] 张贤德，陈海燕，陈亮. 重庆大足北山石刻景区环境综合整治工程——照明系统方案设计 [R]. 2013.
[7] 胡芳，王勇杰，崔维强. 重庆中讯广场建筑照明设计文本 [R]. 2014.
[8] 严永红，张璐，盖帅帅. 重庆江北观音桥商圈工业服务港及天街2号夜景照明工程设计文本 [R]. 2016.
[9] 华龙网. 磁器口特色夜间景观灯饰工程规划设计方案出炉（图）[R/OL]. http://cq.leju.com/scan/2015-08-26/11076042140004946593960.shtml, 2015-08-26/2017-12-31.
[10] 重庆日报. 我市企业首创ZPLC技术物联网光环境系统 [R/OL]. http://www.cqrb.cn/content/2016-11/14/content_88652.htm, 2016-11-14/2017-12-31.
[11] 严永红，吴帆，刘相乾，等. 嘉陵江沿江景观灯饰工程设计文本 [R]. 2017.
[12] 严永红，胡宗光，刘雨姗，等. 万州江南新区夜景灯饰详细规划设计文本 [R]. 2017.
[13] 严永红，胡宗光，刘雨姗，等. 万州江南新区夜景灯饰总体规划设计文本 [R]. 2017.
[14] 严永红，朱理东，张小康，等. 万州区北滨大道核心区夜景照明修建性详细规划及广告照明规划设计文本 [R]. 2008.

厦门市重点片区照明规划及实施思考

许东亮，常瑛

（栋梁国际照明设计中心）

经过近一年的照明规划方案设计和现场监理工作，厦门市的夜景终于亮相于市民及游人。我们欣喜地看到厦门由于夜景的展现得到关注度的提升，以及市民夜晚出行时的喜悦、游人的驻足。在此就照明概念规划方面的思考方法做粗略地概述。

一、设计范围

本次厦门市重点片区夜景照明提升范围包括了"一线""三片""四带""四桥一隧"等主要内容。

"一线"是指：机场-环岛路-鹭江道-邮轮码头。具体包括北起机场、枋钟路、环岛东路、环岛南路、演武大桥、鹭江道、南至湖滨西路、（含中山路）以及轮渡广场至邮轮码头岸线周边含护岸、重要建筑立面、重要节点等。

"三片"即五缘湾片区（北起环岛东路、东至钟宅路、南至五缘湾道所围合区域含桥梁、道路、护岸、重要建筑立面、水体等）、会展中心片区（北起吕岭路、西至环岛干道、南至会展南路、东至环岛东路所围合区域含道路、重要建筑立面等）、筼筜湖片区（北起湖滨北路、东至莲岳路、南至湖滨南路、西至湖滨西路所围合区域含桥梁、道路、护岸、重要建筑立面、水体等）。

"四带"是指鼓浪屿海岸带（环鼓浪屿岸线及全岛区域含护岸、重要建筑立面、重要节点、山体等）、海沧湾海岸带（南起崇屿码头，北至海沧大桥下，含护岸、重要建筑立面等）、集美学村海岸带（北起集美大桥、南至厦门大桥之间的集美学村岸线周边区域，以及集美大桥杏林端至高浦路之间岸线区间含护岸、重要建筑立面等）和刘五店海岸带（南起翔安大道、北至翔安南路之间岸线区间含护岸等）。

"四桥一隧"包括海沧大桥、集美大桥、厦门大桥、杏林大桥和翔安隧道。

二、设计主题

通过对厦门市的全面调研与体验，结合设计任务，我们分析了厦门市主城区的城市形态，夜间服务对象以及市民和游人的出行方式，从步行者、骑自行车者、驾车、海上乘游船者、空中俯瞰者的角度全方位构筑了夜间景观框架，做到了最大限度地展现厦门魅力的规划目的，并为丰富市民的夜间生活，促进旅游发展，在金砖会议期间向各国友人展现厦门的夜间面貌奠定了基础。我们认为厦门的灯光规划要突出以下五个光的重点，即立足生活之光、漫步街道之光、品味建筑之光、点亮迎宾之光和回归厦门之光。厦门是海上丝绸之路的重要港口，有丰富的自然和人文环境，因此我们以"金色丝路、五彩厦门"八个字作为本次照明规划设计的主题。五彩是丰富的寓意，金色是经济尊贵的象征。

三、规划设计

对于一个城市的光环境及夜景的定位是我们多年来关注和探讨的课题，借助厦门的契机，获得一次深入实践的机会。我们认为城市的夜间灯光的目的首先要立足于生活，同时提供安全舒适的出行环境，表达城市中有价值、有记忆、值得骄傲的景观与建筑供人们品味。同时作为文化礼仪之邦精神传承，有客自远方来，如何点亮"迎宾之光"也是我们表达友谊的态度。灯光依附于载体，却作为烙印刻在人们脑海中，我们值得去塑造它作为可持续的存在。厦门给人们的印象是岛屿山海花树，重要的景观视觉点是海与岸的交界线。海水深入本岛以后形成海湖，湖岸是市民钟爱之所，包括五缘湾、筼筜湖。在船上回望城市，还能在动态中绘出城市的轮廓线。这些构成了厦门城市未来景观照明的方向。

城市照明要立足于生活，我们要做的不是去创造一时的繁华。如果仔细观察一下的话，生活中光与人的距离是比较近的，一般是在脚下。在很多国家的城市中漫步都能发现这一点。街道之光是生活之光的出发点，街道地面有了光之后，出行就会很舒服，给人安全感。寻找厦门的灯光特质时，首先关注的是人生活的感受，比如色温的冷暖。光离人越近越暖，离人越远越冷。人行道上的灯光采用低位照明，从天空看，街道在温暖祥和的气氛中延伸。这是城市空间色温的层级关系，舒服的光一定是底下亮，上面弱；底下暖，上面冷。就像远望海洋的深邃感与颜色变化的关系。

城市建筑的美在哪里，我们需要寻找建筑的逻辑。厦门有著名的嘉庚风格的建筑，建筑上面是中国古建筑风格的顶，立面是南洋欧式风格，这是爱国华侨的情怀在厦门建筑文化上的积淀，我们觉得这样的建筑要表达它建筑逻辑的美，直至细节。

厦门市夜景建设赶上了金砖五国的国际会议。在会议期间如何点亮"迎宾之光"？我们想到用金色的光来表达是这次会议迎宾的概念。迎宾之光最重要的核心部分是主会场——国际会议中心和会展片区。用金色的光突出庄重的仪式感表达对与会各国的尊重与重视，也象征性地表达了金砖会议的概念。同时在中国传统文化中，金色是一种尊贵的颜色同时与经济相关联。金砖五国用五种颜色分别代表南非、印度、巴西、俄罗斯和中国。在厦门岛上有一个叫五缘湾的地方，而且五缘湾上架了五座桥。五缘在中国是代表非常好的寓意，五缘引来五个国家的贵宾。因此我们把五缘湾变成了象征五个国家友谊的有缘湾。每个国家献上一座桥，南非的我们把它染成金黄色，印度的染成橙色，巴西的染成绿色，俄罗斯染成蓝色，中国的染成红色。这些颜色也是民众喜闻乐见的颜色。这是我们对景观在特殊事件中的理解，这五座桥在白天看没有什么特别的意义，简单点亮时只是结构的美，但是赋予颜色时它就是多个国家的象征。五缘湾五座桥，横卧在水中，通过倒影形成环的闭合，从而非常到位地展示出了我们的待客文化。其效果图如图 1 所示。

图 1　五缘湾与五缘桥的灯光概念表达五缘湾有五座桥。桥通常会有连接的纽带意义，因此桥会作为
友谊的象征。用五座桥的灯光色彩象征金砖主宾五国的友谊是恰当的灯光文化意义表达

　　厦门是白鹭的故乡，更要体现自然与生活融为一体，因此厦门的灯光颜色不应该完全是暖色的，也应该清新自然，同时展现城市的景观价值所在。厦门的鹭江道就是厦门的代表，相当于上海的外滩。有现代的建筑，也有古典的建筑。我们觉得多层的古典建筑是暖的感觉，高层的现代建筑表达厦门的清凉感觉。只是色温变化，街道浑然一体。

　　另一个很重要的地方就是鼓浪屿。为什么鼓浪屿会成为世界遗产，它的价值是什么？我们如何用光把价值表现出来？站在日光岩看厦门本岛，透过红顶绿树本岛城市轮廓线尽收眼底，灯光亮起来时它就是厦门的夜景名片。鼓浪屿的街道很美，建筑围墙花窗树木石阶。用路灯及投光灯把这些打亮就非常优雅，形成光的通廊指引前行。路灯的形式不必杜撰，结合当时照片记录中的路灯形式进行现代的改造，恢复发掘原来的历史面貌，灯具设备增加了街道的价值。

　　厦门的海岸线、码头、慢行系统是城市的重要特色，除此之外跨岛跨湖的桥梁是交通道路也是景观。比如海沧大桥，像珍珠项链一样连接海沧，璀璨的光点在海上放射光芒。集美大桥因为要满足航道要求路面有高低起伏的曲线用光展现尤其优美如长虹卧波。

　　在厦门这次规划设计中回归了以色温变化展现城市的理念，同时对亮度要求普遍降低。亮与暗是对比出来的，不是绝对值。这样做既节约能源，又能细腻地展现城市载体特色。城市景观照明是一个复杂的系统，需要全社会的关心形成良性的发展，理念和手法也仅仅是局部的表象而已，此次厦门夜景工程能得到认可也是各个方面共同努力的结果。

四、总管理、总设计、总控制下的阶段化推进策略

　　以总规划设计方作为实施的设计管理方推进照明工程的实施在厦门开了先河。这个做法保证了实施的一体化进程。总设计出初步方案，提出设计技术导则，具有设计深化能力的照明工程承包公司从深化设计阶段接受总设计的指导共同完善设计方案，落实灯具技术指标与现场配电及控制系统。该实施策略为短时间内推进项目进展，保证设计效果和施工工程质

量提供了有力保障。初步归纳一下，城市照明从立项至运行大致有如下阶段：项目立项，邀请设计，方案竞赛，方案评选，方案整合，投资确认，划分标段，招总承包商，确定总控系统，分段定标，深化方案，设品牌库，灯具检测，现场试灯，确定方案，施工图设计，试灯确认，图样审查，效果检验，灯具落实，设备采购，现场安装，调试确认，控制整合，试运行期，常态运行。这些阶段的每一个步骤都有总设计方的参与，从而保证了设计过程的逻辑合理和决策的正确，形成合力向前推进。

浙江省杭州市滨江区照明建设

（杭州市滨江区城市管理局）

一、总体效果

杭州市滨江区城市管理局作为滨江区亮化工作的行业主管部门和实际管养责任部门，承担了区内道路照明设施的日常管养和提升改造工作，及区内景观照明设施的整体建设和提升工作。2014 年对江汉东路（江陵路-西兴路）等 5 条道路的电缆或路灯进行了改造，长河路段（滨盛路-长河路口）等 5 个道路路段增设配电箱，南环路长河路口等 18 个路口增设中杆灯，市民广场增设景观灯、西环路公园和碧水豪园周边增设庭院灯，有效消除全区道路照明盲区暗区，保障了市民公共出行安全，获得了市民的普遍好评。

为全面提升滨江区路灯养护管理水平和节能降耗，打造"智慧城市"、"美丽城区"的同时，提高亮灯率和及时修复率，在市、区各级部门的大力支持下，全面实施滨江区路灯智能化监控与节电改造工程。建立滨江区路灯"一把闸刀"控制系统并安装智能化监控和节能装置，实现了全区 131 个路灯控制柜和 8627 杆路灯的"一把闸刀"开关及监控功能，总改造标称功率为 3080 千瓦；实现了全区 114 个路灯控制柜、7350 杆路灯加装了节能装置。通过 24 小时实时发送控制柜负载波动异常短信，每日定时发送灯杆灭灯报警清单，每周定时发送未及时修复的重复灭灯报警清单三项举措，使路灯养护单位可以及时了解控制柜运行情况，明确掌握灯杆灭灯数据，并以此进行相对应的检查和维修，大大缩短了故障的排查时间，避免了设备故障修复不及时的状况，全面提升了滨江区路灯养护管理水平，提高了亮灯率和及时修复率。

2015 年为做好 G20 国际峰会重要保障任务，对钱塘江南岸、时代高架、江南大道沿线和西兴立交进行夜景亮灯工程建设。其中钱塘江南岸对全线约 12 千米堤岸和沿线 46 组 112 栋建筑楼宇进行了亮化；时代高架约 4.5 千米进行了亮化；江南大道沿线对 11 组 11 栋建筑楼宇进行了亮化；西兴立交全线约 7 千米进行了亮化。使得滨江区夜景呈现美轮美奂、精彩纷呈的效果，特别是核心区的 11 栋建筑通过 LED 屏媒技术形成的整体动态画面效果具有超强的视觉冲击力，受到了各级领导的高度认可和两岸市民的广泛好评。

2016 年为继续做好 G20 国际峰会重要保障任务，对钱塘江南堤岸、江南大道沿线新增亮化部分进行夜景亮灯工程建设。其中钱塘江南岸对新增亮 9 组 43 栋建筑楼宇进行了亮化；江南大道沿线对新增亮 24 组 57 栋建筑楼宇进行了亮化。项目的顺利实施，使得滨江区夜景亮灯整体效果在原峰会保障亮灯工程的基础上更具规模、更显效果。在完成国际峰会重要保障任务的同时，较好地打造了区域亮灯经济和夜间文化，为全区经济发展和文化建设工作做出了突出贡献。对主要保障道路的 10 台路灯箱变进行改造更新，确保峰会期间照明设施供用电情况安全、良好。

二、重点区域照明实际效果

1. 市民广场与闸站河桥等夜景照明整修工程概况

2014 年 8 月杭州市滨江区市民广场、闸站河桥等夜景整修工程项目由杭州市滨江区城市管理局负责建设杭州市滨江区市民广场工程包括广场照明，道路照明、景观照明。闸站河桥等夜景整修工程包括室外桥梁的泛光照明亮化。北塘河包括道路照明。泛光照明内容为灯具安装及相应的配电线路施工图设计。其照明效果如图 1 和图 2 所示。

2. 杭州市滨江区城市道路暗区改造工程概况

2014 年年底我局组织养护单位对全区道路暗区进行排查，发现一些道路与路口照度不达标，无法满足市民公共出行的需求；部分道路照明设施因建设标准较低，使用年限过久，导致整条道路照度偏低。另外，还有一些道路与路口的路灯，因原有灯杆挑臂过短，导致灯光被日益茂盛的行道树遮挡的情况比较严重；全区部分公园存在照明设施过少，照明、美化效果不理想等情况。

图 1 市民广场亮灯效果

图 2 闸站河桥亮灯效果

鉴于道路盲区暗区直接危及行车、行人安全，公园盲区暗区影响我区夜景照明效果和市民出行安全，为及时消除安全隐患，我局委托浙江建工建筑设计院有限公司进行滨江区城市道路暗区改造工程的相关设计工作，共涉及江汉东路（江陵路-西兴路）等5条道路的电缆或路灯改造，长河路段（滨盛路-长河路口）等5个道路路段增设配电箱，南环路长河路口等18个路口增设中杆灯，市民广场增设景观灯、西环路公园和碧水豪园周边增设庭院灯。改造后的实景图如图3～图7所示。

3. 杭州市滨江区钱塘江南堤岸及时代高架亮灯工程概况

本夜景亮灯照明工程位于杭州市滨江区钱塘江南堤岸闻涛路沿线江堤照明的光色为金黄光，一直从东侧萧山界延续到西六和公园，长约12千米，像一条金腰带沿江堤围合着整个滨江。绿化带内的RGB投光灯可以变换多种色彩，能对植物亮化展示最好色泽元素。照亮这些植物的同时也能使建筑底部形成一定的晕光，使得沿江立面的层次衔接更为自然。这样不仅补充了功能性照明，还能使沿线植物能在不同季节呈现不同的色彩灯光效果，形成季相之光。LED照树灯在光源配置以及程序控制的作用下，形成春、夏、秋、冬四个季节有不一样的树木"面貌"，但又非艳丽的彩色光效果。

图 3　时代大道照明实景

图 4　钱江一桥引桥段照明实景

时代高架亮灯起于复兴大桥桥头，止于冠山隧道，长约 4.5 千米。高架桥面内侧防撞护栏安装 LED 点光源，延续前半段点形成线的灯光视觉效果。桥侧用 LED 线条灯向下洗光效果表现，光色为暖白光，与中河高架的桥侧效果相呼应，也能与彩虹大道的动态彩色光区分开来。线性光流动效果由慢到快，宛如钱塘江的潮起潮落。

江堤的照明既要考虑整体效果，也要考虑防潮、防腐的问题。所以我们在选用灯具的时候要求这部分的灯具 IP 等级

图 5　江汉东路照明实景

图 6　江陵南路照明实景

要达到 67 或以上，满足可能被水淹没的条件。这些灯具的安装方式要求十分牢固，并要求对灯具也进行结构加固。此次的江堤、绿化以及雕塑照明均采用 DMX512 控制，与核心区的建筑灯光形成联动控制。

在杭州滨江区钱塘江南堤岸及时代高架亮灯工程设计、施工方案中，我们增加了对处于不同时期下的夜景灯光表现形式的模式控制，分为平日模式、节日模式、深夜模式以及重大节日模式。其中，重大节日模式呈现灯光表演效果，烘托出节日的氛围；平日模式和深夜模式，则是出于对节能减排政策性导向的考虑。改造后的效果图如图 8～图 10 所示。

4. 杭州市滨江区江南大道沿线及时代高架以西沿江楼宇亮灯工程概况

杭州市滨江区江南大道沿线及时代高架以西沿江楼宇亮灯工程是由杭州市滨江区城市管理局承建的，由浙江城建园林设

图 7　长江南路照明实景

图 8　滨江公园亮化效果

计院有限公司设计，由杭州华清设计控股集团有限公司监理，最后由杭州金溢市政园林工程有限公司完成施工的。本项目为G20峰会的重点工程，江南大道为滨江区最主要的交通要道，多处地标性建筑，照明的功能性与美观性有机结合，设备安全性与维护便利性均需兼顾等诸多因素，最后在大家的共同努力下，完成了本项目的建设工作。其照明实景图如图11所示。

5. 杭州市滨江区时代高架以东沿江楼宇亮灯工程

钱塘江南岸时代高架以东沿江楼宇亮化工程，项目始建于2015年11月，于2016年4月全部完工。以"钱江夜曲"为主题进行展开设计，以动静结合的创作手法，在钱江沿岸展开多彩的画面，奏响最美的和声。

选取以低碳科技馆为中心建筑，向东延伸至星光二期大厦，向西延伸至信雅达国际，作为主题灯光动态表演区，整体氛围追求绚丽，与熠彩星云、日月同辉相呼应。在中秋、国庆、春节、动漫节这类重大节假日的夜晚呈现不同主题灯光的节庆效果。采用智能控制多灯多楼联动所形成的光色模拟钱塘江潮水的平缓与激昂，更能达到完美的艺术效果和情感撞击。其项目完成效果图如图12～图14所示。

图9 时代高架亮化效果图

图10 钱塘江南堤岸亮灯效果图

图 11　江南大道照明实景

图 12　视频联动全景：采用江堤金色灯光表现江水涌动为线、江岸灯光渐变表现绿化生长为点、楼宇
视频整体联动表现滨江城市现代化形象为面，共同描绘出一幅"江水、绿化、城市"的水彩长卷

图 13　视频联动近景：设计上充分运用湖面倒影的表现形式，将科技馆的球体与湖中
的拱桥有机结合，展现出了"日月同辉"的夜景效果

图 14　灯光将随着江水而动，钱塘江大潮来时，江水汹涌，而灯光也将随着潮水流动的方向
演绎着潮起潮落，江水静寂时，灯光又将变得温和淡雅，体现出钱塘江特有的文化特色

6. 杭州市滨江区西兴立交桥亮灯工程概况

杭州市滨江区西兴立交桥亮灯工程北起钱江三桥，南至风情大道下桥口，东接七甲河，西至江南大道下桥口，全线长约 7 千米，项目邻近奥体博览中心，是"美丽滨江"、"现代滨江"、"未来滨江"的形象体现。本次西兴立交桥互通的景观照明，采用早上太阳升起时的日出光色谱，整体偏暖色系，从金黄色到暖白光再到白光，逐渐过渡渐变，层次感强，光色暖心，舒适。其亮灯效果图如图 15 所示。

图 15　西兴立交桥亮灯效果图

7. 杭州市滨江区路灯智能化监控与节电系统完善提升工程概况

杭州市滨江区路灯照明工程为市重点工程，2015 年滨江城市管理局首次大胆地提出采用 LED 路灯照明，对滨江区路灯进行"LED 光源替换＋智能化升级"的技术改造，即采用 LED 光源替换现有光源，同时实现路灯的移动终端控制、云平台服务和与"智慧城管"系统的有机对接等多项智能化升级工作。在考虑灯具的功能性与美观性有机结合，设备安全性与维护便利性均需兼顾等诸多因素，立即组织经验丰富的设计人员对全区道路进行摸底式考察，并对每一条道路进行了方案模拟，确保实际改造情况均超过国家标准。其亮灯效果图如图 16 所示。

图16　时代高架桥亮灯效果图

四川省绵阳市城市照明建设

（绵阳市城市管理行政执法局）

　　近年来，绵阳的城市照明事业发展迅速，城市整体功能照明质量和景观照明效果大大提高，有效改善了市民夜间生活和出行环境。

一、绵阳的城市功能照明发展

1. 道路照明水平显著提高

　　自2009年开始，我们加大了道路照明建设力度，连续启动了多个道路照明新建、改建项目，首先解决了"有路无灯、有灯不亮"和危旧水泥杆路灯、高杆灯的问题，城区道路装灯率达到了100%。继而我们进一步对城市主干道、次干道、商业街、步行街的功能照明设施进行改造，有效提高了车流密集和人流密集的城市道路照明质量。2014年，我们再次启动了为期5年的路灯节能改造项目，着重对因设施陈旧而效率过低、因绿植遮挡而照度过低的功能性照明设施进行改造。该项目总投资3000万元，计划改造各型路灯4020盏（套），2014年的第一期工程已改造了801盏（套）路灯。2015年的第二期工程已改造了850盏（套）路灯。

2. 开放式小区等公共通道功能照明全覆盖

　　开放式小区等公共通道是随着城市建设改造形成的开放式社区、城中村等公共通道。这些公共通道缺乏功能性照明设施，给周边居民的出行带来极大不便。

　　为解决这个问题，2013年我们开展了为期三年的开放式小区等公共通道路灯安装工程。2013年已实施具有试点性质的第一期工程，2014年已实施全面展开的第二期工程，2015年我们实施了查漏补缺和偏远路段的第三期工程。我们辖区内的开放式小区等城市公共通道缺乏功能照明的问题得到了彻底解决，实现照明全覆盖。

3. LED路灯获得推广应用

　　多年以来，我市路灯基本以高压钠灯、金卤灯等气体放电光源为主。随着半导体固体发光技术的发展，LED路灯逐步成熟。2009年我市开始逐步推广应用LED路灯，截至目前，绵阳城区采用LED路灯的路段达到了20余条，安装各型LED路灯3750余盏（套），在LED产品应用方面做出了有益的探索。

二、绵阳的城市景观照明的发展

1. 社会投资的景观照明

　　社会投资的景观照明包括商业楼盘、高层住宅等城市楼宇建筑的景观照明。为了充分利用各类社会投资加入到城市景观照明建设中来，2009年绵阳市政府出台了《绵阳市城市景观照明管理办法》，将楼宇景观照明设施作为房屋建设的配套子项，采用业主或开发商投资建设，政府进行电费补贴和后期维护的方式，在建设时同步设计、同步施工、同步验收，建成后移交至市照明管理处实施统一的开关控制和维护管理。该项政策极大促进了绵阳城市楼宇尤其是高层建筑的景观照明建设。截至2015年年底，市照明处接收管理的城市楼宇已达707栋，各型景观灯187411盏（套、米）。

但是由业主或开发商自建的景观照明基于多种原因，存在产品规格繁杂、质量良莠不齐、维护检修困难的问题。为此，我们制定了绵阳市景观照明产品目录库，按公版的制式和统一的标准，规范了各种不同景观灯具的技术要求，并以此作为楼宇景观照明产品选型、采购安装及验收移交的必要条件。我们预期，按此要求进行楼宇景观照明建设和经过一段时间有计划的维护更新，能够大大提升楼宇景观照明设施的可靠性和稳定性，保持楼宇夜景的完整和靓丽。

2. 政府投资的景观照明

政府投资的景观照明包括城市的道路、桥梁、公园、广场等公共区域。自2010年起，我们开始分期推进城市景观照明建设工作，逐步形成了绵阳城市夜景核心景观带的概念，照明风格逐步转向稳重和成熟，照明光源逐步转向采用LED。2013年5月完工的第三期景观照明项目从真正意义上完成了滨江夜景的构建，2015年建设的"美丽绵阳"城市亮化项目在原来滨江夜景基础上构建了"一核两带三轴"的夜景照明体系，大大提升了城市品位，得到了上下各级领导、来访宾客以及广大市民的一致好评。

核心景观带灯光秀利用LED点阵成像和GPS音频视频同步在夜晚表演灯光秀，尤其是整点播放的16分钟主体表演，更是从科技、旅游、历史、文化、人文等方面全方位展示绵阳本地特色和城市魅力。除了媒体立面的整体灯光表演之外，涪江核心夜景观区还有一些重要景观节点，例如滨江广场的投影墙、南山公园的山体水墨画卷、一号桥的水雾激光秀、三江大坝的舞台灯光秀等。

涪江核心夜景景观带是国内领先的城市夜景作品，贴合了绵阳作为四川第二大城市的区域地位，将对西南、西北乃至全国产生巨大的辐射，显著提高绵阳科技城影响力，大大促进绵阳旅游事业发展。绵阳市随着社会经济的不断发展和城市建设的不断推进，对城市照明的建设和管理提出了更高的目标和要求。我们将在现有成果的基础上，积极探索、开拓创新，引领绵阳城市照明事业迈上新的发展高峰。

三、"美丽绵阳"城市亮化项目效果

"美丽绵阳"城市亮化项目是按"一核、两带、三轴"的整体布局结构进行城市夜景照明整体打造。一核（核心景观区）为涪江二桥至三江大坝沿线水域周边堤岸线、滨水建筑、桥梁等围合而成的景观区域；两带（滨水景观带）是指安昌河夜景景观带（三江交汇口—普明大桥）和芙蓉溪夜景景观带（三江交汇口—仙渔桥）；三轴线（城市景观门户通道）是指成绵广高速绵阳收费站—芙蓉汉城景观门户通道、成绵广高速绵阳南收费站—临园口景观门户通道、火车站—涪滨路大平台景观门户通道。

其中"一核"是本次项目建设的重点。其最大亮点就是"炫彩三江·美丽绵阳"夜景灯光秀。夜景灯光秀是音视频结合的多媒体灯光表演，主要采用了LED点阵成像和GPS音视频同步两项关键技术。LED点阵成像就是通过密集设置的可控LED点光源来显示图像；GPS音视频同步是通过全球卫星定位系统的时间信号来同步动画图像的每一帧画面，使其按程序设定协调显示。我们在从五一大厦至桃花岛的40多栋楼宇的80多个立面上安装了近18万个点光源，同时在观景点和观景线路上设置了近200个音箱，能够为观赏者带来规模宏大、精彩纷呈、美轮美奂的视听感受。

灯光秀设置了动静结合、主题轮换的模式进行灯光表演，每晚亮灯后，在非整点时段表演内容为山水秀，6分钟循环一次；整点时段表演内容为主题秀，按照科技之城、美妙之城、历史之城、文化之城、幸福之城的顺序在整点时播放一次，时长为16分钟，逢中秋、国庆和春节在主题秀前后会插入3分钟时长的节日秀。涪江核心夜景景观区还有一些重要景观节点，例如滨江广场的投影墙、南山公园的山体水墨画卷、一号桥的水雾激光秀、三江大坝的舞台灯光秀等，如图1~图6所示。

图1

图 2

图 3

图 4

图 5

图 6

中国
照明
工程
年鉴
2017

第五篇 国际资料篇

CIE 2016 照明质量与能效大会报告及论文目录

（续）

Oral Presentations			Page

(续)

（续）

		Posters	Page
P21	Mochizuki, E., Iwata, T.	Subjective Experiment on Obtrusive Glare in Gymnasium	691
P22	Chen, M. K. et al.	Assessment of Glare Rating for Non-Uniform Light Sources	697
P23	Hara, N.	Visual Characteristics for Evaluating the Discomfort Glare-Relationship Between the Position, Size, Array of the LED Chips, and BCD on the Discomfort Glare-	704
P24	Zhao, J. et al.	The Influence of Color Rendering Characteristics on the Television Picture Color Reproduction	708
P25	Ishida, T. et al.	Evaluation of Psychological Impressions of Two-Color Gradation Lighting	715
P26	Georgoula M. et al.	Specification for the Chromaticity of White and Coloured Light Sources	721
P27	Iacomussi, P. et al.	Influence of LED Lighting on Colour Evaluation	727
P28	Kozaki, T. et al.	Effects of Different Wavelength Composition of Morning Light on Light-Induced Melatonin Suppression at Nighttime.	734
P29	Bartsev, A. A. et al.	Metrological Insurance of Spectral-Radiometry Approach in VNISI Testing Centre	738
P30	Bartsev, A. A. et al.	Comparison of Detector Based and Spectroradiometric Measurement Approaches in Photometry and Colorimetry of Ssl Lighting	743
P31	Velásquez, C. et al.	Stray Light Measurement with Solid State Light Luminaire in a C-Type Goniophotometer with Rotating Mirror	753
P32	Roman Dubnicka, SK	Method of Validation of Near-Field Goniophotometers Based on Image Photometers	n. s.

国际照明委员会（CIE）标准、技术报告（2016—2017）

技术报告

CIE 150：2017 Guide on the Limitation of the Effects of Obtrusive Light from Outdoor Lighting Installations, 2nd Edition

CIE 227：2017 Lighting for Older People and People with Visual Impairment in Buildings

CIE 226：2017 High-Speed Testing Methods for LEDs

CIE 225：2017 Optical Measurement of High-Power LEDs

CIE 224：2017 CIE 2017 Colour Fidelity Index for accurate scientific use

CIE 222：2017 Decision Scheme for Lighting Controls in Non-Residential Buildings

CIE 223：2017 Multispectral Image Formats

CIE 217：2016 Recommended Method for Evaluating the Performance of Colour-Difference Formulae

CIE 218：2016 Research Roadmap for Healthful Interior Lighting Applications

CIE 219：2016 Maintaining Summer Levels of 25（OH）D during Winter by Minimal Exposure to Sunbeds：Requirements and Weighing the Advantages and Disadvantages

CIE 220：2016 Characterization and Calibration Methods of UV Radiometers

CIE 221：2016 Infrared Cataract

国际标准

ISO/CIE 28077：2016（E）Photocarcinogenesis action spectrum（non-melanoma skin cancers）

ISO/CIE 11664-5：2016（E）Colorimetry—Part 5：CIE 1976 $L^*u^*v^*$ Colour Space and u′, v′ Uniform Chromaticity Scale Diagram

国际标准草案

CIE DIS 017/E：2016 ILV：International Lighting Vocabulary 2nd Edition

第十届亚洲照明大会
（The 10th Asia Lighting Conference）报告及论文目录

Keynote Speech			
NO	Title	Author	Country/Region
Keynote speech1	Oil Lamps in Chinese History and Culture	Zhong Dekun	China
Keynote speech2	CIE Research Strategy-Future of Color Quality for Lighting	Yoshi Ohno	USA

Invited Speech			
NO	Title	Author	Country/Region
Invited Speech1	Solid State Lighting Development in China & Lighting in the Future	Hua Shuming	China
Invited Speech2	Effects of Visual Fatigue on Discomfort Glare and Color Vision	Takashi Irikura	Japan
Invited Speech3	Color Preference：Display vs. Lighting	Kwak Youngshin	Korea
Invited Speech4	Light Beyond Vision：Implications for Design Strategies and Actions	CHIEN Szu-Cheng	China, TW

Oral Presentation			
NO	Title	Author	Country/Region
O-01	The Development of Health-centric Lighting and Its Standardization	Mou Tongsheng	China
O-02	Study on Emotion Response Depending on LED （RGB） Colour in Radiation Angle Type and Direction	Kook Hyeung keun	Korea
O-03	Human Centric Lighting and Healthy Smart Lighting	Hu Tao	China
O-04	Experimental Study of Lighting in CICU Based on Visual and Emotional Needs	Xu Junli	China
O-05	Reflections on the Design of Nightscape Lighting for Characteristic Tourism	Sun Xiaohong	China
O-06	Investigation of How Chromaticity Alone Affects Color Preference	Wei Minchen	China, HK
O-07	How to Express the Chinese Original Color Elements in Lighting Show Design	Li Guang	China
O-08	Pilot Study on Quantification of the Ancient Architectural Color Paintings	Yao Qi	China
O-09	Indoor Localization Based on Full Color LED Lighting Fixtures	Reo Umeda	Japan
O-10	Residential Lighting with Japanese and Chinese Aesthetic Consciousness	Xinyi Feng	Japan
O-11	Immersive Experience Increases Eye Blinks in Virtual Reality Games	Motoharu Takao	Japan
O-12	Temporal Contrast Sensitivity Function During Saccadic Eye Movement	Lee Chan-Su	Korea
O-13	Effects of Light Color on Visual Fatigue in VDT-Related Work	Norio Uchida	Japan
O-14	High Power Laser Light Source for Medical Imaging	Feroza Begum	Brunei
O-15	Visibility Evaluation Using LED Lamps and Artificial Yellow Dust environment	Pak Hyensou	Korea
O-16	A Study of Visual Comfort Metrics in Offices Under Daylight Condition in South China	Bian Yu	China

（续）

Oral Presentation			
NO	Title	Author	Country/Region
O-17	The Relationship Between Light Distributions and Office Workers' Health: A Pilot Study in Thailand	Fernando Monge	Thailand
O-18	The Image Performance Optimization of the LED Display Under Ice Rink Mapped with Overhead Projector	Jang Jaehyeon	Korea
O-19	Reference Building Model for School Gym Daylighting in Beijing-Tianjin Region	Yang Di	China
O-20	An Accuracy Evaluation of a Calculation Algorithm for the Indoor Luminous Environment using Spectral Reflectance	Kim In-Tae	Korea
O-21	A Study on Time Elapse of Tunnel Road Reflectance	Yoo Seongsik	Korea
O-22	Changes of Barrier Visibility by Automotive Headlights Under Various Roadway Lighting Conditions	Kang Ho-seok	Korea
O-23	Development of Tunnel Warning Light	Isamu Matsushita	Japan
O-24	The Effect of Illuminance on the Appearance of a Moving Ball in Sports	Yuki Hata	Japan
O-25	Mobile Methods of Rated Road Lighting Parameters (Luminance and Illuminance) Measurement	Mikhail Fedorishchev	Russia
O-26	A Study on Realizing High Speed Wireless Mesh Network for IoT Using WiFi RF PHY Chipset	Lim Youngtaik	Korea
O-27	Power Consumption Reduction Effect of Intelligent Lighting Systems	Ryoto Tomioka	Japan
O-28	Light Environment Evaluation Under Different Orders and Speeds of Illuminance Chance	Noriko Umemiya	Japan
O-29	Extremely Low Loss LMA Microstructure Light Guide	S M ABDUR RAZZAK	Bangladesh
O-30	Sustainability & Lighting Pollution	Barjatia Prakash	India

Short Oral Presentation			
NO	Title	Author	Country/Region
SO-01	Psycho-Physiological Impact of Artificial-Light Exposure on Daytime Workers: A Field Research	He Siqi	China
SO-02	The Optimal Combination of LEDs for Solar-like Lighting	Kim Saena	Korea
SO-03	Creation Study on the Light Object "Akari Tatebanko"	KENYA MATSUO	Japan
SO-04	Human Centric Lighting Application in the Human Centric Lighting Design Direction	Guo Weijing	China
SO-05	Best Affective Hues of Lighting in Bath According to the User Scenario	Ha Hyeyoung	Korea
SO-06	LED Lighting Control System for Theaters and Television Studios Improving Efficiency of Setting Work	Youhei Nakata	Japan
SO-07	The Optimal Combination of LEDs for Solar-Like Lighting	Yu Huiyuan	China
SO-08	Age Difference in Comfortable Lighting-Examination of Difference on the Evaluation for a Temporal Change of Lighting Environment (Case of Illuminance Change)	Yuki Oe	Japan
SO-09	Students' Daily Arousal Lighting and Its Effect on Sleep Quality in Winter	Dong Yingjun	China

（续）

Short Oral Presentation			
NO	Title	Author	Country/Region
SO-10	The Study on Problem and Improvement Plan through Survey on National Road Tunnel Lightings	Yoo Seongsik	Korea
SO-11	The Importance of Waterproof Technology in Outdoor LED Application	Xu Songyan	China
SO-12	Method for Predicting Brightness of a Space Under Transient Conditions of Light Adaptation	Akihiro Shirayanagi	Japan
SO-13	Comparison the Flicker for Table Lamps Between Photodiode and Smart Phone	Zhang Xiaobo	China
SO-14	To Develop of LED Beacon that Distance to Reach the Light 20nm to 22nm	Park Jong-oh	Korea
SO-15	Creation Study on the Light Object "Fragment of the Scenery"	MINAMI SAKURAI	Japan
SO-16	Lifetime Analysis of LED Lamps Using Illuminance Measurement	Ryu In Jun	Korea
SO-17	Effect of Optical Density and Illumination Time on Microalgae	Sun Yan	China
SO-18	A New Outdoor Sports Lighting Designing Methodology for Selection of Aiming Angles by Using Heuristic Algorithm	NATH DIPAYAN	India
SO-19	The Research of LED Color Temperature Adjustment on Tunnel Intelligent Lighting	Peng Li	China
SO-20	Practical Design of Commodity Display Lighting Design in Complex-function Stores	Xiao Zhuoer	China
SO-21	Perspective in Hangzhou G20 West Lake Nightscape Intelligent Lighting Project	Shanghai Grand Light Co., Ltd	China

Poster Session			
NO	Title	Author	Country/Region
PT-01	A Discussion on the Development Trend of Interior Artificial Luminaires Based on Photobiological	Yan Huang	China
PT-02	A Method to Calculate and Measure the Glare of Monitoring Lights	Wu Jie	China
PT-03	A Novel Method to Create a Low-Blue White Light LED	Venkataramanan Venkat	China
PT-04	A Research Review of Health Classroom Light Environment	Wang Rong	China
PT-05	A Review of Spectral Optimization Technology of Light Sources	Wang Yunzhuo	China
PT-06	A Study on the Threshold Value of Contrast Revealing Coefficient Based on the Small Target Visibility	Cai Xianyun	China
PT-07	An Ad-Hoc Networked Intelligent Lighting System	Chang Brian	China
PT-08	Analysis and Countermeasures of Strobe Problem in Classroom Lighting Environment	Tang Diyang	China
PT-09	Analysis of the Effect of Lighting Design on Energy Consumption of University Canteen in the Cold Region of China	Yuan Ye	China
PT-10	Analysis on the Design Method of Creating Countryside Landscape Lighting with Characteristics of Regional Culture	Han Lele	China
PT-11	Analysis to Visible Safety Threshold of Road Tunnel Threshold Zone Daytime Lighting	Du Feng	China

（续）

Poster Session			
NO	Title	Author	Country/Region
PT-12	Beijing Sanlitun Tongying Center Intercontinental Hotel Construction Landscape Lighting	Hall Lighting Technology Group Co. Ltd	China
PT-13	Comparision of Different Algorithms for Spectral Matching of Plant Lighting Source	Zhang Yuanming	China
PT-14	Design of Exterior Environment Lighting Based on the Concept of Active Aging	Dai Xiaoyun	China
PT-15	Design of Modern Commercial Pedestrian Street Landscape Lighting	Liu Ting	China
PT-16	Design of Voice-Controlled Light System for Person-Independent Recognition	Liu Bao	China
PT-17	Discussion on Countermeasures of Nightscape Lighting Crime Prevention in Urban Parks	Yang Peiliang	China
PT-18	Discussion on Lighting Design of Hotel Guest Rooms Based on Behavior Analysis	Wan Yishu	China
PT-19	Experimental Verification of Relationship between Equivalent Melanopic Lux and Colour Temperature	Gao Yachun	China
PT-20	From Lighting Results to Light Distribution Curves	Chu Xingwu	China
PT-21	Human Sensory Experience in 4000K Lighting with Different Lighting Intensity	Ma Juntao	China
PT-22	Investigation and Analysis on the Satisfaction Degree of Light Environment and Behavior Activities of the Elderly-A Case Study of Nursing Homes in Chongqing	Wang Yajing	China
PT-23	Investigation on Lighting Environment of Children's Recreation Facilities in Residential Area	Chen Ailin	China
PT-24	Investigation on Reflecting Light Coming from Glass Curtain Wall Buildings in Tianjin Area	Wang Chen	China
PT-25	LED Supplementary Lighting on Active Structure of Medicinal Plant	Duan Ran	China
PT-26	Linking Lumious Comfort and Facade Energy-Efficient Design with a Dynamic Daylight Metric	Xue Peng	China
PT-27	Measurement of the Unified Glare Rating (UGR) Based on Using ILMD	Porsch Tobias	China
PT-28	Natural Scenery in the Tourist City of Landscape Lighting in Harmony with the Ecological and Environmental Protection	Xia Yuanwei	China
PT-29	Non-Visual Effects of LED Backlight Screens in Dark Environment Before Sleep	Shi Wen	China
PT-30	Potential Biological and Ecological Effects of Artificial Lighting at Night for Nocturnal Animals	Liu Yushan	China
PT-31	Reducing Light Pollution from Landscape Lighting	Albert Ashryatov	China
PT-32	Reflections on the Design of Nightscape Lighting for Characteristic Tourism	Sun Xiaohong	China
PT-33	Research of the Effect of the Lighting on Plants Grow in Ares with Illumination Shortage on the Color of Leaves	Liu Xiangqian	China
PT-34	Research of the Luminous Environment in Leisure Square Based on Visual Psychology	Liu Shen	China
PT-35	Research on Application Design of Luminous Ceiling	Du Yan	China
PT-36	Research on Blue Light Hazard Based on Spatial Distribution of Blue Light Weighted Radiance	Guo Weihong	China

（续）

	Poster Session		
NO	Title	Author	Country/Region
PT-37	Research on the Application of Virtual Reality Technology in Lighting Design	Wang Liuting	China
PT-38	Research on the Nightscape Lighting of Urban Commercial Square-----A Case Study of Sanxia Square in Chongqing	Zhang Wenli	China
PT-39	Research on Urban Light Environment Considering Building Density and Materials	Gong Jicheng	China
PT-40	Research Trends of Multimedia Classroom Light Environment	Liang Shuying	China
PT-41	Solutions for Temporary Exhibition Space Overlighting	Wang Qiqiong	China
PT-42	Spectral Matching Method Under Colorimetric Constraints Using a Multi-Channel LED Light Source	Zhang Fuzheng	China
PT-43	Study on Application of Luminous Pavement in Landscape Trail Lighting Design	Bai Yanglingzi	China
PT-44	Study on Optical Intrusion Simulation of LED Advertising Screen in Beijing and Tianjin	Wang Yajiang	China
PT-45	Study on the Lighting Pattern of Aquascape in Urban Park	Ban Pengyi	China
PT-46	Subjective Assessment and Analysis of College Classrooms Lighting During Autumn and Winter in the 5th Light Climate Zone Region	Yang Chunyu	China
PT-47	The Aesthetic Conception of Chinese Landscape Painting Used in Mountain Village-Landscape Night-Illumination	Li Qingqing	China
PT-48	The Application of Regional Traditional Cultural Symbols in Landscape Lighting Design	Yu Xue	China
PT-49	The Conceptual Design of LED Lamps about the Dougong Lighting	Wang Yanni	China
PT-50	The Effect of Lighting on Color of Commodity in Commercial Refrigerator	Liu Ming-Chung	China
PT-51	The Inevitable Choice for Promoting the Healthy Development of Functional Lighting is to Improve the Utilization Rate of Luminous Efficiency of Optical Source	Yuan Qi	China
PT-52	The Lighting Planning and Design Research of Tongxin Park in Bijie of Guizhou Province	Li Yuanqi	China
PT-53	The Research of Application Form of Lighting in the Landscape Sketch	Zhang Tong	China
PT-54	A Method to Decide Lightings Which Give Effect to Illuminance on Office Worker's Desk-Speeding up of Illuminance Convergence in Intelligent Lighting System	Atsuki Tonomura	Japan
PT-55	Appropriately Appreciating Japanese Classical Paintings in the Museum by Candlelight	Yuzu HIROSE	Japan
PT-56	Comfort and Energy Saving on Intelligent Lighting System Using Wall Lighting Together	Satoaki Tamura	Japan
PT-57	Creation Study on the Light Object "Akari Blocks"	SHINTARO NISHIDA	Japan
PT-58	Creation Study on the Light Object "KIRIKO Akari"	MIKI IWABUCHI	Japan
PT-59	Creation Study on the Light Object "Paquet Monté Akari"	HINAKO SAGARA	Japan
PT-60	Decrease of Effective Visual Field After Headlight Exposure	Sho Namekawa	Japan

Poster Session			
NO	Title	Author	Country/Region
PT-61	Development of Industrial Lighting Fittings by Effective Use of LEDs	Yutaro Matsumoto	Japan
PT-62	Dimming Lighting Device by Phase Control	Kazuyoshi Takahashi	Japan
PT-63	Effects of 1/F Fluctuation in Illumination on Work	Hiroshi Takahashi	Japan
PT-64	Examination of High-S/P Ratio LED Road Light	Takashi Mezaki	Japan
PT-65	Fundamental Study on Correlation Between the Japanese Foods and the Traditional Japanese Colors	AZUSA KOGISO	Japan
PT-66	Lighting Equipment for Shin Yokohama Skate Center	Takuma Roppongi	Japan
PT-67	Relation Between Activities in the Living Room and the Lighting	Masako Miyamoto	Japan
PT-68	Relationship Between Size of Stimulation Filed and Brightness Perception in Different Parts of Fovea An Peripheral Visual Field	Kyohei Matsumoto	Japan
PT-69	Study of Lighting Installation of Fitting Room	Koji Matsushima	Japan
PT-70	Study on the Adjustment Method of the Artificial Illumination to Absorb the Daylight Fluctuation: Influence of Day Light's Fluctuation Velocity and, Artificial Illumination's Delay Time for Adjusting to Task Illuminance	Yoko IKEGAMI	Japan
PT-71	Visibility of a Wind Power Generator in Fog Using Computer Graphics	Nagahiro Horiuchi	Japan
PT-72	Visible Light Vehicular Communication Using LED Traffic Lights	Saeko Oshiba	Japan
PT-73	A Study of 2-ch PWM Duty Value Generation for Color Temperature Illumination Using Warm-LEDs and Cool-LEDs	Park Seong Hee	Korea
PT-74	A Study on the Design of LED Module to Increase the Germination Rate for Home Plants Grower	Jeong DongBeom	Korea
PT-75	A Study on the Luminaires Development for the High Ceiling Using Electrodeless Lamps and the Design Feasibility Investigation Using Simulation	Kim Cheol-Ho	Korea
PT-76	A Study to Analyze the Standby Power Trend and Characteristics of Connected Lighting Products	Kong Hyojoo	Korea
PT-77	An Activity-Based-Model of a Lighting System for Residential Buildings	Park Herie	Korea
PT-78	Change of Luminous Efficacy, Color Temperature and Color Rendering Index by Thickness and Transmittance of Diffusion Plate	Kim Jin Sheon	Korea
PT-79	Development of an Automotive Taillight with a Phosphor Film and Lens-integrated LED Package	Kim Seong Hyun	Korea
PT-80	Evaluation of the Energy Conservations Through Luminance Control of the Tunnel Lighting	Kim Dong-hee	Korea
PT-81	Guidance for Standardization of Nearly Zero-Energy Buildings	Cho Meeryoung	Korea
PT-82	Influence of Blind Control on Lighting and Air Conditioning Systems	Hong Seongkwan	Korea
PT-83	Optical Modeling of Chip-scale LED Package: Comparison between Simulation and Experiment	Choi Ji Na	Korea
PT-84	Planning of LED Lighting Demonstration Test Center Design and Quality Management System	Kim GI-Hoon	Korea
PT-85	Recent Technology Innovation for Automotive Lighting	Joo Jae Young	Korea
PT-86	Reliability Testing of LED PKGs for LED Light Sources and LED Luminaires	Kang Jeungmo	Korea

（续）

Poster Session			
NO	Title	Author	Country/Region
PT-87	Rest Area Experimental Installation and Effect Analysis of Piezoelectric Harvester	Kim GI-Hoon	Korea
PT-88	The Study on Efficient Lighting Control of Urban Railway Underground Tunnel Section	Park Jong-Bin	Korea
PT-89	The Study on Railway Lighting Environment Applicable to System Lighting and Natural Lighting	Kim Kyeong-Sik	Korea
PT-90	White Organic Light-emitting Devices Based on All Solution-Processable Bilayers of Blue Emission Layers and Red Color-converting Hole-Injection Layers	Cho Yun Hee	Korea
PT-91	About Comfortable Lighting of LED Lamps	Albert Ashryatov	Russia
PT-92	Definition of Dependence of Reaction of Receivers of Radiation of Statistical Model of Threshold Colour Vision From Luminance of Adaptation	Boos G. V.	Russia
PT-93	Efficiency Assessment of Lighting for Industrial Premises	Olga E. Zheleznikova	Russia
PT-94	Electrodeless Ferrite-free Closed-Loop Inductively-Coupled Fluorescent Lamp	Popov Oleg . A.	Russia
PT-95	Monitoring of Road Lighting by Means of Mobile Method	Alexey Korobko	Russia
PT-96	Research in the Field of Plant Irradiation with LEDs	Boos G. V.	Russia
PT-97	Study on the Influence Factors of Urban Light Pollution	Guo Xiaowei	China

第六篇 照明工程企事业篇

BPI 照明设计有限公司

一、公司简介

Brandston Partnership Inc., BPI 是国际上成立较早的知名灯光设计顾问公司之一。公司从 1966 年创始至今,一直活跃在照明设计领域。目前公司由 5 位合伙人、100 余位专业设计师组成,在纽约及上海、北京、成都、深圳、新加坡皆设有办公室。

在照明工程设计和项目管理领域,BPI 均有着卓越的经验,已经在世界多地完成了超过 5000 个工程案例。小到珠宝店、小型公寓照明,大到城区照明规划、城市综合体和交通枢纽照明,都在我们的服务范围之内。

BPI 在 2003 年进入中国后,以国际先进的设计理念和服务意识,很快确立了中国照明设计领域的领导者地位。先后参与了颐和园灯光规划、首都博物馆展示照明顾问等富有挑战性的项目。在商业地产领域,我们先后承接北京国贸三期(CWTC Ⅲ)、北京中国尊、上海中心、上海会德丰广场、深圳华润总部、南京青奥中心等知名项目的照明设计和顾问工作,并完成了香格里拉、喜达屋、洲际、万豪、雅高等酒店集团旗下的众多五星级酒店的灯光设计,这些项目展现了我们在解决新问题方面从人文及设计角度出发,所展现出来的革新的设计理念和完善的解决方案。

二、案例分享

经典案例 1:上海虹桥天地照明设计

上海虹桥天地紧邻虹桥火车站,是集办公楼、酒店、零售、娱乐、演艺中心和展览空间为一体的一站式新生活中心。BPI 作为照明顾问,完成了其中大部分的照明设计。

经典案例 2：北京泰康商学院照明设计

泰康商学院坐落于北京中关村生命科学园泰康创新中心二期，建筑面积 9.7 万平方米，地上面积 5.2 万平方米，是集培训、会议为一体的现代化培训基地，历经七年规划、三年建设后最终落成，将成为泰康思想的摇篮、人才的摇篮和事业的摇篮。

经典案例 3：固安大湖花园天地照明设计

大湖花园天地作为固安孔雀大湖周边重要的商业配套和休闲活动中心，位于固安孔雀湖环湖区域。项目总建筑面积约 1.86 万平方米，包括 9 楼建筑，沿湖展开的立面采用欧洲古典风格，统一中富有变化。

照明设计在整体层面为不同的建筑规划了相应的亮度等级，以形成富有韵律的灯光效果。在体量最大的 1 号楼的主立面上，设置了可以变换色彩的灯具，符合建筑的使用功能。

立面照明与建筑立面造型紧密结合，灯具完全隐蔽安装。照明的基调由建筑屋顶的投光灯、檐口灯槽等构成，在入口、山花、外廊、宝瓶等装饰性较强的部位设置了重点照明。

经典案例 4：上海外滩金融中心（BFC）照明设计

BFC 坐落于外滩金融聚集带的核心位置，总建筑面积 42 万平方米，涵盖企业会馆、企业总部、购物中心、艺术中心和精品酒店五大业态。

建筑立面综合利用了石材、铜和玻璃为主要材质，处处彰显高雅的格调。照明系统通过对建筑"生长之美""石光之美""金属之美"的表达，刻画出历史与现代融合的美丽痕迹。优雅厚重的外滩与激情澎湃的陆家嘴之间由此产生奇妙的联系。

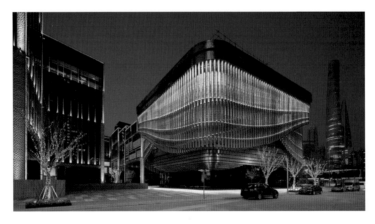

经典案例 5：丽江金茂君悦酒店-雪山苑照明设计

作为君悦酒店管理集团旗下在国内的首家度假酒店，丽江君悦酒店分为两处：位于束河古镇的城区酒店和坐落于玉龙雪山下的雪山苑，两者相距 17 公里。雪山苑位于玉龙雪山东麓、海拔 3200 米的甘海子草甸区，拥有 89 间豪华客房及别墅。极佳的选址使酒店住客在阳台上便可尽情欣赏一公里外终年积雪的玉龙美景。

　　酒店建筑拥有传统的纳西古村落布局，照明设计师使用低照度、低色温的光照营造出令身心平静放松的居所，也保留了质朴的传统村落独有的生活氛围。落地灯笼放置在酒店及客房的入口处，周围的环境被灯光晕染，这盏灯会一直留到天亮，让人从很远就能找到回家的路，感受到家的温暖。

　　室内空间同样流露出强烈的本土文化特色，那些树木、石头、动物皮毛在台灯和壁灯的光线浸染中，使人感觉优雅而温暖。灯具的布置还充分考虑了行走路线及视线的方向，让人们得以自如地徜徉其间。

豪尔赛科技集团股份有限公司

一、公司简介

　　豪尔赛科技集团股份有限公司创立于 2000 年，总部位于北京，在上海、天津、重庆、湖北、广东、福建、陕西、河南、海南、安徽、云南、山西、新疆等地设有分公司或子公司，是一家集设计、研发、施工、运维于一体的集团化科技照明公司。

　　豪尔赛是国内首批拥有住房和城乡建设部颁发的"照明工程设计专项甲级资质"和"城市及道路照明工程专业承包壹级资质"的公司，并具备"喷泉水景处理景观喷灌喷雾加湿设计施工甲级证书"，不仅通过了 ISO9001：2008、ISO14001：2004 和 GB/T28001-2001 管理体系认证，而且还通过了国家权威资信评估机构的 AAA 资信等级认证、北京质量协会 AAA 认证、北京质协评价中心质量卓越单位认证。

　　为了推进我国照明事业的蓬勃发展，豪尔赛在素有"中国照明鼻祖"之称的上海复旦大学设立"复旦大学·豪尔赛奖教金、奖学金"，为培养我国照明专业人才做出了杰出贡献，诠释了"照明人在带给他人光明的同时，也一定会带给自己光明"的深刻内涵。

　　长城内外，豪尔赛人用低碳的理念和精湛的工艺让无数的楼堂馆所、街景路桥光彩夺目，争奇斗妍；风景名胜、文化旅游、特色小镇、灯光表演、民俗风情等全域旅游大放异彩！大江南北，豪尔赛人用智慧和感恩的双手点亮了万家灯火，谱写了一曲曲跳动的音符和感人的乐章，推动了夜游经济的迅猛发展！

二、案例分享

经典案例 1：重庆彭水蚩尤九黎城夜景照明工程

　　蚩尤九黎城景区位于重庆市彭水县，乌江左岸，占地 30 公顷，总建筑面积 5.97 万平方米，是彭水自然风光与苗族历史文化的有机结合体；同时景区以"九黎神柱"——目前世界上最高、直径最大、雕刻鬼神像最多的苗族石柱，"九黎宫"——世界上最大的苗族吊脚楼建筑群，"九道门"——目前世界上建有最多朝门的苗族建筑景观，创下了三个世界之最。通过白天以自然人文景观资源为重点推荐、夜晚以夜景观赏为吸引点；通过合理有序的夜景规划，让蚩尤九黎城景区成了彭水城市与文化旅游的新名片。

经典案例 2：上海北外滩白玉兰广场夜景照明工程

上海白玉兰广场地处"黄金三角 CBD"的北外滩板块，与陆家嘴隔江相望，项目总建筑面积 42 万平方米，主塔楼建筑高度 320 米。建筑设计创意来源于上海市花白玉兰，整体造型简洁优美，仿若一朵缤纷绽放的白玉兰花。建筑照明与媒体展示有效整合，借助不同的照明方式，既保障了不同视点的观赏需求，同时也令建筑照明的场景更为丰富多变，在取舍之间，创立了黄浦江畔的夜景地标形象。

经典案例 3：北京通盈中心洲际酒店夜景照明工程

北京通盈中心建筑主楼高 150 米，雄踞时尚与文化的聚集地三里屯核心位置，紧邻三里屯 SOHO，运用大面积落地玻璃幕墙，以极具设计感的"蜂窝钻石"切面来呈现建筑外形，采用偏冷色调的"蒂芙尼蓝"作为主色彩，运用超白玻璃和夹丝玻璃对光的洗涤和晕染效果，营造出鲜明的层次感，以一种截然不同的灯光姿态屹立于三里屯区块。

经典案例 4：北京保利国际广场夜景照明工程

北京保利国际广场是保利地产倾力打造的超甲级写字楼产品系列，其位于北京机场高速路西侧 260 米，高 161 米，是从首都国际机场入京时最先映入眼帘的标志性超甲级写字楼。其无与伦比的双层玻璃幕墙和斜网格支撑结构设计，源于中国传统文化"折纸灯笼"；结合建筑最初构思，我们通过隐蔽安装在每个菱形单元中间的横向结构处的线形投光灯，对每个菱形单元进行投射的方式，又形成了"钻石切面"的照明效果；照明创意与建筑构思的完美结合，碰撞出了全新的"钻石灯笼"灯光意境，使其不论白天或夜晚进出北京时都是一道令人难忘的风景。

经典案例 5：兖州兴隆文化园夜景照明工程

兖州兴隆文化园坐落在山东济宁市兖州区，园区按照"一园三区"总体布局规划建设，是以佛教文化资源为基础，集礼佛、演艺、禅修于一体，具有浓厚佛教文化色彩的旅游景区和文化交流基地。

对于整个西区拥有最重要地位的灵光宝殿，佛塔整体为金黄色塔身，在莲花座空隙处安装两盏投光灯打亮，刻画莲花座造型；在高亮度打造的主佛与基座间的宝瓶位置，通过对宝瓶"瓶颈"处不做任何照明来形成一段暗区的方法，以在夜晚形成主佛"悬浮"于主塔基座之上的视觉效果；灵光宝殿的四周广场则以亮度较低的特色景观灯具营造一种静谧的氛围。

北京清控人居光电研究院有限公司

一、公司简介

北京清控人居光电研究院（以下简称"清控光电"）以原清华城市规划院光环境设计研究所为基础发展而来，是清华大学从事照明行业综合服务的专业团队。清华控股有限公司是清华大学在整合清华产业的基础上，经国务院批准设立的国有独资公司，2003 年 9 月成立，注册资金 25 亿元人民币。清控光电是清华控股成员企业，公司以"用光共创价值"为理念，通过创意、技术和金融咨询服务，为照明规划设计、技术咨询、检测、产品研发及金融咨询等照明产业链各环节提供优化及综合解决方案，打造中国照明产业的综合服务平台，促进整个照明行业的良性发展。

清控光电目前在国内已完成照明项目千余项，是《城市照明规划规范》等多项国家、地方标准的主编单位。获国际级、国家级、省部级照明奖项百余项。主要业绩包括北京、广州等 70 余个照明总规；长安街、未来科技城等近 300 个照明详规；南昌一江两岸（首个世界吉尼斯）、杭州钱江新城（G20）等大型滨水照明项目；奥运瞭望塔、广州新中轴、雁栖湖山水（一带一路）等 100 余个景观照明项目；天安门城楼、国家博物馆、国家大剧院、多处万达广场商业综合体等近 300 个建筑照明项目；APEC 主会场、武汉、杭州等火车站、多处万达茂的主题公园及水乐园等室内照明项目。

二、案例分享

经典案例 1：杭州 G20 钱江新城 CBD 核心区景观照明规划设计

钱江新城东临钱塘江、西眺西湖。是未来杭州行政、经济、文化活动中心，并且正在争创国家 4A 级景区。

夜景作为城市的第二张面孔，同样不容忽视。借着 G20 在杭州召开的契机，夜间光环境的改造提升，成为杭州从西湖时代跨入钱塘江时代背景下，进一步提升新城活力，拉动新城经济的手段之一。

经典案例 2：北京奥林匹克公园瞭望塔塔身灯光效果提升及五环灯光设计

　　北京奥林匹克塔建筑总高度 246 米，是京北片区地标建筑；无论是从机场驶来的五环路，还是从景山北望的中轴线，奥林匹克塔都以其现代、傲立的姿态直入眼帘。视看条件极佳，城市各尺度观看都具备高辨识度。

经典案例 3：黄岛（西海岸新区）旅游度假区及滨海大道等区域夜景优化工程设计

　　黄岛新区规划照明依托黄岛山海城的地理景观优势，结合新区特色，用行径感知形成人的专属体验，通过三大视角，看到 18 个主场景，68 个次场景。运用独创性、开放性、科技性、参与性四性一体的感知体系，充分体现黄岛新区城市文化特色，打造不同寻常的滨海之夜。

经典案例 4：延安延河综合治理城区段两岸城市夜间文化旅游提升工程

　　延安城市夜间文化旅游提升项目是国内较早实施完成的照明 PPP 项目，也是国内较早的红色主题纯灯光演绎秀。项目以打造独属于延安特色的夜游产品，带动旅游经济，提升延安夜景照明品质为目标。根据旅游需求搭建"三天两晚，四小时，两场秀"的大旅游系统，分期完成，优先实施三山两河的核心区。

经典案例 5：长安街沿线建筑景观照明提升——华能大厦夜景照明改造项目

　　北京华能大厦位于北京市西城区复兴门内大街 6 号，是中国华能集团公司的总部办公大楼，建筑由美国 KPF 建筑事务所设计，曾获得美国 LEED- NC 金级认证、2012 中国建筑大奖等诸多奖项。

与长安街大多数强调体量、严肃的建筑不同，华能大厦运用现代的建筑材料，通过竖向陶土翼与玻璃翼结构形成长安街街边尺度的连贯性，新的照明方案也着重体现了建筑原本的设计理念，表现建筑的竖向韵律，树立了开放性的现代化企业形象。

陕西天和照明设备工程有限公司

一、公司简介

陕西天和照明设备工程有限公司是一家集灯光创意与实施、建筑照明智能化控制，LED 产品代理销售于一体的综合性照明企业。主要从事城市照明总体规划设计与施工，大型灯光秀创意实施，文旅特色小镇照明，旅游景区及城市公园照明，园林景观文物古建筑保护性照明，大型商业综合体照明，建筑照明，五星级酒店照明，大型场馆照明，市政道路照明，重大节庆亮化，城市广场照明的设计和施工总承包及各种不同建筑、环境照明的智能化控制。

天和照明成立于 2000 年，是中国照明学会照明工程行业理事单位，中国照明集成商联合会理事单位，中国建筑金属结构协会喷泉水景委员会会员单位，发起创立陕西省照明学会并连任三届副理事长单位，西安高新技术企业协会常务理事单位，国家级高新技术企业。十多年来在照明专业领域深耕细作、砥砺前行，综合实力不断增强，现已设立成都分公司，重庆、兰州、银川等办事处，业务遍及全国，累计设计施工近 300 个项目，完成了多个国家级重点照明工程，获得国家及省、市级多项殊荣，在西北、西南地区乃至全国都享有良好的声誉。

二、案例分享

经典案例 1：延安大剧院照明工程

延安大剧院是延安市重要的国际化、专业化、综合性的标志性建筑，是完善城市公共服务功能的省、市级重点文化建设项目，也是丰富延安市群众精神文化生活的重大民生工程。于 2016 年建成投入使用，是 2016 年第十一届中华人民共和国艺术节开幕式主场馆。

延安大剧院位于延安新区北区南北中轴线上，占地面积 105 亩，总建筑面积 3.3 万平方米，建筑高度 34.8m，抗震设防为 6 度，框架-剪力墙结构。由大剧场、戏剧厅和音乐厅三大主功能厅组成，其中大剧场可容纳 1200 人，戏剧厅可容纳 400 人，音乐厅可容纳 500 人。剧院内有多间大型会议室、展厅、办公室、培训室、化妆间、排练厅、贵宾接待休息室等，可满足各类会议、教育培训的使用，是集剧场演出、会议、培训于一体的综合性公共建筑。

延安大剧院主体建筑运用了延安窑洞、黄土地、新汉唐风、剪纸、红色文化等传统元素，并采用众多现代材料与技术，达到了传统与现代的完美融合，整个建筑酣畅淋漓地体现了延安的地域文化和风土人情。

项目照明设计以"璀璨光影 闪耀未来"为主题，通过投光的方式来表现建筑主体立面特殊的黄土材质，打造出建筑的线条美。同时，利用富有创造性和表现力的灯光形态，以一种绚丽的姿态提升大剧院的整体品味与价值。通过多种照明手段的打造，展现出陕北高原地域独特文化，为新城夜空增添一抹靓丽的风景。在灯光的辉映下，传统文化与现代元素完美融合，彰显出大剧院大气高雅、朴实厚重的雄伟气势。

经典案例 2：中国农耕历史文化（凉都·国学馆）博览园照明工程

中国农耕文化历史（凉都·国学馆）博览园项目位于贵州省六盘水市钟山区大河镇周家寨社区，总投资 5.7 亿元，占地约 1750 亩。与钟山区大河镇现代农业产业园相辅相依，以红岩水库为中心规划设计，是为了传承中国历史文化，弘扬国学精神，让历朝历代的文化精神在凉都大地上再次点燃，将文化产业、农业产业、旅游产业深度融合，打造大河农旅一体化精品，使游客在赏美景、品鲜果的同时得到文化的熏陶。项目所在地植被茂盛，水资源丰富，视野开阔，项目建成后，充分运用图片、文字、实物、场景再现等表现手段，将农耕源流、农耕风貌、村镇民居、传统习俗等有关农村、农业、农民的各种元素汇集起来，全方位勾画出历代中国农耕文化的全景图，展示中华儿女艰苦奋斗、勤劳朴实的精神，以及农耕文明向现代农业文明转变的历史记忆，为当地市民和游客深入了解农业发展进程，了解传统农业社会、农民生产、生活状况提供一个绝佳的平台。

项目照明工程以"水色飞舞染山峦，书影无声照古今"为设计理念，对园区主干道路功能照明、不同功能区域景观照明、雕塑照明以及园区主要建筑进行照明设计，着力打造园区的夜游系统。通过合理配置夜间光环境，配合交互体验式灯光，对不同路段配置不同的定制景观灯以迎合景观主题，分层次对道路进行功能性照明布置，并设置不同照明模式，有效表现建筑形态。同时，还利用声光技术、投影技术烘托出园区整体照明环境，通过合理的照明与优质的创意灯具，延长游客停留时间、深化旅游资源开发、助力当地旅游产业发展。

经典案例3：经开区中心区域城市夜景亮化示范段照明工程

西安市人民政府对面的风景御园小区是西安市经济技术开发区中心城区重要建筑，位于凤城七路与凤城八路之间，新市政府对面，小区占地262亩，总建筑面积达44.9万平方米，大尺度133米楼间距，纯板式结构，属于新古典主义格调建筑风格。建筑外立面是纯浅黄色，共有14栋高层、小高层，以九宫格局顺应景观磅礴排布，项目周边有800亩城市运动公园、张家堡广场以及五星级酒店，是未来西安北城政商中心的核心区。

该项目照明工程以"光影耀经开，新城夜斑斓"为照明设计理念，凭借对灯光的合理运用，凸显建筑整体在夜色下的完美统一，并与城市景观融为一体，构成该区域一道靓丽的风景线。在照明施工环节中，施工队伍规范操作、精心打磨，以科学、合理的作业保质保量完成项目施工，保证了项目整体的灯光效果，体现出建筑夜间的庄重、典雅、现代与时尚之美。

灯光既提升了城市形象又提升了城市文化品位和生活格调，打造出西安国际化大都市城市夜景新形象。

西安明源声光电艺术应用工程有限公司

一、公司简介

西安明源声光电艺术应用工程有限公司隶属于北京光影梦幻集团，成立于 1995 年，是致力于现代城市公共空间与城市夜景环境整体提升策划、设计与实施的创新型专业照明公司，总部设立于中国北京，在西安、成都、山东、河北设立分公司，并注册设立有中国香港及加拿大办事处。

公司拥有城市及道路照明工程专业承包一级资质，照明工程专项设计乙级资质，电子与智能化工程专业承包二级资质及机电工程施工总承包二级资质业务经营范围已覆盖全国十余省市地区，项目实施案例逾百项，多年来获得中华人民共和国国家质量奖、国家优质工程奖、中国绿色照明工程设计优、中照照明一等奖等多项业内嘉奖。

西安明源声光电艺术应用工程有限公司作为专业城市夜景照明设计与实施机构，拥有项目策划、实施、运营一体化系统运营能力，结合建筑、园林、空间、景观等多元因素，以跨界融合的现代景观理念与艺术表达，达成项目文化、商业、景观等多维内涵价值的契合与实现。

西安明源声光电艺术应用工程有限公司拥有一支由多个国家、多元领域的设计师、艺术家、学者组成的跨界策划设计团队，成员的多元性与文化差异性，奠定了光影梦幻团队在城市夜景营造领域的创新理念与前瞻视野，创新、艺术、超越成为我们的目标价值所在。

二、案例分享

经典案例 1：大唐不夜城夜景照明提升项目

大唐不夜城是古城西安的城市会客厅，城市文史魅力的公共艺术殿堂，现代商业、休闲娱乐、商务活动的一站式体验天堂。项目立足现代城市生活、休闲、商业、娱乐的综合发展需求，在完善优化城市基础照明与功能亮化，以灯光的造型、色彩、形式重塑城市夜晚的景观情境与氛围，细节化、品质化呈现现代城市风范，艺术化重塑城市文化内涵风采，让灯光成为城市风貌与景观再造的直接表达，全维度呈现升华城市特色价值。

经典案例2：西安南门综合夜景照明提升项目

西安城墙是中国现存规模最大、保存最完整的古代城墙；西安南门夜景综合提升项目立足南门广场整体提升文化定位，运用浪漫诗意、丰富精彩的现代灯光语言，以城墙、环城公园、护城河、御道广场"点线面"多维度情境空间的氛围，重新营造历史城墙下的空间与时间之美，将时间与历史赋予城市的文化内涵与人文魅力，演绎城市崭新形象和隽永表情，打造极具文化魅力的城市新形象与门户象征。

经典案例3：大唐芙蓉园夜景照明提升项目

2016年央视中秋晚会主会场择址大唐芙蓉园，依此盛事为契机，北京光影梦幻城市文化发展有限公司担纲实施园区夜景灯光综合提升改造工程，通过对全区仪礼建筑、唐风园林、广袤水系的全新光彩渲染，以及项目所承载的文化、景观、技术、节能及情感、体验等多维层面创新，重新点亮大唐芙蓉园浩渺湖光与环湖轴线及近30余个景观节点，营造出一种穿越千年、贯通古今的唯美浪漫，以前所未有之新姿，盛放古长安千古璀璨与新西安万千繁华。

江西美的贵雅照明有限公司

一、公司简介

美的集团（SZ. 000333）是一家全球领先的消费家电及暖通空调系统工业集团，经营范围包括家电、物流、照明等。2016 年 7 月 20 日，美的集团以 221.73 亿美元的营业收入进入《财富》世界 500 强名单。

美的集团旗下美的照明成立于 2008 年，是集研发、生产、销售及工程设计安装、售后服务于一体的大型专业 LED 照明制造企业。拥有光源、灯具和电工三大生产基地，总占地面积 260 亩，建筑面积 17 万余平方米。主要包括光源产品、家居产品、商照产品、电工产品等，广泛应用于全国各大标志性工程项目中，如广东美的总部大楼、中铁会展国际照明、山西大同王府至尊酒店、宁波市教育局、陕西榆林市政府、东北大学等，并与万科、碧桂园、恒大、万达、保利建立了长期战略合作伙伴关系。

美的照明 2015 年全面转型进入 LED 照明领域，配备高素质、经验丰富的研发技术团队，并引进日本、美国、德国等具有国际领先水平的生产设备。美的照明荣获多项专利成果，通过 CCC、CQC、ENERGY STAR、UL、PSE、INMETRO、CE 等 30 余项国家、国际认证以及 ISO9000 质量管理体系认证，为跻身行业领先品牌奠定坚实的技术支持。

美的照明深度整合渠道资源，变革渠道模式，精耕专业渠道，兼顾工程、KA 及电商拓展。建立起覆盖全国 36 个省市和重点区域销售中心、三千多家经销商的销售网络，现拥有各类渠道终端销售网点 3000 余家。产品远销欧洲、南美、澳大利亚、东南亚等三十多个国家和地区，为全球广大消费者和用户提供高品质的产品和服务，致力于成为照明应用整体方案解决专家。

二、案例分享

经典案例 1：高铁南昌西站照明工程

南昌西站位于江西省南昌市红谷滩新区的九龙湖片区，隶属南昌铁路局管辖。南昌西站是中国铁路重要综合枢纽站之一、华东地区大型枢纽站之一、南昌铁路局重要车站和大型枢纽站、特等站。南昌西站总面积约 25.9 万平方米，其中站房面积 11.4 万平方米，分为高架候车层、站台层、地下换乘大厅和地铁轨道层。南昌西站采用"上进下出"的模式，能容纳上万人，因此照明要求较高。照明产品光效、照度、寿命等因素皆按国家公共场所照明要求标准执行。

南昌西站售票大厅、候车室选用美的高标准射灯、筒灯，满足该区域的重点照明要求；站台处照明产品选用美的明装筒灯。

经典案例 2：东北大学主校区照明工程

东北大学主校区位于辽宁省沈阳市。校园南滨浑河，北畔南湖，是国家首批"双一流""211 工程"和"985 工程"重点建设高校。学校占地总面积 203 万平方米，建筑面积 100 万平方米。美的照明建设项目包括图书馆、信息科学大楼、生命科学大楼、文科 1 楼、文科 2 楼、办公大楼、学生生活服务中心和学生宿舍等。

学校办公照明需保证视觉目标水平和垂直照度，降低视觉疲劳，减少眩光。美的照明以提供舒适、科学的光照环境为己任，严格按照学校办公照明要求，整体采用高光效、高品质的办公照明产品。教室采用了 T5 支架、T8 支架、空体支架等产品；而科技大楼和图书馆照明，相对照度较高，人流量大，还需兼顾阅读时光对人眼的刺激，因此采用美的灯盘系列产品。该系列产品光照均匀，明亮柔和相济，满足该区域的照度要求。

经典案例 3：合肥福朋喜来登酒店照明工程

合肥福朋喜来登酒店是一家按星级标准投资经营的高档酒店，位于安徽省合肥市蜀山区。酒店拥有上百间温馨舒适的客房及套房，以及独具风味的餐厅和酒廊，功能齐全的大、中、小型会议及宴会厅。根据酒店各空间照明要求不同，美的照明为其配套设置相应的照明产品。

客房及套房需要营造温馨舒适的氛围，主照明选用美的星月系列射灯，辅助光为暗藏灯带；阅读区选用美的落地灯及护眼台灯；卫生间则选用星空筒灯，给人以干净明亮的体验。会议室及宴会厅是一个功能多样、人员密集的区域，必须彰显端庄大气的格调，因此选用大型水晶灯作为装饰性照明，四周吊顶处安装美的格栅射灯作为重点照明。酒店前台及大厅如同酒店的代言人，照明环境好坏会直接影响客人的第一印象。因此对于平均照度要求高的前台与大厅，美的采用高光效的酒店射灯作为大厅整体重点照明，保证空间光照度均匀、稳定。

经典案例4：碧桂园地产照明工程

碧桂园集团总部位于广东省佛山市顺德区，是中国新型城镇化住宅开发商。采用集中及标准化的运营模式，业务包含物业发展、建安、装修、物业管理、物业投资、酒店开发和管理等。碧桂园提供多元化的产品以切合不同市场的需求。各类产品包括联体住宅及洋房等住宅区项目以及车位、商铺等项目。同时亦开发及管理若干项目内的酒店，提升房地产项目的升值潜力。除此之外，同时经营独立于房地产开发的酒店。

售楼处灯具采用美的星空一体化射灯做主光源，以灯带为装饰性照明，使整体空间满足洽谈、展示、休息等基本要求；楼盘样板房根据装修风格不同，搭配不同风格的美的家居产品，如现代简约风格吸顶大灯、中式风格吸顶灯、嵌入式厨卫灯等；车库走廊照明采用三防支架、声光控吸顶灯、雷达球泡等产品。此外，美的照明为碧桂园酒店项目、住宅区项目、商铺等长期提供照明技术支持和产品，满足各种场合的照明需求。

南京朗辉光电科技有限公司

一、公司简介

南京朗辉光电科技有限公司创始于 2005 年，是国家高新技术企业。目前拥有照明工程设计专项甲级、城市及道路照明工程专业承包一级资质，是国内优秀的照明工程设计与施工一体化公司。主要从事城市照明专项规划、文化旅游景区照明规划与设计，提供建筑、商业综合体、体育场馆、园林景观、市政道路、酒店、博物馆及文物古建筑保护性照明工程专项设计与施工解决方案，以及建筑、环境、道路照明的智能控制解决方案等。公司成立 11 年来先后承接了金陵大报恩寺遗址公园、青奥中心双塔楼、阅江楼风景区、夫子庙风光带景区、中华门城堡、厦门金砖五国会议、东方盐湖城、长春市 2017 年城市夜景提升等国内重点照明工程项目；期间荣获了中照照明奖工程设计奖、中照网优秀照明工程案例奖、金手指奖、阿拉丁神灯奖、十大照明设计公司、十大照明工程公司等照明行业重要奖项。目前，我们立足华东地区，成立了北京、上海、西安、成都、武汉、合肥和苏州等分公司和运营中心。已形成以江苏总部为核心，以西北、华北为两翼，立足长三角，辐射上海、浙江、湖北等周边省份的区域体系。公司将坚持开拓市场、稳健发展。未来，朗辉将倾力培育核心竞争力，不断提升品牌价值，真诚为客户提供专业、全面、高效的服务。致力于"成为全球最具价值的光文化传播者"而努力奋斗。

二、案例分享

经典案例 1：金陵大报恩寺夜景照明工程

南京金陵大报恩寺遗址公园占地面积约 200 亩，包括遗址保护区、大报恩寺遗址博物馆、大报恩塔等。金陵大报恩寺的照明设计，既要塑造出全新的城市文化，也要体现对佛教文化的传承。照明设计师通过对大报恩寺历史文化的提炼，将赤橙黄绿青蓝紫不同的颜色进行综合运用表现，展现出古代五色琉璃宝塔的辉煌，从而再次成为南京的地标建筑。金陵大报恩寺塔身四周、露台及外围的内庭里的灯光设计，设计工程团队设定了将"灯具与景观融为一体"的理念，并且最大程度地降低灯具的可见性，达到感官上与景观达到浑然天成的视觉效果。

经典案例 2：南京青奥中心双塔楼景观照明工程

南京青奥中心双塔楼采用 70 多万颗 LED 点光源，错落有序得排列在特殊定制的穿孔铝板造型上。远景象征着南京高速发展的道道光芒冉冉升起，近景宛如点点繁星闪耀在条条银河之内。LED 点光源在单体建筑景观照明上使用数量目前创下世界新高。灯光还根据时节设置了春夏秋冬四种动态效果，让整个建筑更具创意性与观赏性。这座南京夜幕中的全新地标，改变了整座城市的肌理和节奏，提升了南京的国际面貌，并带动城市文化旅游经济的深层发展。

经典案例 3：南京阅江楼景区景观照明工程

阅江楼、岳阳楼、滕王阁、黄鹤楼称为江南四大名楼，它们是我国历史文化悠久的建筑。阅江楼体现了明朝的辉煌文化，堪称世界的文化瑰宝。阅江楼是明文化体现的重点，也是我们此次照明规划的重点。白天，它临江而憩；夜景，赋予古景灯光文化，切入光魂，将它渲染成一张时代的名片。阅江楼风景区的灯光亮化展示出恢宏、古朴、寂静、舒缓的特质。使人们游缆漫步其中，如同游走在画卷当中，美妙绝伦。灯光的设计特点主要有：①适度化，不一定是最亮的，但一定是最合适的；②特色化，彰显与众不同的品质；③可持续，节能环保，经久不衰，打造经典。

经典案例4：夫子庙——秦淮风光带东水关公园景观照明工程

东水关遗址公园坐落在南京内秦淮河风光带，有一千多年的历史，曾经是古秦淮重要的交通枢纽，是秦淮河流入南京城的入口，也是南京古城墙唯一的船闸入口。因此，东水关成了十里秦淮的"龙头"。设计改造主要从多视角全面提升遗址公园的夜间照明形象，使得灯具风格与历史的古韵相融合，用光营造出"人在景中走如在画中游"的意境。在本次设计中，注重了公园整体规划的需要，光以影显，讲究层次韵律，尊重景观元素，还原了秦淮河畔桨声灯影的历史风情。

第七篇　附录

2016 年中照照明奖照明工程设计奖获奖名单

一、室外/路桥

申 报 项 目	申 报 单 位	等　级
杭州钱江四桥夜景照明工程	杭州市亮灯监管中心//杭州天恒投资建设管理有限公司//浙江西城工程设计有限公司//杭州大江建设项目管理有限公司//滨和环境建设集团有限公司//杭州罗莱迪思照明系统有限公司	一等奖
潍坊宝通街西环路道路照明工程	潍坊市路灯管理处//龙腾照明集团	一等奖
郑州市陇海路快速路道路照明工程	同方股份有限公司//河南新中飞照明电子有限公司	二等奖
重庆市核心区两江 12 座跨江大桥夜景照明工程	重庆市城市照明管理局//北京清华同衡规划设计研究院有限公司	二等奖
杭州滨江区西兴立交桥夜景照明工程	滨和环境建设集团有限公司//浙江城建园林设计院有限公司	三等奖

二、室外/街区

申 报 项 目	申 报 单 位	等　级
杭州滨江区 G20 项目夜景照明工程	浙江城建园林设计院有限公司//杭州银龙实业有限公司//滨和环境建设集团有限公司//杭州中元照明工程有限公司//杭州罗莱迪思照明系统有限公司//杭州中恒派威电源有限公司//浙江网新合同能源管理有限公司	一等奖
武汉两江四岸夜景照明工程	北京清华同衡规划设计研究院有限公司//深圳市金达照明有限公司//武汉市旅游发展投资集团有限公司//武汉市城市管理委员会	一等奖
绵阳沿江夜景照明工程	中辰远瞻（北京）照明设计有限公司//绵阳市城市管理行政执法局//四川九洲光电科技股份有限公司//上海光联照明有限公司	一等奖
扬州重点区域夜景照明工程	中国城市规划设计院//悉地（苏州）勘察设计顾问有限公司	二等奖
天津河东区重点区域夜景照明工程	光缘（天津）科技发展有限公司//天津大学建筑设计研究院	二等奖
北京万丰路中央隔离带夜景照明工程	深圳市高力特实业有限公司	二等奖
天津于家堡金融区（一期）夜景照明工程	海纳天成工程有限公司//北京清华同衡规划设计研究院有限公司	三等奖
山东泗水县泗河两岸夜景照明工程	山东亚明照明科技有限公司	优秀奖
兰州安宁区北滨河马槽沟至西沙大桥段夜景照明工程	山东清华康利城市照明研究设计院有限公司	优秀奖
桐庐县主城区夜景照明工程	瓦萨照明设计咨询（上海）有限公司	优秀奖

三、室外/单体

申 报 项 目	申 报 单 位	等　级
北京保利国际广场夜景照明工程	豪尔赛照明技术集团有限公司	一等奖
哈尔滨大剧院夜景照明工程	栋梁国际照明设计（北京）中心有限公司	一等奖
舟山普陀大剧院夜景照明工程	浙江永麒照明工程有限公司	一等奖
河北天洋城太空之窗夜景照明工程	天津大学建筑设计研究院//三河天洋城房地产开发有限公司//北京金时佰德技术有限公司	一等奖

（续）

申 报 项 目	申 报 单 位	等 级
厦门海峡交流中心夜景照明工程	深圳市金照明实业有限公司//乐雷光电技术（上海）有限公司	二等奖
中西部陆港金融小镇夜景照明工程	上海碧甫照明工程设计有限公司//陕西天和照明设备工程有限公司//西安中西部商品交易中心有限公司//深圳磊明科技有限公司	二等奖
昆明滇池国际会展中心夜景照明工程	北京良业环境技术有限公司	二等奖
南宁绿地中心夜景照明工程	上海麦索照明设计咨询有限公司	二等奖
成都阿里巴巴西部基地夜景照明工程	四川普瑞照明工程有限公司//北京三色石环境艺术设计有限公司	二等奖
西安曲江芙蓉新天地夜景照明工程	北京广灯迪赛照明设备安装工程有限公司	二等奖
常州宝林禅寺夜景照明工程	龙腾照明集团有限公司	二等奖
延安市行政中心及市民服务中心夜景照明工程	中国建筑西北设计研究院有限公司//中建西北院装饰所光环境艺术设计研究中心//陕西天和照明设备工程有限公司//中国建筑股份有限公司西北分公司	二等奖
青岛邮轮母港客运中心夜景照明工程	深圳市大雅源素照明设计有限公司	三等奖
上海苏宁天御国际广场夜景照明工程	深圳市凯铭电气有限公司	三等奖
杭州奥体博览中心主体育场夜景照明工程	滨和环境建设集团有限公司	三等奖
北京中国人保大厦夜景照明工程	豪尔赛照明技术集团有限公司	三等奖
武汉东西湖区财富大厦夜景照明工程	武汉鑫桥高科技实业发展有限公司//武汉金东方智能景观股份有限公司	三等奖
常德武陵大道夜景照明工程	重庆大学规划设计研究院有限公司//山地城镇建设与新技术教育部重点实验室//常德市规划局	三等奖
成都银泰中心夜景照明工程	深圳市金达照明有限公司	优秀奖
东营万达广场夜景照明工程	陕西天和照明设备工程有限公司//北京三色石环境艺术设计有限公司	优秀奖
昆山体育中心夜景照明工程	上海麦索照明设计咨询有限公司	优秀奖
北京农业生态谷中粮智慧农场夜景照明工程	中奥光科（北京）国际照明设计有限公司	优秀奖
天津武清区国际企业社区夜景照明工程	天津雅凯设备安装工程有限公司//上海泓荧照明设计有限公司//大峡谷光电科技（苏州）有限公司	优秀奖
重庆江北观音桥商圈夜景照明工程	山城城镇建设与新技术教育部重点实验室//重庆市得森建筑规划设计研究院有限公司	优秀奖
南京青奥城国际风情街夜景照明工程	龙腾照明集团有限公司	优秀奖
宁夏银川蓝泰广场夜景照明工程	宁夏华艺景观照明工程有限公司//杭州东昊照明工程有限公司	优秀奖
天津富润中心夜景照明工程	北京东方煜光环境科技有限公司	优秀奖
湖北烟草公司武汉卷烟物流配送中心联合厂房夜景照明工程	武汉欣鹏环境艺术工程有限公司	优秀奖

四、体育场馆

申 报 项 目	申 报 单 位	等 级
珠海横琴国际网球中心场地照明工程	广东中筑天佑照明技术股份有限公司	三等奖

五、公园、广场

申 报 项 目	申 报 单 位	等　　级
南京金陵大报恩寺夜景照明工程	南京朗辉光电科技有限公司//南京大明实业有限责任公司//佩光灯光设计（上海）有限公司（法国 8′18）//乐雷光电技术（上海）有限公司//北京星光影视设备科技股份有限公司//上海联创建筑设计有限公司北京分公司//广州澳图光电有限公司	一等奖
安徽滁州全椒太平文化街区夜景照明工程	天津大学建筑设计研究院	二等奖
兖州兴隆文化园（西区）夜景照明工程	豪尔赛照明技术集团有限公司	二等奖
浙江横店圆明新园夜景照明工程	横店集团浙江得邦公共照明有限公司	二等奖
西藏大昭寺夜景照明工程	南京路灯工程建设有限责任公司	二等奖
杭州运河夜景照明工程	浙江城建园林设计院有限公司	二等奖
北京大觉寺夜景照明工程	中辰远瞻（北京）照明设计有限公司//北京中辰筑合照明工程有限公司	二等奖
长沙橘子洲公园夜景照明工程	湖南省建筑设计院	三等奖
常州茅山道风街夜景照明工程	南京朗辉光电科技有限公司	三等奖
重庆磁器口夜间景照明工程	上海大峡谷光电科技有限公司//安徽超洋装饰工程股份有限公司	三等奖
天津大学新校区夜景照明工程	光缘（天津）科技发展有限公司//天津城建设计院有限公司	三等奖
北京居庸关长城夜景照明工程	深圳市高力特实业有限公司	三等奖
安徽灵璧县钟馗文化园夜景照明工程	合肥市辉采照明电子工程有限公司	三等奖
长白山池北区夜景照明工程	长春为实照明科技有限公司	三等奖
浙江安吉 Hello Kitty 主题公园夜景照明工程	上海索能德瑞能源科技发展有限公司	三等奖
武汉国际园林博览会夜景照明工程	北京钛和照明设计有限公司	优秀奖
湖南凤凰县城市道路照明工程	北京卡兰环境艺术有限公司	优秀奖
桂林正阳东西巷商业街夜景亮化工程	北京光正世纪照明工程有限公司	优秀奖

六、室内

申 报 项 目	申 报 单 位	等　　级
故宫博物院雕塑馆室内照明工程	清华大学（建筑学院）	一等奖
北京通州太极禅室内照明工程	中辰远瞻（北京）照明设计有限公司	一等奖
银川韩美林艺术馆室内照明工程	北京良业环境技术有限公司	二等奖
光华路 SOHO2 室内照明工程	中辰远瞻（北京）照明设计有限公司	三等奖
余姚四明湖开元山庄室内照明工程	英国莱亭迪赛灯光设计合作者事务所（中国分部）	三等奖
深圳市福田站综合交通枢纽室内照明工程	中铁第四勘察设计院集团有限公司//深圳大学建筑设计研究院//中铁十六局集团有限公司//东莞勤上光电股份有限公司//深圳市美芝装饰设计工程股份有限公司//广东省源天工程有限公司//深圳市新力光源有限公司//深圳远鹏装饰集团有限公司//深圳市桑达实业股份有限公司//中铁隧道集团有限公司	优秀奖

七、演播室照明

申报项目	申报单位	等级
江西广播电视台全媒体演播室	广州斯全德灯光有限公司	一等奖
中央电视台 E03 演播室	佑图物理应用科技发展（武汉）有限公司	一等奖
江苏广电城新闻开放演播室	江苏省广播电视总台电视技术部	二等奖
星光影视园 3600m² 演播室	北京星光影视设备科技股份有限公司	二等奖
北京电视台 600m² 演播室	浙江大丰实业股份有限公司	三等奖
中央电视台 800m² 演播室	广东华晨影视舞台专业工程有限公司	三等奖
陕西广播电视台 600m² 演播室	陕西广播电视台//广州市河东电子有限公司	三等奖

2016 年中照照明奖城市建设奖获奖名单

申报城市	申报主体	获奖等级
四川省绵阳市	绵阳市城市管理行政执法局	一等奖
浙江省杭州市滨江区	杭州市滨江区城市管理局	一等奖
江苏省扬州市	扬州市城市照明管理处	优秀奖
江苏省常州市	常州市城市照明管理处	优秀奖
浙江省杭州市富阳区	杭州富阳路灯电气安装队	进步奖
重庆市北碚区	重庆市北碚区市政园林管理局	进步奖

2016 年中照照明奖人物奖获奖名单

（按汉语拼音字母排序）

优秀管理奖： 程宗玉　戴宝林　宫殿海　李树华　李　霞　李志强　刘国贤　沈永健　王　凯
　　　　　　王林波　王梓硕　杨文军　张志清　秦利民
最具潜力奖： 高元鹏　韩文晶　贾志刚　李　丽　宋佳音　宋彦明　王　俊　余小燕　周立圆
优秀设计师： 江　波　姜　川　李奇峰　沈　葳　汪建平　王培星　夏　昱　许东亮　张明宇
　　　　　　张　昕
杰出设计师： 林志明　荣浩磊　姚梦明

2017 年中照照明奖照明工程设计奖获奖名单

一、室内

等　级	申报项目	申报单位
一等奖	南京市牛首山佛顶宫室内照明工程	上海艾特照明设计有限公司//飞利浦照明（中国）投资有限公司
一等奖	人民日报全媒体办公中心室内照明工程	北京光湖普瑞照明设计有限公司
二等奖	北京市清秘阁室内照明工程	北京周红亮照明设计有限公司
二等奖	上海市万达瑞华酒店室内照明工程	万达酒店设计研究院有限公司
二等奖	青海省美术馆室内照明工程	北京中辰筑合照明工程有限公司//青海美术馆
三等奖	太仓市兰德东亭大厦室内照明工程	上海企一实业（集团）有限公司
三等奖	上海船厂（浦东）室内照明工程	上海中天照明成套有限公司//奥雅纳工程咨询有限公司
三等奖	三亚市山海天万豪酒店室内照明工程	海南三亚湾新城开发有限公司
三等奖	合肥市万达文华酒店室内照明	万达酒店设计研究院有限公司
优秀奖	湛江市中心人民医院室内照明工程	广东中筑天佑照明技术股份有限公司

二、室外/路桥

等　级	申报项目	申报单位
二等奖	潍坊市开元立交桥夜景照明工程	山东清华康利城市照明研究设计院有限公司//潍坊市城市管理行政执法局//潍坊市路灯管理处
三等奖	临安市钱锦大道二标段（二号桥）夜景照明工程	浙江城建规划设计院有限公司//杭州鸿雁电器有限公司
三等奖	张家口至涿州高速公路保定段夜景照明工程	龙腾照明集团有限公司
三等奖	兰州市北滨河路银滩黄河大桥夜景照明工程	山东清华康利城市照明研究设计院有限公司
优秀奖	太原市北中环桥夜景照明工程	江苏承煦电气集团有限公司

三、体育场馆

等　级	申报项目	申报单位
一等奖	国家网球中心钻石球场场地照明工程	玛斯柯照明设备（上海）有限公司
二等奖	乌鲁木齐市红山体育馆场地照明工程	玛斯柯照明设备（上海）有限公司
二等奖	新疆喀什岳普湖县体育活动中心体育场地照明工程	北京中辰筑合照明工程有限公司
三等奖	刚果（布）布拉柴维尔体育中心体育场地照明工程	中国建筑第八工程局有限公司海外事业部//中国建筑股份有限公司
优秀奖	汕头大学室外运动场地照明工程	玛斯柯照明设备（上海）有限公司

四、室外/单体

等级	申报项目	申报单位
一等奖	上海市北外滩白玉兰广场夜景照明工程	豪尔赛科技集团股份有限公司//大公照明设计顾问有限公司//上海金港北外滩置业有限公司
一等奖	南昌市万达城万达茂夜景照明工程	深圳市千百辉照明工程有限公司
一等奖	中国宋庆龄少年科技培训中心夜景照明工程	北京中辰筑合照明工程有限公司
一等奖	上海市漕河泾科汇大厦夜景照明工程	上海中天照明成套有限公司//上海一昱建筑装饰工程有限公司
一等奖	深圳市平安金融中心夜景照明工程	北京富润成照明系统工程有限公司
二等奖	北京市通盈中心夜景照明工程	上海光联照明有限公司//豪尔赛科技集团股份有限公司//北京通盈房地产开发有限公司
二等奖	南昌市万达城酒店群夜景照明工程	深圳市千百辉照明工程有限公司//深圳市金达照明有限公司
二等奖	青岛市影视产业园制作区夜景照明工程	天津津彩工程设计咨询有限公司//万达文化旅游规划研究院有限公司
二等奖	上海市绿地创新产业中心夜景照明工程	上海麦索照明设计咨询有限公司//绿地控股集团房地产事业一部
二等奖	乌镇互联网国际会展中心夜景照明工程	浙江城建规划设计院有限公司//浙江中信设备安装有限公司//杭州罗莱迪思照明系统有限公司
二等奖	西安市钟楼夜景照明工程	陕西大地重光景观照明设计工程有限公司
二等奖	重庆市中讯广场夜景照明工程	北京光湖普瑞照明设计有限公司
二等奖	宁夏市国际会议中心夜景照明工程	天津华彩信和电子科技集团股份有限公司
二等奖	苏州市高新区文体中心夜景照明工程	南京朗辉光电科技有限公司
三等奖	延安大剧院夜景照明工程	中国建筑西北设计研究院有限公司建筑装饰与环境艺术所光环境艺术设计研究中心//陕西天和照明设备工程有限公司
三等奖	烟台市天马中心夜景照明工程	山东万得福装饰工程有限公司
三等奖	东阳市总部中心（一期）夜景照明工程	浙江瑞林景观工程有限公司//浙江东南建筑设计有限公司
三等奖	西双版纳市国际旅游度假区傣秀剧场夜景照明工程	万达文化旅游规划研究院有限公司//栋梁国际照明设计（北京）中心有限公司
三等奖	三亚市山海天万豪酒店夜景照明工程	海南三亚湾新城开发有限公司
三等奖	南通市高新区科技之窗夜景照明工程	深圳市金照明实业有限公司
三等奖	珠海市励骏友谊广场夜景照明工程	广东中筑天佑照明技术股份有限公司
三等奖	湖州市奥体中心夜景照明工程	浙江永麒照明工程有限公司
三等奖	靖江市体育中心夜景照明工程	江苏创一佳照明股份有限公司//北京市建筑设计研究院有限公司//广州凯图电气股份有限公司
三等奖	成都市青羊万达广场夜景照明工程	上海易照景观设计有限公司
三等奖	北京奥林匹克公园瞭望塔塔身夜景照明工程	北京清华同衡规划设计研究院有限公司
优秀奖	香河文化艺术中心夜景照明工程	北京嘉禾锦业照明工程有限公司
优秀奖	北京市华能大厦夜景照明工程	北京清华同衡规划设计研究院有限公司//华能置业有限公司
优秀奖	北京三里屯雅秀服装市场夜景照明工程	中科院建筑设计研究院有限公司

（续）

等　级	申 报 项 目	申 报 单 位
优秀奖	西安市高新区夜景照明工程	山东万得福装饰工程有限公司
优秀奖	深圳市蛇口邮轮中心夜景照明工程_	深圳市捷士达实业有限公司
优秀奖	敦煌市丝绸之路国际会展中心夜景照明工程	中建深圳装饰有限公司
优秀奖	上海市长宁区 4-6 街坊旧区地块夜景照明工程	上海莱奕亭照明科技股份有限公司
优秀奖	丽水市丽水高铁站夜景照明工程	北京亮丽城邦科技有限公司//杭州罗莱迪思照明系统有限公司
优秀奖	郑州大学第一附属医院郑东新区医院夜景照明工程	河南新中飞照明电子有限公司
优秀奖	合肥市武里山天街夜景照明工程	安徽派蒙特环境艺术科技有限公司
优秀奖	广州市白云绿地金融中心（二期）夜景照明工程	上海莹通照明工程有限公司
优秀奖	浙江省德清农村合作银行新建办公大楼夜景照明工程	浙江亚星光电科技有限公司

五、公园、广场

等　级	申 报 项 目	申 报 单 位
一等奖	重庆市照母山森林公园夜景照明工程	重庆大学建筑城规学院//山地城镇建设与新技术教育部重点实验室//重庆市得森建筑规划设计研究院有限公司//重庆筑博照明工程设计有限公司
一等奖	重庆市彭水蚩尤九黎城夜景照明工程	豪尔赛科技集团股份有限公司//重庆九黎旅游控股集团有限公司
一等奖	贵州省仁怀茅台镇夜景照明工程	深圳市金达照明有限公司
一等奖	杭州市钱江新城 CBD 核心区夜景照明工程	杭州市钱江新城建设指挥部//北京清华同衡规划设计研究院//北京良业环境技术有限公司//深圳市金达照明有限公司//同方股份有限公司//北京新时空科技股份有限公司
一等奖	成都市西岭雪山夜景照明工程	深圳市凯铭电气照明有限公司//成都西岭雪山旅游开发有限责任公司
一等奖	晋江五店市传统街区夜景照明工程	福建福大建筑设计有限公司
二等奖	湖州市太湖旅游度假区夜景照明工程	上海罗曼照明科技股份有限公司
二等奖	西安市大唐芙蓉园夜景照明工程	西安明源声光电艺术应用工程有限公司
二等奖	杭州市西湖夜景照明工程	杭州西湖风景名胜区市政市容环卫管理中心//中国美术学院风景建筑设计研究院//上海光联照明有限公司
二等奖	三亚市城市夜景照明工程	北京新时空科技股份有限公司//中规院（北京）规划设计公司
二等奖	杭州市西子宾馆夜景照明工程	中国美术学院风景建筑设计研究院
二等奖	大同市浑源县一德街夜景照明工程	北京中辰筑合照明工程有限公司
二等奖	铜川市照金红色旅游名镇夜景照明工程	陕西大地重光景观照明设计工程有限公司
二等奖	金山市茅山盐泉小镇夜景照明工程	江苏创一佳照明股份有限公司//上海现代建筑装饰环境设计研究院有限公司
二等奖	贵州省罗甸县红水河景区夜景照明工程	四川普瑞照明工程有限公司
三等奖	无锡市荡口古镇夜景照明工程	无锡照明股份有限公司
三等奖	常州市苏东坡纪念馆夜景照明工程	常州市城市照明工程有限公司
三等奖	武汉市环东湖绿道景观照明工程	武汉金东方智能景观股份有限公司

（续）

等　级	申报项目	申报单位
三等奖	合肥市城隍庙夜景照明工程	安徽派蒙特环境艺术科技有限公司
三等奖	赤峰市新区夜景照明工程	深圳市金达照明有限公司//北京新时空科技股份有限公司
三等奖	青岛市黄岛（西海岸新区）旅游度假区及滨海大道夜景照明工程	北京清华同衡规划设计研究院有限公司//黄岛区城市管理局//青岛西海岸公用事业集团有限公司青岛西海岸文化旅游集团有限公司//北京德源易道照明工程技术有限公司
三等奖	苏州市太湖大堤和大小贡山夜景照明工程	深圳市凯铭电气照明有限公司
三等奖	郑州东站广场夜景照明工程	河南新中飞照明电子有限公司
三等奖	六盘水市中国农耕历史文化（凉都·国学馆）博览园夜景照明工程	陕西天和照明设备工程有限公司//四川奥地建筑设计有限公司
三等奖	西安市大秦寺文化景区（一期）夜景照明工程	陕西大地重光景观照明设计工程有限公司
三等奖	合肥市万达主题乐园夜景照明工程	深圳市世纪光华照明技术有限公司//万达文化旅游规划研究院有限公司
三等奖	重庆市大足石刻北山景区夜景照明工程	北京清华同衡规划设计研究院有限公司
优秀奖	重庆市江北区都市功能核心区夜景照明工程	同方股份有限公司
优秀奖	上海市华夏文化创意园夜景照明工程	江苏天禧电力与照明景观工程技术有限公司//上海毕慕照明设计有限公司
优秀奖	青岛市国际啤酒节西海岸会场夜景照明工程	龙腾照明集团有限公司
优秀奖	南昌市万达城主题乐园夜景照明工程	深圳市标美照明设计工程有限公司//万达文化旅游规划研究院有限公司
优秀奖	江油市体育公园夜景照明工程	上海现代建筑装饰环境设计研究院有限公司
优秀奖	苏州市斜塘老街四期夜景照明工程	苏州中明光电有限公司
优秀奖	西安市高新区光影数字展演系统夜景照明工程	西安万科时代系统工程有限公司
优秀奖	淮安市萧湖景区夜景照明工程	杨刚建设集团有限公司
荣誉奖	2017年中央电视台春节联欢晚会桂林分会场照明（桂林）	桂林海威科技股份有限公司

六、室外/街区

等　级	申报项目	申报单位
一等奖	延安市延河综合治理城区段两岸夜景照明工程	北京清华同衡规划设计研究院有限公司//北京良业环境技术有限公司
一等奖	杭州市钱江世纪城沿江景观带夜景照明工程	浙江南方建筑设计有限公司//惠州雷士光电科技有限公司//浙江艺勋环境科技有限公司
二等奖	武汉市中山大道历史文化风貌街区夜景照明工程	武汉市江汉区房管局//武汉市硚口区房产管理局//武汉金东方智能景观股份有限公司//中信建筑设计研究总院有限公司
二等奖	抚州市抚河两岸夜景照明工程	北京新时空科技股份有限公司

（续）

等　级	申　报　项　目	申　报　单　位
二等奖	杭州市上城区钱塘江两岸（一桥-三桥）夜景照明工程	杭州银龙实业有限公司//浙江城建规划设计院有限公司//深圳磊明科技有限公司//宁波舒能照明有限公司//湖州欧锐杰照明科技有限公司
二等奖	上饶市行政中心片区城市夜景照明工程	北京清华同衡规划设计研究院有限公司//深圳市金达照明有限公司
三等奖	呼和浩特市重点街区夜景照明工程	深圳市千百辉照明工程有限公司
三等奖	长春市旧城更新改造夜景照明工程（二期）（二标段：景阳大路景观轴）	南京朗辉光电科技有限公司
三等奖	长沙市湘江两岸夜景照明工程	北京清华同衡规划设计研究院有限公司
三等奖	包头市土右旗萨拉齐城区夜景照明工程	深圳市达特照明股份有限公司
三等奖	天津市解放北路夜景照明工程	天津宏润景观照明装饰设计有限公司
优秀奖	长春市旧城更新改造夜景照明工程（一期 新民大街、吉林大路景观轴）	中辰照明//同方股份有限公司
优秀奖	京杭运河（无锡段）夜景照明工程	无锡照明股份有限公司
优秀奖	张家界市中心城区（中环线及澧水两岸一标段）夜景照明工程	湖南省正阳光电科技有限公司//上海东方罗曼城市景观设计有限公司
优秀奖	青岛市滨海大道东区段亮化提升工程	山东清华康利城市照明研究设计院有限公司
优秀奖	锦州市一河两岸及市府路夜景照明工程	深圳市达特照明股份有限公司
优秀奖	吉林市一江两岸夜景照明工程	深圳市达特照明股份有限公司
优秀奖	惠州市惠东县惠东大道和平深路夜景照明工程	东莞勤上光电股份有限公司
优秀奖	长春市旧城更新改造夜景照明工程（二期）设计施工总承包（一标段：西安大路、胜利大街景观轴））	长春为实照明科技有限公司

七、演出场所

等　级	申　报　项　目	申　报　单　位
一等奖	云南亚广影视传媒中心 800m² 新闻综合演播室	云南广播电视台//广州方达舞台设备有限公司 杭州亿达时灯光设备有限公司//北京星光影视设备科技股份有限公司
一等奖	《中国出了个毛泽东》大型实景演出灯光工程	浙江大丰实业股份有限公司
二等奖	浙江国际影视中心 2500m² 演播厅	浙江广播电视集团//佑图物理应用科技发展科技（武汉）有限公司
二等奖	广东广播电视台 1600m² 演播室	广东广播电视台//广州斯全德灯光有限公司
二等奖	中央电视台第九演播室（1000m²）	广东华晨影视舞台专业工程有限公司
三等奖	云南亚广影视传媒中心 600m² 演播室	北京星光影视设备科技股份有限公司
三等奖	成都市广播电视台新闻综合频道演播室	成都市广播电视台//佑图物理应用科技发展科技（武汉）有限公司
三等奖	大型实景演出《萨玛》灯光工程	广州市浩洋电子股份有限公司
三等奖	中央电视台第六演播室（400m²）	北京星光影视设备科技股份有限公司
三等奖	温岭广播电视台演播大厅	广东华晨影视舞台专业工程有限公司

2017 年中照照明奖科技创新奖获奖名单

等　级	申　报　项　目	申　报　单　位
一等奖	改善情绪与节律的健康照明系统	同济大学//广东先朗照明有限公司//上海飞乐工程建设发展有限公司
一等奖	云控双模组多功能贴片机研发及产业化	中山市鸿菊自动化设备有限公司
一等奖	魔方 2.0 系列	杭州罗莱迪思照明系统有限公司
一等奖	基于多功能灯杆的 AURORA 城市智慧节点系统	深圳市谊宇诚光电科技有限公司
一等奖	ZPLC 物联网室内照明系统	恒亦明（重庆）科技有限公司
一等奖	覆膜式 CSP 制成技术的研究	中山市立体光电科技有限公司
一等奖	LED 智能路灯（JRA7）	浙江晶日照明科技有限公司
一等奖	CD-RL850 系列 LED 路灯	长春希达电子技术有限公司
一等奖	植物光合有效辐射计量技术的研究	中国计量科学研究院
一等奖	城市智慧照明综合监控管理平台	泰华智慧产业集团股份有限公司
一等奖	基于多功能灯杆的微枢纽智能系统	上海罗曼照明科技股份有限公司
一等奖	硅衬底 TE 系列隧道灯	中节能晶和照明有限公司
一等奖	三思智慧路灯系统	上海三思电子工程有限公司
一等奖	LED 路灯色温可调电源系统	苏州纽克斯电源技术股份有限公司
优秀奖	数字展演照明控制系统	西安万科时代系统集成工程有限公司
优秀奖	四合一呼吸隐藏式投光灯	上海夏仑光电技术有限公司
优秀奖	KEEY-BUS 智能照明控制系统	上海企一实业（集团）有限公司
优秀奖	具有 360 度灯光环绕照明功能的灯具	中山市聚美灯饰有限公司
优秀奖	无眩光多功能 LED 照树灯	浙江欧锐杰照明科技有限公司
优秀奖	LED 唐彩景观路灯	四川金灿光电有限责任公司
优秀奖	智能高压钠灯电子节电控制系统	北京光宇锦业节能科技有限公司
优秀奖	高压白钠灯及智慧照明系统	北京晶朗光电科技有限公司//深圳市前海用电物联网科技有限公司

2013~2016 年《照明工程学报》优秀论文获奖名单

一　等　奖		
篇　名	作　者	发表年期
LED 照明产品寿命测试评价方法研究进展	张伟，华树明，巩马理，刘倩	2013 年第 1 期
基于体育场馆照明的马道设置方法的研究	林若慈，朱悦	2014 年第 5 期
大型交通建筑照明节能问题研究	林晨怡，刘刚，魏宏，于小明，党睿	2015 年第 1 期
基于主观评价实验的汽车前照灯配光性能评估方法研究	王玮，林燕丹，卜伟理	2015 年第 2 期
夜景照明效果量化设计方法探究	马晔，荣浩磊	2015 年第 6 期
基于老年人视觉特征的人居空间健康光环境研究动态综述	崔哲，陈尧东，郝洛西	2016 年第 5 期

（续）

二 等 奖		
篇　名	作　者	发 表 年 期
我国自镇流荧光灯产品结构与能效状况分析	李爱仙，赵跃进	2013 年第 1 期
中国古建筑色彩的夜景表现实验研究	张明宇，王立雄，苏晓明	2013 年第 2 期
基于 RBF 神经网络的三基色配比研究	文蒸，肖辉	2013 年第 2 期
振动对人眼视觉绩效的影响研究	王玮，孙耀杰，林燕丹	2013 年第 3 期
LED 照明产品光生物安全风险状况分析	俞安琪，赵旭	2013 年第 5 期
LED 驱动及控制研究新进展	江磊，刘木清	2014 年第 2 期
我国购物中心的照明现状与节能潜力评估	吴夏冰，张昕	2014 年第 3 期
LED 光源的光谱能量分布（SPD）对步行空间障碍物探测的影响研究	杨秀，郝洛西，林怡	2014 年第 6 期
华南区天空亮度分布的观测研究	马源，边宇，陈建华，遇大兴	2015 年第 1 期
LED 屏幕夜间光污染监测与评价研究	高成康，秦威，房科靖，毕乾，陈杉	2015 年第 1 期
特大型桥梁照明设计中异型构件模拟计算方法研究	严永红，张俊富，阴磊，李训智，吴穹	2015 年第 1 期
三通道六色 LED 合成高品质白光的模拟和计算	金宇章，韩秋漪，张善端	2015 年第 2 期
光源显色性对电视图像色彩还原的影响	赵建平，王京池，朱悦	2015 年第 4 期
利用高动态范围图像技术测量道路亮度的方法探究	王立雄，陈燕男，冯子龙	2015 年第 6 期
LED 光源显色性主客观评价方法研究	彭小曼，刘强，万晓霞，李必辉，梁金星，彭蕊	2016 年第 1 期
LED 照明产品光通量衰减加速试验及可靠性评估	钱诚，樊嘉杰，樊学军，袁长安，张国旗	2016 年第 2 期
LED 在我国博物馆/美术馆中的应用现状分析	艾晶	2016 年第 3 期
紫外 LED 光催化降解三甲胺的实验研究	朱倩文，韩秋漪，侯剑源，张仁熙，张善端	2016 年第 5 期
三 等 奖		
篇　名	作　者	发 表 年 期
新版《建筑采光设计标准》主要技术特点解析	林若慈，赵建平	2013 年第 1 期
中国首批节能认证 LED 照明产品性能分析	郑雪生，陈松	2013 年第 3 期
大型办公建筑照明能耗实测数据分析及模型初探	周欣，燕达，任晓欣，洪天真	2013 年第 4 期
基于脚本控制的天然采光动态计算方法	吴扬	2013 年第 4 期
既有建筑地下车库照明节能减排的探讨	张屹	2013 年第 4 期
汽车灯具的发展趋势	凌铭，张建文，黄中荣	2013 年第 4 期
基于 LED 光源的牙周炎光动力治疗的研究	林泽文，周小丽，俞立英，吴兴文，徐蒙，刘木清	2014 年第 1 期
照明控制技术的进展	方景，邝赫亮，肖辉	2014 年第 2 期
球形光度计计量 LED 总光通量的关键技术	赵伟强，刘慧，刘建，赵海粟	2014 年第 3 期
都市核心区旧建筑立面照明设计难点探讨	严永红，林桐，翟逸波，吴穹	2014 年第 3 期
国际照明产品标准的变动给了 LED 照明产品更好的发展机遇及挑战	俞安琪，陆世鸣，李姝	2014 年第 4 期
CRI 2012 及其对光源显色性评价的实践意义	肖醒，孙耀杰，林燕丹，熊峰，杨卫	2014 年第 4 期
光生物辐射安全测量技术	过峰，乔波，赵介军	2014 年第 4 期
医疗建筑的演进与照明设计的适应性	戴德慈	2014 年第 5 期
设施园艺半导体照明及其研发中的科技问题	刘文科，杨其长	2014 年第 6 期
一定色温下白光 LED 理论光效的简易计算方法	何骏，董孟迪，孙耀杰，林燕丹	2014 年第 6 期
基于绿色设计思想的 LED 灯具产品全生命周期开发模型	苏庆华，韩立成	2014 年第 6 期

（续）

三　等　奖		
篇　名	作　者	发表年期
体育场馆照明节能模拟计算分析	赵凯，林若慈	2015 年第 1 期
"关联耦合法"在城市照明总体规划中的应用初探	李农，常影	2015 年第 1 期
植物光度学与人眼光度学的量值换算	高丹，韩秋漪，张善端	2015 年第 2 期
LED 光谱色温可调照明系统及其优化算法研究	倪凯凯，沈海平，江磊，林泽文，朱雪菘，刘木清	2015 年第 2 期
LED 光源用于高大厂房照明的关键技术	李鹏，高小平，孙斌	2015 年第 3 期
基于驾驶员心率变化的隧道照明频闪频率的研究	李默楠，刘木清	2015 年第 6 期
基于颜色还原的显色性评价方法的实验认证	肖醒，邱婧婧，徐蔚，魏敏晨，孙耀杰，林燕丹	2016 年第 1 期
智能灯具及其标准的现状和研究	施晓红，庄晓波，虞再道，陈超中	2016 年第 1 期
多通道光合有效辐射传感器	钱大惠，刘文，刘路青，王启星，张放心，李明	2016 年第 2 期
CdTe/Cds 核壳量子点的合成及表征	卓宁泽，姜青松，张娜，朱月华，刘光熙，王海波	2016 年第 2 期
广告照明设计标准与计算研究	李农，李瑶	2016 年第 2 期
LED 在体育照明中的应用	杨波	2016 年第 4 期
基于 LED 的铁路信号灯的研究与开发	刘定林，韩永忠，石杨	2016 年第 5 期
高显指 LED 灯具的研究与开发	万欢，陈建昌，曾平，洪芸芸	2016 年第 6 期

2016～2017 年中国照明学会新增高级会员名单

陈琦	箫毅昇	林汉国	林昕	张澄贤	欧阳锋	陈国辉
甄密肖	阎振国	李志业	刘荣	谢俊波	谭国振	张野
阮军	杨柯	暴伟	卢峥	杨秀	魏伟	胡协春
乐凤潮	范宝太	郁纪文	董发群	项佳虔	王丽芬	孙磊

2016～2017 年中国照明学会新增团体会员名单

鹤壁国立光电科技有限公司　　　　　　常州启日照明科技有限公司
江门市人和照明实业有限公司　　　　　罗姆尼光电系统技术（广东）有限公司
厦门市智联信通物联网科技有限公司　　浙江欧锐杰照明科技有限公司
鹤山同方照明科技有限公司　　　　　　光缘（天津）科技发展有限公司
太龙（福建）商业照明股份有限公司　　烟台太明灯饰有限公司
中业（唐山）照明设计有限公司　　　　北京鼎盛天宇科技发展有限公司
秀尔半导体（深圳）有限公司　　　　　厦门市信达光电科技有限公司
华荣科技股份有限公司　　　　　　　　中山市光阳电器有限公司
上海麦索照明设计咨询有限公司　　　　四川新力光源股份有限公司

上海龙研照明工程有限公司 上海华彩照明工程有限公司
万益图科技（深圳）有限公司 宁波公牛光电科技有限公司
意太维光电科技（江苏）有限公司 上海宝临照明科技股份有限公司
青岛万通时达电子有限公司 上海冉中照明科技有限公司
中山市东海表面贴装有限公司 深圳市远润欣电子有限公司
中山市松伟照明电器有限公司 湖南粤港光电科技有限公司
江苏林洋照明科技有限公司 北京新豪博业科技有限公司
济南三星灯饰有限公司 湖南省正阳光电科技有限公司
深圳市城市照明学会 苏州中明光电有限公司
上海同音照明设计工程有限公司 朗德万斯照明有限公司
杭州汉光照明有限公司 江苏恒鹏智能电气有限公司
广东尚昱光电科技有限公司 基本立子（北京）科技发展有限公司
中山市半导体照明行业协会 潍坊赛宝工业技术研究院有限公司
上海莱奕亭照明科技有限公司 深圳意科莱照明技术有限公司
深圳爱克莱特科技股份有效公司 杭州奥普卫厨科技有限公司
深圳市暗能量电源有限公司 北京光宇锦业节能科技有限公司
中国质量认证中心 浙江方大智控科技有限公司
苏州格林格林照明有限公司 广州泛基亚影视科技有限公司
北京赛尔广告有限公司 深圳桑达国际电源科技有限公司
栋梁国际照明设计（北京）中心有限公司 光说故事（北京）文化创意有限公司
浙江古越龙山电子科技发展有限公司 长春希达电子技术有限公司
安徽省照明学会 瑞芙贝（武汉）光电科技发展有限公司
杭州中恒派威电源有限公司 深圳市天地照明设计工程有限公司
深圳市亮佳美照明有限公司 上海格灵奥照明工程有限公司
陕西省照明学会 东莞市翔龙能源科技有限公司
北京星奥科技股份有限公司 上海夏仑光电技术有限公司
迎辉电气集团有限公司 深圳市佰特照明科技有限公司
沈阳市市容环境发展协会 上海光境文化传播有限公司
深圳市奥天科技有限公司 山东弋方向智能光电有限公司
北京高力特电力照明有限公司 濮阳市质量技术监督检验测试中心
绵阳市城市照明管理处 北京生光谷科技股份有限公司
深圳市成泰隆照明科技有限公司 广东北斗星体育设备有限公司
四川施沃德光电科技有限公司 常州市诚联电源股份有限公司
亳州锐艺文化传媒有限公司 深圳市世纪光华照明技术有限公司
上海莹通照明工程有限公司 常州市创联电源科技股份有限公司
深圳市证通佳明光电有限公司 北京华奥视美国际文化传媒股份有限公司
上海三思电子工程有限公司 苏州荣文库柏照明系统有限公司
北京启智方城照明设计有限公司 贵州致福光谷投资管理有限公司
上海林龙电力工程有限公司 广东正力通用电气有限公司
北京华明九州景观艺术有限公司 河南天擎机电技术有限公司
江苏碧松照明股份有限公司 江门恒泰照明科技有限公司
江西立盾光电科技有限公司 无锡照明股份有限公司
山东万得福装饰工程有限公司 山东彩旺建设有限公司
滨和环境建设集团有限公司 天津市拓达伟业技术工程有限公司
烟台旭泰新能源科技有限公司 上海芯龙光电科技有限公司
辽宁省照明学会 柯尼卡美能达（中国）投资有限公司
北京星光裕华照明技术开发有限公司 北京岩与科技有限公司
北京通方联合环境科技有限公司

2016～2017年照明领域国家标准目录

（以国家标准化管理委员会2016年1月1日—2017年12月1日发布公告整理）

序号	标准编号	标准名称	发布日期	实施日期
1	GB/T 34846—2017	LED道路/隧道照明专用模块规格和接口技术要求	2017-11-01	2018-11-01
2	GB/T 24823—2017	普通照明用LED模块性能要求	2017-11-01	2018-05-01
3	GB/T 34973—2017	LED显示屏干扰光现场测量方法	2017-11-01	2018-05-01
4	GB/T 30104.103—2017	数字可寻址照明接口 第103部分：一般要求 控制设备	2017-11-01	2018-11-01
5	GB/T 16895.28—2017	低压电气装置 第7-714部分：特殊装置或场所的要求 户外照明装置	2017-11-01	2018-02-01
6	GB/T 34841—2017	无极荧光灯性能要求	2017-11-01	2018-05-01
7	GB/T 23113—2017	荧光灯含汞量检测的样品制备	2017-11-01	2018-05-01
8	GB/T 34923.5—2017	路灯控制管理系统 第5部分：安全防护技术规范	2017-11-01	2018-05-01
9	GB/T 34923.3—2017	路灯控制管理系统 第3部分：路灯控制管理终端技术规范	2017-11-01	2018-05-01
10	GB/T 34923.4—2017	路灯控制管理系统 第4部分：路灯控制器技术规范	2017-11-01	2018-05-01
11	GB/T 34923.6—2017	路灯控制管理系统 第6部分：通信协议技术规范	2017-11-01	2018-05-01
12	GB/T 34923.2—2017	路灯控制管理系统 第2部分：主站技术规范	2017-11-01	2018-05-01
13	GB/T 24458—2017	陶瓷金属卤化物灯性能要求	2017-11-01	2018-05-01
14	GB/T 34923.1—2017	路灯控制管理系统 第1部分：总则	2017-11-01	2018-05-01
15	GB/T 24333—2017	金属卤化物灯（钠铊铟系列）性能要求	2017-11-01	2018-05-01
16	GB/T 34446—2017	固定式通用LED灯具性能要求	2017-10-14	2018-05-01
17	GB/T 34452—2017	可移式通用LED灯具性能要求	2017-10-14	2018-05-01
18	GB/Z 34447—2017	照明设备的锐边试验装置和试验程序 锐边试验	2017-10-14	2018-05-01
19	GB/T 34428.3—2017	高速公路监控设施通信规程 第3部分：LED可变信息标志	2017-09-29	2018-04-01
20	GB/T 9473—2017	读写作业台灯性能要求	2017-09-29	2018-04-01
21	GB/T 34075—2017	普通照明用LED产品光辐射安全测量方法	2017-07-31	2018-02-01
22	GB/T 34034—2017	普通照明用LED产品光辐射安全要求	2017-07-31	2018-02-01
23	GB/T 16915.7—2017	家用和类似用途固定式电气装置的开关 第2-6部分：外部或内部标识和照明用消防开关的特殊要求	2017-07-31	2018-02-01
24	GB/T 12454—2017	光环境评价方法	2017-07-12	2018-02-01
25	GB/T 33762—2017	有机发光二极管（OLED）电视机显示性能测量方法	2017-05-31	2017-12-01
26	GB/T 33721—2017	LED灯具可靠性试验方法	2017-05-12	2017-12-01
27	GB/T 33720—2017	LED照明产品光通量衰减加速试验方法	2017-05-12	2017-12-01
28	GB/T 5699—2017	采光测量方法	2017-05-12	2017-12-01
29	GB 4660—2016	机动车用前雾灯配光性能	2016-12-30	2017-01-01
30	GB 19152—2016	发射对称近光和/或远光的机动车前照灯	2016-12-30	2017-01-01
31	GB 14886—2016	道路交通信号灯设置与安装规范	2016-12-13	2017-07-01

（续）

序号	标准编号	标准名称	发布日期	实施日期
32	GB/T 32872—2016	空间科学照明用 LED 筛选规范	2016-08-29	2016-11-01
33	GB/T 9364.11—2016	小型熔断器 第 11 部分：LED 灯用熔断体	2016-08-29	2017-03-01
34	GB/T 32655—2016	植物生长用 LED 光照 术语和定义	2016-04-25	2016-11-01
35	GB/T 24826—2016	普通照明用 LED 产品和相关设备 术语和定义	2016-04-25	2017-05-01
36	GB/T 7249—2016	白炽灯的最大外形尺寸	2016-04-25	2016-11-01
37	GB/T 20144—2016	带灯罩环的灯座用筒形螺纹	2016-04-25	2016-11-01
38	GB/T 15766.2—2016	道路机动车辆灯泡 性能要求	2016-04-25	2016-11-01
39	GB/T 21656—2016	灯的国际编码系统（ILCOS）	2016-04-25	2016-11-01
40	GB/T 32483.1—2016	灯控制装置的效率要求 第 1 部分：荧光灯控制装置 控制装置线路总输入功率和控制装置效率的测量方法	2016-04-25	2016-11-01
41	GB/T 19655—2016	灯用附件 启动装置（辉光启动器除外）性能要求	2016-04-25	2016-11-01
42	GB/T 14094—2016	卤钨灯（非机动车辆用）性能要求	2016-04-25	2016-11-01
43	GB/T 32481—2016	隧道照明用 LED 灯具性能要求	2016-02-24	2016-09-01
44	GB/T 32482.1—2016	LED 分选 第 1 部分：一般要求和白光栅格	2016-02-24	2016-09-01
45	GB/T 32486—2016	舞台 LED 灯具通用技术要求	2016-02-24	2016-09-01
46	GB/T 32483.3—2016	灯控制装置的效率要求 第 3 部分：卤钨灯和 LED 模块 控制装置效率的测量方法	2016-02-24	2016-09-01
47	GB/T 31897.201—2016	灯具性能 第 2-1 部分：LED 灯特殊要求	2016-02-24	2016-09-01

《中国照明工程年鉴 2017》编辑工作委员会名录

（按姓氏笔画排）

姓 名	工作单位
丁云高	中国照明网
王 俊	上海麦索照明设计咨询有限公司
王 勤	山东省照明学会
王大有	中国照明学会
王立雄	天津大学建筑学院
王京池	中央电视台
王政涛	北京照明学会
王晓英	北京照明学会
王海波	南京工业大学、江苏省照明学会
王培星	豪尔赛科技集团股份有限公司
王锦燧	中国照明学会
任元会	中国航空工业规划设计研究院
任伟贡	湖南省照明学会
华树明	国家电光源质量监督检验中心（北京）
刘 虹	国家发改委能源所

（续）

姓　名	工　作　单　位
刘木清	复旦大学电光源研究所
刘世平	中国照明学会
江　波	中辰照明
许　楠	中科院建筑设计研究院有限公司
许东亮	栋梁国际照明设计（北京）中心有限公司
阮　军	国家半导体照明工程研发及产业联盟
牟宏毅	中央美术学院建筑学院
严永红	重庆大学建筑城规学院
杜　异	清华大学美术学院
李　农	北京工业大学
李　颖	西安明源声光电艺术应用工程有限公司
李奇峰	BPI 照明设计有限公司
李炳华	中建国际设计顾问有限公司
李铁楠	中国建筑科学研究院建筑物理研究所
李景色	中国建筑科学研究院建筑物理研究所
杨　波	玛斯柯照明设备（上海）有限公司
杨文军	陕西天和照明设备工程有限公司
杨春宇	重庆大学建筑城规学院、重庆照明学会
邴树奎	中国照明学会
肖　辉	同济大学电子与信息工程学院
肖辉乾	中国建筑科学研究院建筑物理研究所
吴　玲	国家半导体照明工程研发及产业联盟
吴一禹	福州大学土木建筑设计研究院、福建省照明学会
吴宝宁	陕西省照明学会
吴晓军	南京朗辉光电科技有限公司
吴恩远	山东省建筑设计研究院
何秉云	天津照明学会
汪　猛	北京市建筑设计研究院
汪幼江	上海同济城市规划设计研究院
沈　茹	南京照明学会
张　华	中国市政工程协会城市照明专业委员会
张　昕	清华大学建筑学院
张亚婷	央美光成（北京）建筑设计有限公司
张绍纲	中国建筑科学研究院建筑物理研究所
张耀根	中国建筑科学研究院建筑物理研究所
陈　琪	中国建筑设计研究院
陈大华	复旦大学电光源研究所
陈海燕	北京清控人居光电研究院有限公司
陈超中	国家电光源质量监督检验中心（上海）
陈程章	吉林省照明学会

(续)

姓　名	工 作 单 位
陈燕生	中国照明电器协会
林延东	中国计量科学研究院
林志明	BPI 照明设计有限公司
林若慈	中国建筑科学研究院建筑物理研究所
林燕丹	复旦大学电光源研究所
周太明	复旦大学电光源研究所
郑炳松	中国照明学会、《照明工程学报》
郑雅琴	阿拉丁照明网
赵建平	中国建筑科学研究院建筑物理研究所
赵跃进	中国标准化研究院
郝洛西	同济大学建筑与城市规划学院
荣浩磊	北京清控人居光电研究院有限公司
俞安琪	国家电光源质量监督检验中心（上海）
姚　凯	河南省照明学会
袁　樵	复旦大学环境科学与工程系
夏　林	同济大学建筑设计研究院（集团）有限公司
徐　华	清华大学建筑设计研究院有限公司
徐　淮	中国照明学会
徐海松	浙江大学
高　飞	中国照明学会、《照明工程学报》
郭伟玲	北京工业大学
黄国强	江西美的贵雅照明有限公司
萧弘清	台湾科技大学
常志刚	中央美术学院建筑学院
崔一平	东南大学电子工程学院
梁荣庆	复旦大学电光源研究所、上海照明学会
詹庆旋	清华大学建筑学院
窦林平	中国照明学会
潘建根	浙江省照明学会
戴宝林	豪尔赛科技集团股份有限公司
戴德慈	清华大学建筑设计研究院有限公司